Siegfried Brehmer

Hilbert-Räume und Spektralmaße

REIHE WISSENSCHAFT

Die REIHE WISSENSCHAFT ist die wissenschaftliche
Handbibliothek des Naturwissenschaftlers und
Ingenieurs und des Studenten der mathematischen,
naturwissenschaftlichen und technischen Fächer.
Sie informiert in zusammenfassenden Darstellungen
über den aktuellen Forschungsstand in den exakten
Wissenschaften und erschließt dem Spezialisten den Zugang
zu den Nachbardisziplinen.

Siegfried Brehmer

Hilbert-Räume und Spektralmaße

Mit 6 Abbildungen

Friedr. Vieweg & Sohn
Braunschweig/Wiesbaden

Verfasser:
Prof. Dr. rer. nat. habil. S. Brehmer
Pädagogische Hochschule „Karl Liebknecht", Potsdam

CIP-Kurztitelaufnahme der Deutschen Bibliothek

Brehmer, Siegfried:
Hilbert-Räume und Spektralmaße / Siegfried
Brehmer. — Braunschweig, Wiesbaden: Vieweg,
1979.
   (Reihe Wissenschaft)
ISBN-13: 978-3-528-06856-1   e-ISBN-13: 978-3-322-85717-0
DOI: 10.1007/978-3-322-85717-0

1979

Lizenzausgabe für
Friedr. Vieweg & Sohn Verlagsgesellschaft mbH, Braunschweig
mit Genehmigung des Akademie-Verlages, DDR-Berlin

ISBN-13: 978-3-528-06856-1

Vorwort

Die Theorie der HILBERT-Räume ist wohl der älteste Zweig der Funktionalanalysis. Sie ist zu Anfang dieses Jahrhunderts durch Abstraktion aus der Theorie der Integralgleichungen erwachsen und findet heute in den verschiedensten Bereichen der Mathematik und Naturwissenschaften vielfältige Anwendungen. So bildet sie zum Beispiel die Grundlage für einen axiomatischen Aufbau der Quantenmechanik. Grundkenntnisse über die Theorie der HILBERT-Räume sind heute ein unentbehrliches Hilfsmittel für jeden Mathematiker und theoretischen Physiker.

Innerhalb der Funktionalanalysis zeichnet sich die Theorie der HILBERT-Räume durch große Anschaulichkeit aus. Das Vorhandensein einer Metrik und einer Orthogonalitätsrelation ermöglicht auch in abstrakten Begriffsbildungen eine elementargeometrische Betrachtungsweise. Wir haben uns wiederholt bemüht, solche geometrischen Analogien bewußt zu machen. Die allgemeinere Theorie der normierten Räume wird nur so weit entwickelt, wie sie für Anwendungen innerhalb der Theorie der HILBERT-Räume bedeutungsvoll ist.

Im ersten Kapitel werden die grundlegenden Begriffsbildungen bereitgestellt. Der Hauptteil des Bändchens ist entsprechend ihrer Bedeutung der Theorie der beschränkten linearen Operatoren gewidmet. Im Mittelpunkt steht die Spektralzerlegung beschränkter selbstadjungierter Operatoren, die in den ersten beiden Abschnitten des dritten Kapitels auf unbeschränkte selbstadjungierte Operatoren ausgedehnt wird. Der Rest dieses Kapitels bringt eine relativ elementare Einführung in die allgemeine Theorie der Spektralmaße und Spektralintegrale und gipfelt in der Bereitstellung des Funktionalkalküls für meßbare Funktionen von unbeschränkten normalen Operatoren. Hierbei werden nur elementare Kenntnisse über meßbare Funktionen benötigt, die überdies noch einmal zusammenfassend dargestellt werden. Die Gliederung des Bändchens ist so gestaltet, daß nach den Abschnitten 2.9. (Spektralzerlegung selbstadjungierter Operatoren), 2.11. (Normale und unitäre Operatoren), 2.12. (Kompakte Operatoren) und 3.2. (Symmetrische und selbstadjungierte Operatoren) jeweils relativ abgeschlossene Teiltheorien vorliegen.

Abgesehen von einigen methodischen Besonderheiten konnte sich der Autor selbstverständlich auf hervorragende Standardwerke der Funktionalanalysis stützen. Besonders stark ist er von den Darstellungen in RIESZ-NAGY [7], TRIEBEL [8] und HALMOS [4] beeinflußt worden. Viele Anregungen verdanke ich auch meinen Kollegen Dr. H. HAAR und Dr. H.-J. JUNEK. In die Darstellung sind auch Ergebnisse der Diplomarbeiten der Studenten H.-U. FRICKE, H.-J. GOTTSCHLAG sowie der Studentinnen B. SCHÜTT und A. ALBERT eingeflossen, die Teile der Kapitel 3.3. bis 3.6. bzw. 2.2. bearbeitet haben. Dem Akademie-Verlag danke ich sehr herzlich für die Herausgabe dieses Bandes und dem Druckhaus „Maxim Gorki" für die besonders sorgfältige Herstellung des Satzes.

S. BREHMER

Inhaltsverzeichnis

1. Geometrie des Hilbert-Raumes

1.1. *Lineare Räume und normierte Räume*

Die elementare Theorie der reellen bzw. komplexen Vektorräume setzen wir als bekannt voraus. Wir stellen nur kurz einige im folgenden benötigte Aussagen zusammen. In einem *Vektorraum* oder *linearen Raum* E über dem Körper $\boldsymbol{R}$ bzw. $\boldsymbol{C}$ der reellen bzw. komplexen Zahlen sind eine *Addition* $x + y$ ($x, y \in E$) und eine *Vervielfachung* λx ($\lambda \in \boldsymbol{R}$ bzw. $\boldsymbol{C}$; $x \in E$) definiert, wobei die aus der linearen Algebra wohlbekannten Rechenregeln gelten. Die Elemente von E werden „Vektoren" oder auch „Punkte" genannt. Die Menge $\boldsymbol{R}^p$ bzw. $\boldsymbol{C}^p$ aller p-gliedrigen Folgen $x = (\xi_1, \ldots, \xi_p)$ reeller bzw. komplexer Zahlen ξ_k wird z. B. auf Grund der Definitionen

$$\lambda(\xi_1, \ldots, \xi_p) := (\lambda \xi_1, \ldots, \lambda \xi_p) \tag{1}$$

$$(\xi_1, \ldots, \xi_p) + (\eta_1, \ldots, \eta_p) := (\xi_1 + \eta_1, \ldots, \xi_p + \eta_p) \tag{2}$$

zu einem reellen bzw. komplexen Vektorraum.

Eine Teilmenge S eines linearen Raumes E heißt *linear unabhängig*, wenn für jedes endliche System von paarweise verschiedenen Elementen $x_0, \ldots, x_n \in S$ aus $\lambda_0 x_0 + \cdots + \lambda_n x_n = 0$ stets $\lambda_0 = \cdots = \lambda_n = 0$ gefolgert werden kann. Andernfalls heißt S *linear abhängig*. Ist M eine beliebige Teilmenge von E, so heißt eine Teilmenge $S \subseteq M$ eine *algebraische Basis* von M, wenn S linear unabhängig ist und jedes Element aus M als Linearkombination von (endlich vielen) Elementen aus S dargestellt werden kann. Ein Vektorraum E heißt *endlich-dimensional*, wenn er eine aus endlich vielen Elementen bestehende algebraische Basis besitzt. Die (eindeutig bestimmte) Anzahl dieser Elemente heißt die *Dimension* des endlich-dimensionalen Vektorraumes (in Zeichen: dim E).

Eine Teilmenge $M \subseteq E$ heißt eine *Linearmannigfaltigkeit* in E oder ein *Teilraum*[1]) von E, wenn M selbst ein linearer Raum ist. Dies ist genau dann der Fall, wenn aus $x, y \in M$ und $\lambda \in \boldsymbol{R}$ bzw. $\lambda \in \boldsymbol{C}$ stets $x + y \in M$ und $\lambda x \in M$ folgt.

Zu jeder Teilmenge $M \subseteq E$ gibt es einen kleinsten Teilraum von E, der alle Elemente aus M enthält. Er besteht genau aus allen endlichen Linearkombinationen von Elementen aus M. Wir bezeichnen diesen Teilraum mit M^l und nennen M^l die *lineare Hülle* von M oder den von M *aufgespannten Teilraum.*

Für unsere weiteren Betrachtungen ist eine spezielle Klasse von linearen Räumen bedeutungsvoll.

Definition: Es sei E ein reeller bzw. komplexer linearer Raum. Eine Abbildung, die jedem Element $x \in E$ eine nichtnegative reelle Zahl $\|x\|$ zuordnet, heißt eine *Norm* in E, wenn für alle $x, y \in E$ und alle $\lambda \in \boldsymbol{R}$ bzw. $\lambda \in \boldsymbol{C}$ die Bedingungen

$$\|\lambda x\| = |\lambda| \cdot \|x\|, \tag{3}$$

$$\|x + y\| \leqq \|x\| + \|y\|, \tag{4}$$

$$\|x\| > 0, \quad \text{falls} \quad x \neq 0 \tag{5}$$

erfüllt sind. Ist in E eine Norm ausgezeichnet, so heißt E ein *normierter Raum.*

Ein Element e aus einem normierten Raum E heißt ein *Einheitsvektor*, wenn $\|e\| = 1$ ist. Ist $x \neq 0$, so ist der Vektor $e := \dfrac{x}{\|x\|}$ ein Einheitsvektor, denn wegen (3) ist

$$\|e\| = \left\| \frac{1}{\|x\|} x \right\| = \frac{1}{\|x\|} \|x\| = 1.$$

Der Vektor x kann also in der Form $x = \|x\|\, e$ mit $\|e\| = 1$ dargestellt werden. Im Falle $x = 0$ gilt diese Darstellung

---

[1]) Die Bezeichnung „Unterraum" behalten wir für Teilräume vor, die eine zusätzliche Bedingung erfüllen.

für beliebige Einheitsvektoren $e \in E$, denn wegen (3) hat der Nullvektor die Norm Null.

Die *Dreiecksungleichung* (4) tritt in den Anwendungen noch in zwei abgeleiteten Formen auf. Nach (3), (4) ist $\|x\| = \|(x + y) - y\| \leq \|x + y\| + \|y\|$, also $\|x\| - \|y\| \leq \|x + y\|$. Vertauschung von x, y ergibt auch $\|y\| - \|x\| \leq \|x + y\|$, d. h., es ist

$$\big| \|x\| - \|y\| \big| \leq \|x + y\|. \tag{7}$$

Ersetzen wir x, y in (4) durch $x - y$, $y - z$, so erhalten wir die Form

$$\|x - z\| \leq \|x - y\| + \|y - z\|. \tag{8}$$

Eine Funktion ϱ, die je zwei Elementen x, y einer beliebigen nichtleeren Menge X eine nichtnegative reelle Zahl $\varrho(x, y)$, den *Abstand* der Elemente x, y zuordnet, heißt bekanntlich eine *Metrik* in X, wenn für alle $x, y, z \in X$ die Eigenschaften

$$\varrho(x, y) = \varrho(y, x), \tag{9}$$

$$\varrho(x, z) \leq \varrho(x, y) + \varrho(y, z), \tag{10}$$

$$\varrho(x, y) = 0 \text{ genau dann, wenn } x = y \tag{11}$$

erfüllt sind. In jedem normierten Raum kann also auf Grund von (3), (5), (8) durch

$$\varrho(x, y) := \|x - y\|$$

eine Metrik ϱ eingeführt werden. Mit dem aus dieser Metrik abgeleiteten Konvergenzbegriff in normierten Räumen werden wir uns in 1.4. beschäftigen.

Wir betrachten ein Beispiel für einen normierten Raum. Es sei Ω eine (meßbare) Teilmenge des Raumes $\boldsymbol{R}^p$ und $C_0(\Omega)$ die Menge aller stetigen Funktionen $x \colon \Omega \to \boldsymbol{R}$ bzw. $x \colon \Omega \to C$, zu denen eine kompakte (dies besagt in unserem Fall eine beschränkte und abgeschlossene) Teilmenge $F \subseteq \Omega$ mit folgender Eigenschaft existiert: Für alle $t \in \Omega$, die nicht in F liegen, ist $x(t) = 0$. Ist Ω selbst kompakt, so ist diese Eigenschaft trivialerweise erfüllt.

Die Menge $C_0(\Omega)$ bildet mit den üblichen Definitionen für $\lambda x, x + y$ einen linearen Raum. Die Funktion $|x(t)|$ nimmt für Funktionen $x \in C_0(\Omega)$ ihr Maximum tatsächlich an. Die nichtnegative reelle Zahl

$$\|x\|_T := \max_{t \in \Omega} |x(t)| \qquad \big(x \in C_0(\Omega)\big) \qquad (12)$$

heißt die *Tschebyschew-Norm* der Funktion x. Offensichtlich sind die Eigenschaften (3), (5) erfüllt, und wegen

$$|(x + y)\,(t)| \leqq |x(t)| + |y(t)| \leqq \|x\|_T + \|y\|_T$$

gilt auch $\|x + y\|_T \leqq \|x\|_T + \|y\|_T$. Somit ist (12) eine Norm in $C_0(\Omega)$, und $C_0(\Omega)$ ist mit dieser Norm ein normierter Raum.

1.2. *Skalarprodukt. Prä-Hilbert-Räume*

Wir führen jetzt die Klasse von linearen Räumen ein, die (mit einer später noch einzuführenden zusätzlichen Eigenschaft) den Hauptgegenstand dieses Bandes darstellen.

Definition 1: Es sei $\mathscr{H}$ ein reeller bzw. komplexer linearer Raum. Eine Abbildung, die je zwei Elementen $x, y \in \mathscr{H}$ eine reelle bzw. komplexe Zahl (x, y) zuordnet, heißt ein *Skalarprodukt* in $\mathscr{H}$, wenn für alle $x, y, z \in \mathscr{H}$ und alle $\lambda \in \boldsymbol{R}$ bzw. $\lambda \in \boldsymbol{C}$ die Bedingungen

$$(x + y, z) = (x, z) + (y, z) \qquad (1)$$

$$(\lambda x, z) = \lambda(x, z) \qquad (2)$$

$$(y, x) = \overline{(x, y)} \qquad (3)$$

$$(x, x) > 0, \quad \text{falls} \quad x \neq 0 \qquad (4)$$

erfüllt sind. Ist in $\mathscr{H}$ ein Skalarprodukt ausgezeichnet, so heißt $\mathscr{H}$ ein *Prä-Hilbert-Raum*[1]).

---

[1]) Ein HILBERT-Raum ist ein Prä-HILBERT-Raum, der noch eine zusätzliche Eigenschaft besitzt.

Am Schluß dieses Abschnitts werden drei Beispiele für komplexe Prä-HILBERT-Räume eingeführt. Der elementargeometrische zwei- oder dreidimensionale Vektorraum wird mit der Definition

$$(x, y) := \|x\| \cdot \|y\| \cos \sphericalangle (x, y), \tag{5}$$

worin $\|x\|$, $\|y\|$ die Längen der Vektoren x, y bedeuten, zu einem reellen Prä-HILBERT-Raum.

Wir werden uns fast ausschließlich mit komplexen Prä-HILBERT-Räumen beschäftigen. Nach Definition ist das Skalarprodukt in der ersten Komponente homogen und additiv, also linear. In der zweiten Komponente ist es auf Grund von

$$(x, y + z) = \overline{(y + z, x)} = \overline{(y, x)} + \overline{(z, x)} = \overline{(y, x)} + \overline{(z, x)}$$
$$= (x, y) + (x, z),$$
$$(x, \lambda y) = \overline{(\lambda y, x)} = \overline{\lambda (y, x)} = \bar{\lambda}\overline{(y, x)} = \bar{\lambda}(x, y)$$

ebenfalls additiv, aber nicht homogen, sondern *konjugiert-homogen*. Nach (2) bzw. (4) ist $(x, x) = 0$ für $x = 0$ und $(x, x) > 0$ für $x \neq 0$. Wir wollen zeigen, daß durch

$$\|x\| := \sqrt{(x, x)}$$

eine Norm in $\mathscr{H}$ definiert wird. Offensichtlich ist 1.1. (5) erfüllt. Ferner ist $\|\lambda x\|^2 = (\lambda x, \lambda x) = \lambda\bar{\lambda}(x, x) = |\lambda|^2 \|x\|^2$, also $\|\lambda x\| = |\lambda| \cdot \|x\|$. Es bleibt nur noch die Dreiecksungleichung zu beweisen. Zuvor leiten wir weitere Rechenregeln her. Aus (3) folgt

$$(x, y) + (y, x) = (x, y) + \overline{(x, y)} = 2 \operatorname{Re} (x, y),$$
$$(x \pm y, x \pm y) = (x, x) + (y, y) \pm 2 \operatorname{Re} (x, y),$$

d. h., wir haben

$$\|x + y\|^2 = \|x\|^2 + \|y\|^2 + 2 \operatorname{Re} (x, y), \tag{7}$$
$$\|x - y\|^2 = \|x\|^2 + \|y\|^2 - 2 \operatorname{Re} (x, y). \tag{8}$$

Addition ergibt

$$\|x + y\|^2 + \|x - y\|^2 = 2(\|x\|^2 + \|y\|^2). \tag{9}$$

Sind hierin x, y zwei Vektoren der Ebene, die ein Parallelogramm aufspannen, so repräsentieren $x + y$, $x - y$ dessen Diagonalen, und (9) besagt, daß die Summe der Quadrate über den Diagonalen gleich der Summe der Quadrate über den vier Seiten ist. Daher heißt die Gleichung (9) auch die *Parallelogrammgleichung*.

Subtraktion von (7), (8) führt zu

$$\operatorname{Re}(x, y) = \frac{1}{4}\left(\|x + y\|^2 - \|x - y\|^2\right). \qquad (10)$$

Es folgt

$$\operatorname{Im}(x, y) = \operatorname{Re}\big(-i(x, y)\big) = \operatorname{Re}(x, iy)$$

$$= \frac{1}{4}\left(\|x + iy\|^2 - \|x - iy\|^2\right),$$

d. h., es ist

$$(x, y) = \frac{1}{4}\left[\|x + y\|^2 - \|x - y\|^2\right.$$

$$\left. + i(\|x + iy\|^2 - \|x - iy\|^2)\right]. \qquad (11)$$

Das Skalarprodukt ist hiernach vollständig bestimmt, wenn die Norm für alle Elemente gegeben ist.

Allerdings kann nicht in jedem normierten Raum durch (11) ein Skalarprodukt definiert werden. Hierfür ist, wie wir in 2.2. zeigen werden, nicht nur notwendig, sondern auch hinreichend, daß die Parallelogrammgleichung (9) für alle $x, y \in \mathcal{H}$ erfüllt ist. Für die durch 1.1. (12) definierte Norm in $C_0(\Omega)$ ist die Parallelogrammgleichung z. B. nicht erfüllt.

Wir ersetzen x, y in (7) durch λx, μy und erhalten

$$\|\lambda x + \mu y\|^2 = |\lambda|^2 \|x\|^2 + |\mu|^2 \|y\|^2 + 2 \operatorname{Re} \lambda \bar{\mu}(x, y). \qquad (12)$$

Hiermit beweisen wir die *Schwarzsche Ungleichung*.

Satz 1: *Für alle $x, y \in \mathcal{H}$ ist*

$$|(x, y)| \leq \|x\| \cdot \|y\|. \qquad (13)$$

Beweis: Wir stellen die komplexe Zahl $z := (x, y)$ in der Form $z = |z|\, e^{i\alpha}$ mit $\alpha \in \boldsymbol{R}$ dar, so daß $e^{-i\alpha}(x, y) = |(x, y)|$ ist. Für $\mu = 1$ geht (12) in

$$|\lambda|^2 \|x\|^2 + 2\,\mathrm{Re}\,\lambda(x, y) + \|y\|^2 = \|\lambda x + y\|^2$$

über. Mit $\lambda := te^{-i\alpha}$ und $t \in \boldsymbol{R}$ haben wir also

$$t^2 \|x\|^2 + 2t\,|(x, y)| + \|y\|^2 \geqq 0 \qquad (t \in \boldsymbol{R}).$$

Die links stehende reelle quadratische Funktion in t besitzt somit höchstens eine reelle Nullstelle, und dies ist genau dann der Fall, wenn die Diskriminante $|(x, y)|^2 - \|x\|^2 \|y\|^2$ nicht positiv ist. Dies ist mit der Behauptung äquivalent.

Wegen $\mathrm{Re}\,(x, y) \leqq |(x, y)| \leqq \|x\| \cdot \|y\|$ und (7) folgt nun

$$\|x + y\|^2 \leqq \|x\|^2 + \|y\|^2 + 2\,\|x\| \cdot \|y\| = (\|x\| + \|y\|)^2,$$

und auch die Dreiecksungleichung 1.1. (4) ist bewiesen. Jeder Prä-HILBERT-Raum wird also vermöge der Definition (6) zu einem normierten Raum.

Beispiel 1: Im linearen Raum $\boldsymbol{C}^p$ setzen wir, falls $x = (\xi_1, \ldots, \xi_p)$, $y = (\eta_1, \ldots, \eta_p)$ ist,

$$(x, y) := \sum_{k=1}^{p} \xi_k \bar{\eta}_k. \tag{14}$$

Man prüft leicht nach, daß die Eigenschaften (1) bis (4) auf Grund dieser Definition erfüllt sind. Mit der Definition (14) wird also $\boldsymbol{C}^p$ zu einem Prä-HILBERT-Raum. Die Formeln für die zugehörige Norm und für die SCHWARZsche Ungleichung lauten explizit

$$\|x\| = \sqrt{\sum_{k=1}^{p} |\xi_k|^2} \tag{15}$$

$$\left| \sum_{k=1}^{p} \xi_k \bar{\eta}_k \right| \leqq \sqrt{\sum_{k=1}^{p} |\xi_k|^2} \sqrt{\sum_{k=1}^{p} |\eta_k|^2}. \tag{16}$$

Beispiel 2: Es sei l^2 die Menge aller Folgen $x = (\xi_0, \xi_1, \ldots)$ mit $\xi_k \in \boldsymbol{C}$, die der Bedingung

$$\sum_{k=0}^{\infty} |\xi_k|^2 < \infty \tag{17}$$

genügen. Für $x, y \in l^2$ setzen wir

$$\lambda(\xi_0, \xi_1, \ldots) := (\lambda\xi_0, \lambda\xi_1, \ldots),$$

$$(\xi_0, \xi_1, \ldots) + (\eta_0, \eta_1, \ldots) := (\xi_0 + \eta_0, \xi_1 + \eta_1, \ldots).$$

Dann ist offensichtlich wieder $\lambda x \in l^2$, und wegen $|\xi_k + \eta_k|^2 \leq 2\,|\xi_k|^2 + 2\,|\eta_k|^2$ ist auch $x + y \in l^2$. Somit ist l^2 ein linearer Raum. Für $x, y \in l^2$ ist die Reihe

$$(x, y) := \sum_{k=0}^{\infty} \xi_k \bar{\eta}_k \tag{18}$$

absolut konvergent, denn es ist $2\,|\xi_k \bar{\eta}_k| \leq |\xi_k|^2 + |\eta_k|^2$. Auch hier ist leicht nachzuweisen, daß (18) ein Skalarprodukt ist. Die expliziten Darstellungen für die Norm bzw. für die SCHWARZsche Ungleichung sind

$$\|x\| = \sqrt{\sum_{k=0}^{\infty} |\xi_k|^2}, \tag{19}$$

$$\left| \sum_{k=0}^{\infty} \xi_k \bar{\eta}_k \right| \leq \sqrt{\sum_{k=0}^{\infty} |\xi_k|^2} \sqrt{\sum_{k=0}^{\infty} |\eta_k|^2}. \tag{20}$$

Beispiel 3: Es sei $C(a, b)$ der lineare Raum aller auf einem beschränkten Intervall $[a, b]$ stetigen komplexwertigen Funktionen $x = x(t)$. Setzen wir

$$(x, y) := \int_a^b x(t)\,\overline{y(t)}\,\mathrm{d}t, \tag{21}$$

so sind die Eigenschaften (1) bis (3) offensichtlich erfüllt. Wegen

$$(x, x) = \int_a^b |x(t)|^2\,\mathrm{d}t$$

und der Stetigkeit von x gilt stets $(x, x) > 0$, wenn x nicht die Nullfunktion ist, d. h., auch (4) ist erfüllt. Die Norm ist (im Gegensatz zu 1.1. (12)) durch

$$\|x\| = \sqrt{\int_a^b |x(t)|^2\,\mathrm{d}t} \tag{22}$$

definiert, und die SCHWARZsche Ungleichung lautet

$$\left| \int_a^b x(t)\,\overline{y(t)}\,\mathrm{d}t \right| \leqq \sqrt{\int_a^b |x(t)|^2\,\mathrm{d}t} \; \sqrt{\int_a^b |y(t)|^2\,\mathrm{d}t} \, . \qquad (23)$$

Wird im Raum $C(a, b)$ das Skalarprodukt (21) ausgezeichnet, so bezeichnen wir diesen Prä-HILBERT-Raum mit $L_C^2(a, b)$.

1.3.　Orthogonalität. Orthonormierte Systeme

Aus der analytischen Geometrie ist bekannt, daß zwei Vektoren genau dann aufeinander senkrecht stehen, wenn ihr Skalarprodukt verschwindet. Entsprechend nennen wir zwei Elemente x, y eines Prä-HILBERT-Raumes $\mathscr{H}$ orthogonal, in Zeichen $x \perp y$, wenn $(x, y) = 0$ ist. Wir stellen einige Eigenschaften dieser Relation zusammen.

Satz 1: *Die Orthogonalitätsrelation hat folgende Eigenschaften:*

(a) *Aus $x \perp y$ folgt $y \perp x$.*

(b) *Aus $x \perp x$ folgt $x = 0$.*

(c) *Aus $x \perp y$ für alle $y \in \mathscr{H}$ folgt $x = 0$.*

(d) *Aus $x \perp y_0, \ldots, y_n$ folgt $x \perp \sum_{k=0}^{n} \lambda_k y_k$.*

(e) *Aus $x \perp y$ folgt $\|x \pm y\|^2 = \|x\|^2 + \|y\|^2$ (pythagoreische Formel).*

Beweis: Die Behauptung (a) ist klar, und (b) ist in der Definition des Skalarprodukts enthalten. Eine triviale Folgerung aus (b) ist (c). Aus

$$\left(x, \sum_{k=0}^{n} \lambda_k y_k \right) = \sum_{k=0}^{n} \overline{\lambda_k}(x, y_k)$$

ergibt sich (d), und (e) kann aus 1.2. (7), (8) abgelesen werden.

Satz 2. *Es ist $x \perp y$ genau dann, wenn die Ungleichung*

$$\|x\| \leqq \|x + \lambda y\| \tag{1}$$

für alle $\lambda \in C$ erfüllt ist (Abb. 1).

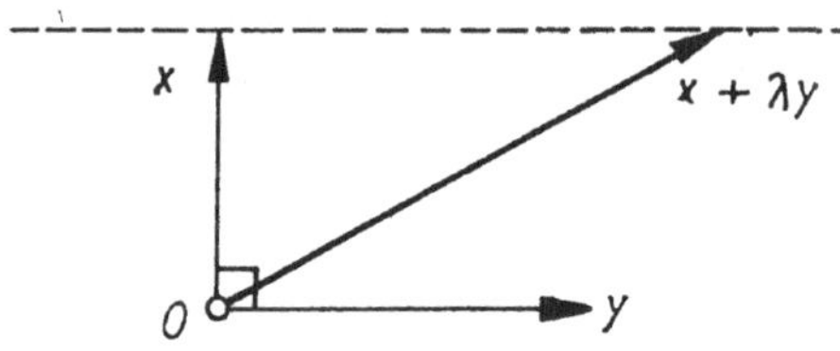

Abb. 1

Beweis: Ist $x \perp y$, so folgt aus der pythagoreischen Formel $\|x + \lambda y\|^2 = \|x\|^2 + \|\lambda y\|^2 \geqq \|x\|^2$. Umgekehrt sei für $\lambda \in C$ stets (1) erfüllt. Dann ist

$$\|x\|^2 \leqq \|x\|^2 + |\lambda|^2 \|y\|^2 + 2 \operatorname{Re} \bar{\lambda}(x, y),$$

$$-2 \operatorname{Re} \bar{\lambda}(x, y) \leqq |\lambda|^2 \|y\|^2.$$

Wir wählen ein $\alpha \in R$ mit $e^{-i\alpha}(x, y) = |(x, y)|$ und setzen $\lambda := -re^{i\alpha}\ (r > 0)$. Nach Division durch r erhalten wir

$$2\,|(x, y)| \leqq r \|y\|^2.$$

Der Grenzübergang $r \to 0$ zeigt, daß $x \perp y$ ist.

In Verallgemeinerung unserer Definition sagen wir, ein Element $x \in \mathscr{H}$ sei zu einer Teilmenge $M \subseteq \mathscr{H}$ orthogonal, in Zeichen $x \perp M$, wenn x zu allen Elementen $y \in M$ orthogonal ist. Entsprechend heißen zwei Teilmengen $M_1, M_2 \subseteq \mathscr{H}$ zueinander orthogonal, in Zeichen $M_1 \perp M_2$, wenn $x_1 \perp x_2$ für alle $x_1 \in M_1$ und alle $x_2 \in M_2$ ist.

Wir gehen zu einer weiteren wichtigen Begriffsbildung über.

Definition: Es sei I eine Indexmenge. Ein System $\{e_\alpha\}_{\alpha \in I}$ von Elementen aus $\mathscr{H}$ heißt ein *Orthogonalsystem*, wenn stets $e_\alpha \perp e_\beta$ für $\alpha \neq \beta$ ist. Das System $\{e_\alpha\}_{\alpha \in I}$ heißt ein *orthonormiertes System*, wenn es ein Orthogonalsystem ist und alle Vektoren e_α des Systems Einheitsvektoren sind.

Die Elemente eines orthonormierten Systems genügen also den Relationen

$$(e_\alpha, e_\beta) = \delta_{\alpha\beta} = \begin{cases} 1 & \text{für } \alpha = \beta \\ 0 & \text{für } \alpha \neq \beta. \end{cases} \tag{2}$$

Für $\alpha \neq \beta$ ist nach der pythagoreischen Formel $\|e_\alpha - e_\beta\|^2 = 1 + 1$, also

$$\|e_\alpha - e_\beta\| = \sqrt{2} \qquad (\alpha \neq \beta). \tag{3}$$

Ist $\lambda_0, \ldots, \lambda_p \in C$ und $\alpha_i \neq \alpha_k$ für $i \neq k$ $(i, k = 0, \ldots, p)$, so erhalten wir auf Grund wiederholter Anwendung der pythagoreischen Formel

$$\left\| \sum_{k=0}^{p} \lambda_k e_{\alpha_k} \right\|^2 = \sum_{k=0}^{p} |\lambda_k|^2. \tag{4}$$

Eine Linearkombination von (paarweise verschiedenen) Vektoren eines orthonormierten Systems verschwindet also genau dann, wenn alle Koeffizienten verschwinden. Dies besagt, daß jedes orthonormierte System linear unabhängig ist.

Es gibt Prä-HILBERT-Räume, in denen orthonormierte Systeme mit überabzählbar vielen Elementen existieren. In den von uns betrachteten Räumen wird dieser Fall nicht eintreten. Jedes orthonormierte System hat dann also die Gestalt $\{e_0, \ldots, e_n\}$ bzw. $\{e_0, e_1, e_2, \ldots\}$ mit $(e_i, e_k) = \delta_{ik}$.

Beispiel 1: Im Prä-HILBERT-Raum C^p bilden die Vektoren

$$\begin{aligned} e_1 &= (1, 0, 0, \ldots, 0) \\ e_2 &= (0, 1, 0, \ldots, 0) \\ &\cdots\cdots\cdots\cdots\cdots \\ e_p &= (0, 0, 0, \ldots, 1) \end{aligned} \tag{5}$$

ein orthonormiertes System.

Beispiel 2: Im Prä-HILBERT-Raum l^2 bilden die Vektoren

$$\begin{aligned} e_0 &= (1, 0, 0, \ldots) \\ e_1 &= (0, 1, 0, \ldots) \\ e_2 &= (0, 0, 1, \ldots) \\ &\cdots\cdots\cdots\cdots\cdots \end{aligned} \tag{6}$$

ein orthonormiertes System.

2*

Beispiel 3: Im Raum $L_C^2(-\pi, \pi)$ bilden die Funktionen

$$e_n(t) = \frac{1}{\sqrt{2\pi}}\, e^{int} \qquad (n \in \mathbf{Z}) \tag{7}$$

wegen

$$(e_m, e_n) = \frac{1}{2\pi} \int_{-\pi}^{\pi} e^{i(m-n)t}\, dt = \begin{cases} 1 & \text{für } m = n \\ 0 & \text{für } m \neq n \end{cases}$$

ein orthonormiertes System.

Beispiel 4: Im Raum $L_C^2(-\pi, \pi)$ bilden die Funktionen

$$\varphi_0(t) := \frac{1}{\sqrt{2\pi}},$$

$$\varphi_{2n}(t) := \frac{1}{\sqrt{\pi}} \cos nt \qquad (n \in \mathbf{N} \setminus \{0\}), \tag{8}$$

$$\varphi_{2n-1}(t) := \frac{1}{\sqrt{\pi}} \sin nt \qquad (n \in \mathbf{N} \setminus \{0\})$$

ein orthonormiertes System. Dies folgt aus (7), (3) und den Identitäten

$$\varphi_0(t) = e_0(t),$$

$$\varphi_{2n}(t) = \frac{e_n(t) + e_{-n}(t)}{\sqrt{2}} \qquad (n \in \mathbf{N} \setminus \{0\}),$$

$$\varphi_{2n-1}(t) = \frac{e_n(t) - e_{-n}(t)}{\sqrt{2}\, i} \qquad (n \in \mathbf{N} \setminus \{0\}).$$

Wir wenden uns dem für zahlreiche theoretische und praktische Anwendungen bedeutsamen Problem zu, einen gegebenen Vektor $x \in \mathscr{H}$ durch eine Linearkombination

$$y = \sum_{k=0}^{n} \eta_k e_k. \tag{9}$$

von Vektoren eines orthonormierten Systems $\{e_0, e_1, \ldots\}$ in dem Sinne zu approximieren, daß der Abstand $\|x - y\|$ für eine vorgegebene Anzahl n von Summanden in (9)

minimal wird. Ist $\mathscr{H}$ der elementargeometrische dreidimensionale Vektorraum und $n = 2$, so wird man, wie
Abb. 2 zeigt, die Koeffizienten in (9) so bestimmen, daß
der Vektor $x - y$ zu den Vektoren e_0, e_1 orthogonal ist.
Es ist überraschend, daß das obige Problem mit derselben
geometrischen Überlegung auch im abstrakten (sogar

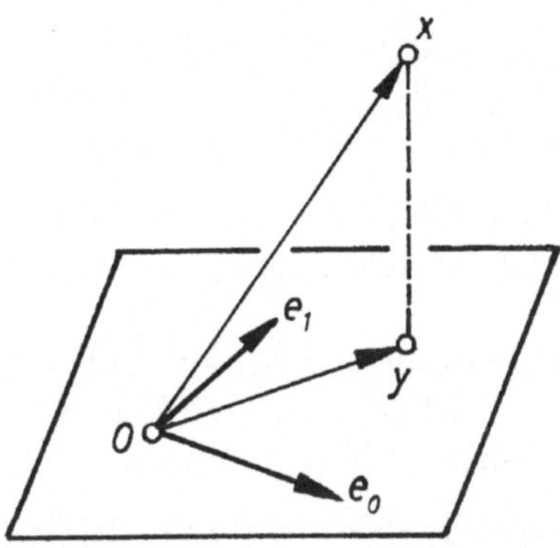

Abb. 2

komplexen) Fall gelöst werden kann. Die Forderung
$x - y \perp e_k$, also $(x - y, e_k) = 0$ oder $(x, e_k) = (y, e_k)$ für
$k = 0, \ldots, n$, führt wegen $(y, e_k) = \eta_k$ zu einer Vermutung,
die wir im folgenden Satz bestätigt finden.

S a t z 3: *Es sei* $\{e_0, e_1, \ldots\}$ *ein orthonormiertes System
und* $x \in \mathscr{H}$. *Dann hat der Vektor*

$$x_n := \sum_{k=0}^{n} (x, e_k)\, e_k \qquad (10)$$

unter allen Linearkombinationen der Vektoren $e_0, \ldots, e_n$ *den
kleinsten Abstand von* x, *und zwar gilt*

$$\left\| x - \sum_{k=0}^{n} (x, e_k)\, e_k \right\|^2 = \|x\|^2 - \sum_{k=0}^{n} |(x, e_k)|^2. \qquad (11)$$

B e w e i s: Aus (10) folgt $(x_n, e_k) = (x, e_k)$ für $k = 0, \ldots, n$,
d. h., der Vektor $x - x_n$ ist zu $e_0, \ldots, e_n$ orthogonal. Für

beliebige $\eta_0, \ldots, \eta_n \in C$ folgt

$$\left\| x - \sum_{k=0}^{n} \eta_k e_k \right\|^2 = \left\| (x - x_n) + \sum_{k=0}^{n} \left((x, e_k) - \eta_k \right) e_k \right\|^2$$

$$= \|x - x_n\|^2 + \left\| \sum_{k=0}^{n} \left((x, e_k) - \eta_k \right) e_k \right\|^2,$$

$$\left\| x - \sum_{k=0}^{n} \eta_k e_k \right\|^2 = \left\| x - \sum_{k=0}^{n} (x, e_k) e_k \right\|^2 + \sum_{k=0}^{n} |(x, e_k) - \eta_k|^2.$$

$$(12)$$

Die rechte Seite nimmt bei Variation von η_k genau dann ihr Minimum an, wenn $\eta_k = (x, e_k)$ ist. Für $\eta_k := 0$ geht (12) in (11) über.

Die in unserem Satz angesprochene Problemstellung spielt in der sogenannten *Fourier-Reihenentwicklung* von Funktionen eine große Rolle. Daher rührt

Definition 2: Ist $\{e_0, e_1, \ldots\}$ ein orthonormiertes System und $x \in \mathscr{H}$, so heißen die komplexen Zahlen (x, e_k) die *Fourier-Koeffizienten* des Vektors x bezüglich des orthonormierten Systems.

Wie Satz 3 zeigt, kann mit Hilfe der FOURIER-Koeffizienten des Problem der besten Approximation (in der Norm von $\mathscr{H}$) gelöst werden.

Beispiel: Wir berechnen im Raum $L_C^2(-\pi, \pi)$ für die Funktion $x(t) = t$ $(-\pi < t \leq \pi)$ die FOURIER-Koeffizienten bezüglich des orthonormierten Systems (8) der trigonometrischen Funktionen. Da die Funktionen $t \cos nt$ ungerade sind, gilt stets $(x, \varphi_{2n}) = 0$. Dagegen ist

$$(x, \varphi_{2n-1}) = \frac{1}{\sqrt{\pi}} \int_{-\pi}^{\pi} t \sin nt \, dt = (-1)^{n-1} \frac{2\sqrt{\pi}}{n}.$$

Für die Näherungsfunktion

$$x_{2n} = \sum_{k=0}^{2n} (x, \varphi_k) \varphi_k$$

gewinnen wir die Darstellung

$$x_{2n}(t) = 2\left(\sin t - \frac{\sin 2t}{2} + - \cdots + (-1)^{n-1}\frac{\sin nt}{n}\right).$$

Es ist interessant zu beobachten, wie sich diese Funktionen mit wachsendem n der durch periodische Fortsetzung der Funktion $x(t) = t\,(-\pi < x \leq \pi)$ entstehenden „Sägezahnkurve" annähern (Abb. 3).

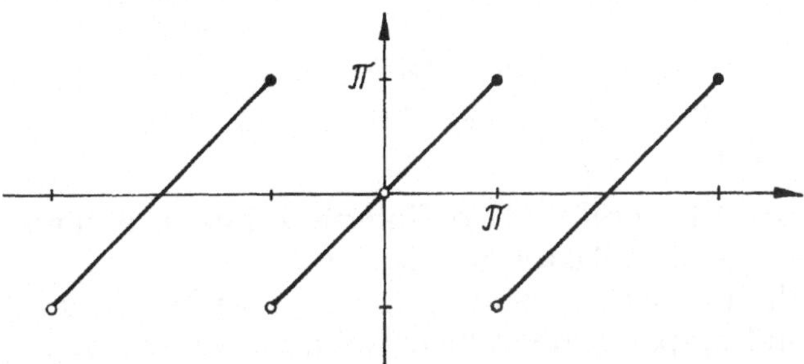

Abb. 3

Satz 4: *Ist $\{e_0, e_1, \ldots\}$ ein orthonormiertes System, so gilt für alle $x \in \mathscr{H}$ die Besselsche Ungleichung*

$$\sum_{k=0}^{\infty} |(x, e_k)|^2 \leq \|x\|^2. \tag{13}$$

Beweis: Nach (11) ist stets

$$\sum_{k=0}^{n} |(x, e_k)|^2 \leq \|x\|^2,$$

und hieraus folgt die Behauptung.

Das Problem der besten Approximation eines Vektors x gestaltet sich wesentlich schwieriger, wenn x durch Linearkombinationen eines nicht orthonormierten Systems $\{x_0, x_1, \ldots\}$ approximiert werden soll. Aus diesem Grunde pflegt man ein solches System häufig zu „orthonormieren". Die im nachfolgenden Satz geschilderte Lösung dieses Problems heißt das *Schmidtsche Orthogonalisierungsverfahren*.

Satz 5: *Es sei $S := \{x_0, x_1, \ldots\}$ ein endliches oder abzählbar unendliches linear unabhängiges System. Werden die Vektoren y_n, e_n induktiv durch*

$$y_0 := x_0, \qquad e_0 := \frac{y_0}{\|y_0\|}, \tag{14}$$

$$y_{n+1} := x_{n+1} - \sum_{k=0}^{n} (x_{n+1}, e_k)\, e_k, \quad e_{n+1} := \frac{y_{n+1}}{\|y_{n+1}\|} \tag{15}$$

definiert, so ist $\{e_0, e_1, \ldots\}$ ein orthonormiertes System, und für jedes n spannen die Vektoren $x_0, \ldots, x_n$ und $e_0, \ldots, e_n$ denselben Teilraum auf.

Beweis: Der durch (14) definierte Einheitsvektor e_0 spannt den gleichen Teilraum wie x_0 auf.

Das orthonormierte System $\{e_0, \ldots, e_n\}$ sei bereits konstruiert, und es spanne denselben Teilraum wie $\{x_0, \ldots, x_n\}$ auf. Ist $n + 1$ die Anzahl der Elemente von S, so ist das Verfahren beendet. Andernfalls definieren wir y_{n+1} durch (15). Dann ist y_{n+1} zu $e_0, \ldots, e_n$ orthogonal. Da x_{n+1} keine Linearkombination von $e_0, \ldots, e_n$ ist, muß $y_{n+1} \neq 0$ sein, so daß wir e_{n+1} durch (15) definieren können. Dann ist $e_0, \ldots, e_{n+1}$ ein orthonormiertes System. Mit y_{n+1} ist auch e_{n+1} eine Linearkombination von $e_0, \ldots, e_n, x_{n+1}$, also auch von $x_0, \ldots, x_{n+1}$. Umgekehrt ergibt eine Umstellung von (15), daß x_{n+1} eine Linearkombination von $\{e_0, \ldots, e_{n+1}\}$ ist. Somit spannen auch $\{e_0, \ldots, e_{n+1}\}$ und $\{x_0, \ldots, x_{n+1}\}$ denselben Teilraum auf.

Für die numerische Rechnung ist es zur Vermeidung von Wurzeln vorteilhaft, zunächst mit Hilfe der zu (15) äquivalenten Formel

$$y_{n+1} = x_{n+1} - \sum_{k=0}^{n} \frac{(x_{n+1}, y_k)}{(y_k, y_k)}\, y_k \tag{16}$$

die Vektoren $y_0, y_1, \ldots$ induktiv zu bestimmen und diese erst abschließend zu „normieren", also die Vektoren e_n zu berechnen.

Beispiel: Im Raum $L_C^2(0, 1)$ ist das System $\{x_0, x_1, \ldots\}$ der Potenzfunktionen $x_n(t) := t^n$ $(n \in \mathbf{N})$ linear unabhängig. Mit Hilfe der Formel

$$(x, y) = \int\limits_0^1 x(t)\, \overline{y(t)}\, \mathrm{d}t$$

berechnen wir die in (16) benötigten Größen aus folgendem Schema:

n	0	1	2	3	4
$x_n(t)$	1	t	t^2	t^3	$\ldots$
$y_n(t)$	1	$t - \dfrac{1}{2}$	$t^2 - t + \dfrac{1}{6}$	$\ldots$	$\ldots$
(y_n, y_n)	1	$\dfrac{1}{12}$	$\dfrac{7}{60}$	$\ldots$	$\ldots$
(x_n, y_0)	—	$\dfrac{1}{2}$	$\dfrac{1}{3}$	$\dfrac{1}{4}$	$\ldots$
(x_n, y_1)	—	—	$\dfrac{1}{12}$	$\dfrac{3}{40}$	$\ldots$
(x_n, y_2)	—	—	—	$\dfrac{1}{120}$	$\ldots$

Das orthonormierte System der Funktionen $e_n(t)$ ergibt sich, indem man die Funktionen $y_n(t)$ durch $\|y_n\| = \sqrt{(y_n, y_n)}$ dividiert.

1.4. Normkonvergenz. Hilbert-Räume

Die bisher untersuchten Eigenschaften von normierten Räumen, speziell von Prä-Hilbert-Räumen, waren im wesentlichen rein algebraischer Natur. Jetzt beziehen wir den Konvergenzbegriff in den Kreis unserer Untersuchungen ein.

Definition 1: Eine Folge (x_n) in einem normierten Raum E heißt (bezüglich der Norm in E) *konvergent*, wenn es ein Element $x \in E$ gibt, für das die Folge der Abstände $\|x - x_n\|$ eine Nullfolge bildet.

Sind $(\|x - x_n\|)$ und $(\|x' - x_n\|)$ Nullfolgen, so gilt

$$0 \leqq \|x - x'\| \leqq \|x - x_n\| + \|x' - x_n\|,$$

und da rechts Nullfolgen stehen, muß $\|x - x'\| = 0$, also $x = x'$ sein. Zu jeder konvergenten Folge in E gibt es also genau ein Element $x \in E$, für das $(\|x - x_n\|)$ eine Nullfolge ist. Es heißt der *Grenzwert* der Folge (x_n) (bezüglich der Norm), und man schreibt $x_n \to x$ oder

$$x = \lim_{n \to \infty} x_n. \tag{1}$$

Falls eine Unterscheidung von anderen Konvergenzbegriffen (z. B. in Funktionenräumen von der punktweisen Konvergenz) erforderlich ist, schreiben wir genauer

$$x = \operatorname*{s-lim}_{n \to \infty} x_n \tag{2}$$

(s = strong, stark), und nennen x den *starken* Grenzwert der Folge (x_n).

Wir prüfen, ob die in normierten Räumen bzw. Prä-HILBERT-Räumen definierten Operationen mit Grenzwertbildungen vertauschbar sind.

Satz 1: *In jedem normierten Raum sind die Operationen* $\|x\|$, λx, $x + y$ *und darüber hinaus in jedem Prä-Hilbert-Raum auch das Skalarprodukt* (x, y) *stetig, d. h., aus*

$$x = \operatorname*{s-lim}_{n \to \infty} x_n, \quad y = \operatorname*{s-lim}_{n \to \infty} y_n, \quad \lambda = \lim_{n \to \infty} \lambda_n$$

folgt

$$\|x\| = \lim_{n \to \infty} \|x_n\|, \tag{3}$$

$$\lambda x = \text{s-}\lim_{n \to \infty} \lambda_n x_n, \tag{4}$$

$$x + y = \text{s-}\lim_{n \to \infty} (x_n + y_n), \tag{5}$$

$$(x, y) = \lim_{n \to \infty} (x_n, y_n). \tag{6}$$

Beweis: Auf Grund der Dreiecksungleichungen ist

$$\big| \|x\| - \|x_n\| \big| \leqq \|x - x_n\|,$$

$$\|\lambda x - \lambda_n x_n\| \leqq |\lambda - \lambda_n|\, \|x\| + |\lambda_n| \cdot \|x - x_n\|,$$

$$\|(x + y) - (x_n + y_n)\| \leqq \|x - x_n\| + \|y - y_n\|,$$

$$|(x, y) - (x_n, y_n)| \leqq |(x - x_n, y)| + |(x_n, y - y_n)|$$

$$\leqq \|x - x_n\|\, \|y\| + \|x_n\|\, \|y - y_n\|,$$

und alle rechten Seiten streben für $n \to \infty$ gegen Null.

Ist die Folge der Partialsummen einer Reihe mit den Gliedern x_k konvergent, so setzen wir

$$\sum_{k=0}^{\infty} x_k := \lim_{n \to \infty} \sum_{k=0}^{n} x_k, \tag{7}$$

und bezeichnen diesen Grenzwert als (starke) Summe der Reihe. Der Grenzwert einer jeden konvergenten Folge (x_n) kann als Summe der Reihe mit den Gliedern

$$y_0 := x_0, \quad y_{n+1} := x_{n+1} - x_n \tag{8}$$

geschrieben werden, denn es ist

$$\sum_{k=0}^{\infty} y_k = \lim_{n \to \infty} \sum_{k=0}^{n} y_k = \lim_{n \to \infty} x_n.$$

Die durch (8) definierte Folge (y_k) heißt die *Differenzenfolge* der Folge (x_k).

Existiert die Summe der Reihe mit den Gliedern x_k in

einem Prä-HILBERT-Raum $\mathscr{H}$, so gilt wegen der Stetigkeit und Additivität des Skalarprodukts und auf Grund unserer Definition (7) stets

$$\left(\sum_{k=0}^{\infty} x_k,\, y \right) = \sum_{k=0}^{\infty} (x_k,\, y). \tag{9}$$

Definition 2: Eine Folge (x_n) in einem normierten Raum E heißt eine *Fundamentalfolge* (in E), wenn es zu jedem $\varepsilon > 0$ eine Zahl $n_0 = n_0(\varepsilon)$ mit $\|x_m - x_n\| < \varepsilon$ für alle $m, n \geq n_0$ gibt.

Jede Fundamentalfolge ist beschränkt, denn ist m eine feste Zahl mit $m \geq n_0(\varepsilon)$, so ist

$$\|x_n\| \leq \|x_m - x_n\| + \|x_m\| < \varepsilon + \|x_m\| \quad \left(n \geq n_0(\varepsilon) \right).$$

Jede konvergente Folge ist eine Fundamentalfolge, denn aus $x_n \to x$ folgt

$$\|x_m - x_n\| \leq \|x - x_m\| + \|x - x_n\|,$$

und die rechte Seite kann für hinreichend große m, n beliebig klein gemacht werden.

Die Umkehrung dieses Sachverhalts gilt nicht in jedem normierten Raum.

Definition 3: Ein normierter Raum E heißt *vollständig*, wenn jede Fundamentalfolge in E einen Grenzwert in E besitzt. Ein vollständiger normierter Raum heißt auch ein *Banach-Raum*, ein vollständiger Prä-HILBERT-Raum ein *Hilbert-Raum*.

Mit diesen Bezeichnungen wurden die hervorragenden Mathematiker DAVID HILBERT (1862—1943), STEFAN BANACH (1892—1945) geehrt, die sich um die Entwicklung der entsprechenden Theorien große Verdienste erwarben. Die Theorie der HILBERT-Räume, die bei uns im Mittelpunkt steht, ist insbesondere aus der von HILBERT weitgehend entwickelten Theorie der Integralgleichungen entstanden.

Wir beweisen einige Sätze, in denen wesentlich von der Vollständigkeit Gebrauch gemacht wird.

Satz 2: *Jede absolut konvergente Reihe in einem Banach-Raum E ist konvergent, d. h., ist*

$$\sum_{k=0}^{\infty} \|x_k\| < \infty, \tag{10}$$

so existiert ein Element $x \in E$ mit

$$x = \sum_{k=0}^{\infty} x_k, \tag{11}$$

und es ist

$$\|x\| \leq \sum_{k=0}^{\infty} \|x_k\|. \tag{12}$$

Beweis: Die Folge der Partialsummen ist wegen

$$\left\| \sum_{k=m+1}^{n} x_k \right\| \leq \sum_{k=m+1}^{n} \|x_k\|$$

eine gegen ein Element $x \in E$ konvergierende Fundamentalfolge, und es ist

$$\|x\| = \lim_{n \to \infty} \left\| \sum_{k=0}^{n} . x_k \right\| \leq \lim_{n \to \infty} \sum_{k=0}^{n} \|x_k\| = \sum_{k=0}^{\infty} \|x_k\|.$$

Satz 3: *Es sei (x_k) eine Folge paarweise orthogonaler Elemente eines Hilbert-Raumes $\mathscr{H}$ mit*

$$\sum_{k=0}^{\infty} \|x_k\|^2 < \infty.$$

Dann existiert (11).

Beweis: Wegen

$$\left\| \sum_{k=m+1}^{n} x_k \right\|^2 = \sum_{k=m+1}^{n} \|x_k\|^2$$

kann die gleiche Schlußweise wie beim Beweis von Satz 2 angewendet werden.

Ist $\{e_0, e_1, \ldots\}$ ein orthonormiertes System und $x \in \mathscr{H}$, so heißt die Reihe mit den Gliedern $(x, e_k)\, e_k$ die *Fourier-*

Reihe des Elementes x bezüglich des orthonormierten Systems.

Satz 4: *Es sei* $\{e_0, e_1, \ldots\}$ *ein orthonormiertes System in einem Hilbert-Raum* $\mathcal{H}$. *Für jedes Element* $x \in \mathcal{H}$ *existiert die Summe*

$$x' := \sum_{k=0}^{\infty} (x, e_k)\, e_k \qquad (13)$$

der Fourier-Reihe, und es ist

$$\|x - x'\|^2 = \|x\|^2 - \sum_{k=0}^{\infty} |(x, e_k)|^2 \qquad (14)$$

Beweis: Die Existenz von x' folgt aus Satz 3 und der Besselschen Ungleichung. Setzen wir

$$x_n := \sum_{k=0}^{n} (x, e_k)\, e_k,$$

so gilt

$$\|x - x_n\|^2 = \|x\|^2 - \sum_{k=0}^{n} |(x, e_k)|^2$$

nach 1.3. (11). Der Grenzübergang $n \to \infty$ ergibt (14).

Wir prüfen, ob die in 1.2. behandelten speziellen Prä-Hilbert-Räume sogar Hilbert-Räume sind.

Satz 5: *Jeder endlich-dimensionale Prä-Hilbert-Raum* $\mathcal{H}$ *ist vollständig*[1]).

Beweis: Es sei $\{x_1, \ldots, x_p\}$ eine algebraische Basis von $\mathcal{H}$. Mit Hilfe des Schmidtschen Orthogonalisierungs-verfahrens konstruieren wir eine orthonormierte alge-braische Basis $\{e_1, \ldots, e_p\}$. Aus

$$x = \xi_1 e_1 + \cdots + \xi_p e_p \qquad (15)$$

und 1.3. (4) folgt $|\xi_i| \leq \|x\|$ für $i = 1, \ldots, p$. Bilden also die Elemente $x_n = \xi_{1n} e_1 + \cdots + \xi_{pn} e_p$ eine Fundamental-

---

[1]) Allgemeiner kann man zeigen, daß jeder endlich-dimensionale normierte Raum ein Banach-Raum ist.

folge in $\mathscr{H}$, so ist $|\xi_{im} - \xi_{in}| \leqq \|x_m - x_n\|$, und die Koordinatenfolgen (ξ_{in}) besitzen als Fundamentalfolgen in C Grenzwerte ξ_i. Wir definieren x durch (15). Aus der Dreiecksungleichung folgt

$$\|x - x_n\| \leqq |\xi_1 - \xi_{1n}| + \cdots + |\xi_p - \xi_{pn}|,$$

und folglich ist $(\|x - x_n\|)$ eine Nullfolge. Somit gilt $x_n \to x$, und $\mathscr{H}$ ist vollständig.

Satz 6: *Der Raum l^2 ist ein Hilbert-Raum.*

Beweis: Bilden die Elemente $x_n = (\xi_{0n}, \xi_{1n}, \ldots)$ eine Fundamentalfolge in l^2, so sind wegen

$$|\xi_{im} - \xi_{in}|^2 \leqq \sum_{k=0}^{\infty} |\xi_{km} - \xi_{kn}|^2 = \|x_m - x_n\|^2$$

die Koordinatenfolgen $(\xi_{in})_{n \in N}$ für alle $i \in N$ Fundamentalfolgen in C und besitzen Grenzwerte ξ_i.

Wir setzen $x := (\xi_0, \xi_1, \ldots)$ und müssen zeigen, daß $x \in l^2$ ist.

Zu jedem $\varepsilon > 0$ gibt es ein n_0 mit $\|x_m - x_n\| < \varepsilon$ für $m, n \geqq n_0$. Es folgt

$$\sum_{k=0}^{p} |\xi_{km} - \xi_{kn}|^2 \leqq \|x_m - x_n\|^2 < \varepsilon^2 \qquad (m, n \geqq n_0).$$

Lassen wir $m \to \infty$ gehen, so erhalten wir

$$\sum_{k=0}^{p} |\xi_k - \xi_{kn}|^2 \leqq \varepsilon^2 \qquad (n \geqq n_0)$$

für beliebige $p \in N$. Der Grenzübergang $p \to \infty$ liefert $\sum_{k=0}^{\infty} |\xi_k - \xi_{kn}|^2 \leqq \varepsilon^2 < \infty$, und folglich ist $x - x_n \in l^2$. Dann gilt auch $x = (x - x_n) + x_n \in l^2$ und

$$\|x - x_n\|^2 \leqq \varepsilon^2 \qquad (n \geqq n_0).$$

Da $\varepsilon > 0$ beliebig war, haben wir $x_n \to x$, und l^2 ist vollständig.

Von zwei der drei in 1.2. eingeführten Prä-HILBERT-

Räumen hat sich herausgestellt, daß sie sogar HILBERT-Räume sind. Für den Raum $L^2_C(a; b)$ ist dies leider nicht der Fall. So gilt z. B. für die in Abb. 4 dargestellten Funktionen $x_n \in L^2_C(-1, 1)$ die Abschätzung

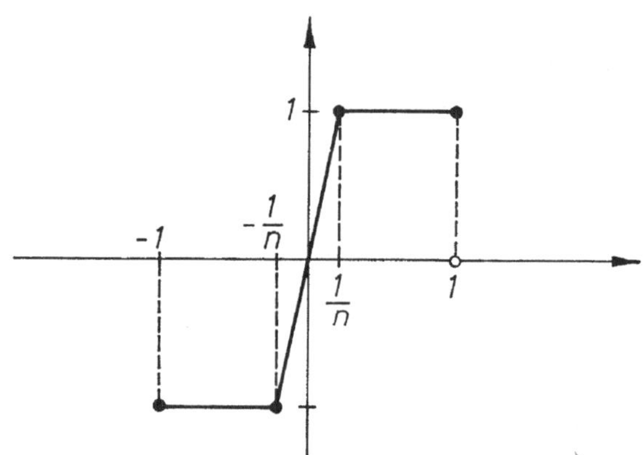

Abb. 4

$$\|x_m - x_n\|^2 = \int\limits_{-1}^{1} |x_m(t) - x_n(t)|^2 \, \mathrm{d}t \leqq \frac{2}{m^2} + \frac{2}{n^2},$$

und (x_n) ist eine Fundamentalfolge in $L^2_C(-1, 1)$. Es gibt aber keine stetige Funktion x, also kein Element des Raumes $L^2_C(-1, 1)$, für das $(\|x - x_n\|)$ eine Nullfolge ist.

Es gibt zwei Möglichkeiten, diesen Mangel zu beheben. Die eine setzt die Kenntnis der LEBESGUESCHEN Integrationstheorie voraus und wird in 1.7. behandelt. Die andere besteht in dem Nachweis, daß jeder Prä-HILBERT-Raum durch einen abstrakten Prozeß in einen HILBERT-Raum eingebettet werden kann. Hierbei geht man ebenso vor wie bei der Erweiterung des Systems der rationalen Zahlen zum System der reellen Zahlen mit Hilfe von Fundamentalfolgen.

Satz 7: *Zu jedem Prä-Hilbert-Raum $\mathscr{H}$ gibt es einen Hilbert-Raum $\tilde{\mathscr{H}}$, der $\mathscr{H}$ als Teilraum umfaßt.*

Beweis: Wir nennen zwei Fundamentalfolgen (x_n), (y_n) in $\mathcal{H}$ *äquivalent*, wenn $(\|x_n - y_n\|)$ eine Nullfolge ist. Dies ist eine Äquivalenzrelation, denn sie ist reflexiv und symmetrisch, und wenn (x_n), (y_n) sowie (y_n), (z_n) äquivalent sind, folgt aus

$$\|x_n - z_n\| \leqq \|x_n - y_n\| + \|y_n - z_n\|,$$

daß auch (x_n), (z_n) äquivalent sind.

Die Menge aller Äquivalenzklassen bezüglich dieser Äquivalenzrelation bezeichnen wir mit $\widetilde{\mathcal{H}}$. Als Variable für die Elemente von $\widetilde{\mathcal{H}}$ wählen wir (nur in diesem Beweis) große Buchstaben $X, Y, \ldots$ Wird X von der Fundamentalfolge (x_n) in $\mathcal{H}$ erzeugt, so setzen wir auch $X = [x_n]$. Wir wollen nun zeigen, daß $\widetilde{\mathcal{H}}$ auf Grund der Definitionen

$$\lambda X \quad := [\lambda x_n], \tag{16}$$

$$X + Y := [x_n + y_n], \tag{17}$$

$$(X, Y) := \lim_{n \to \infty} (x_n, y_n) \tag{18}$$

mit beliebigen $(x_n) \in X$, $(y_n) \in Y$ ein Hilbert-Raum wird. Zunächst sind mit (x_n), (y_n) auch (λx_n) und $(x_n + y_n)$ Fundamentalfolgen, d. h., es ist $\lambda X, X + Y \in \widetilde{\mathcal{H}}$. Ferner ist

$$|(x_{n+k}, y_{n+k}) - (x_n, y_n)| \leqq |(x_{n+k} - x_n, y_{n+k})| +$$

$$|(x_n, y_{n+k} - y_n)| \leqq \|x_{n+k} - x_n\| \, \|y_{n+k}\| + \|x_n\| \, \|y_{n+k} - y_n\|,$$

und da die Folgen $(\|x_n\|)$, $(\|y_n\|)$ beschränkt sind, kann die rechte Seite für hinreichend große n beliebig klein gemacht werden. Somit ist die Folge mit den Gliedern (x_n, y_n) eine Fundamentalfolge in C, und es ist $(X, Y) \in C$.

Die Definitionen (16), (17), (18) sind unabhängig vom Repräsentanten; denn ist auch $(x_n') \in X$, $(y_n') \in Y$, so gilt

$$\|\lambda x_n - \lambda x_n'\| = |\lambda| \, \|x_n - x_n'\|,$$

$$\|(x_n + y_n) - (x_n' + y_n')\| \leqq \|x_n - x_n'\| + \|y_n - y_n'\|,$$

$$|(x_n, y_n) - (x_n', y_n')| \leqq \|x_n - x_n'\| \, \|y_n\| + \|x_n'\| \, \|y_n - y_n'\|,$$

und die rechten Seiten streben für $n \to \infty$ gegen Null. Die rechten Seiten von (16), (17), (18) bleiben also unverändert, wenn wir x_n, y_n durch x_n', y_n' ersetzen.

Der einfache Nachweis, daß $\widetilde{\mathscr{H}}$ auf Grund der Definitionen (16), (17), (18) ein Prä-HILBERT-Raum ist, kann dem Leser überlassen werden. Aus (18) folgt, wenn wir $X = Y = [x_n]$ setzen

$$\|[x_n]\| = \lim_{n \to \infty} \|x_n\|. \tag{19}$$

Für jedes Element $x \in \mathscr{H}$ sei x^* die Äquivalenzklasse, die von der stationären Folge $(x, x, \ldots)$ erzeugt wird, und $\mathscr{H}^*$ sei die Menge aller Elemente x^* mit $x \in \mathscr{H}$. Dann ist $\mathscr{H}^* \subseteq \widetilde{\mathscr{H}}$, und wegen (16) bis (19) ist

$$\lambda x^* = (\lambda x)^*, \tag{20}$$
$$x^* + y^* = (x + y)^*, \tag{21}$$
$$(x^*, y^*) = (x, y), \tag{22}$$
$$\|x^*\| = \|x\|. \tag{23}$$

Daher bildet $\mathscr{H}^*$ einen zu $\mathscr{H}$ isomorphen Teilraum von $\widetilde{\mathscr{H}}$.

Zu jedem Element $X \in \widetilde{\mathscr{H}}$ gibt es eine Fundamentalfolge (x_n) mit $X = [x_n]$, und wegen (19) ist

$$\|X - x_k^*\| = \lim_{n \to \infty} \|x_n - x_k\|.$$

Die rechte Seite strebt gegen Null für $k \to \infty$. Somit ist stets

$$[x_n] = \lim_{k \to \infty} x_k^*,$$

und jedes Element $X \in \widetilde{\mathscr{H}}$ kann mit beliebiger Genauigkeit durch ein Element aus $\mathscr{H}^*$ approximiert werden.

Es sei nun (X_n) eine Fundamentalfolge in $\widetilde{\mathscr{H}}$. Wir wählen Elemente $x_n \in \mathscr{H}$ mit $\|X_n - x_n^*\| < \dfrac{1}{n}$. Dann ist auch (x_n^*) eine Fundamentalfolge in $\widetilde{\mathscr{H}}$, und aus (23) folgt, daß (x_n) eine Fundamentalfolge in $\mathscr{H}$ ist. Somit ist

$X := [x_n] \in \tilde{\mathscr{H}}$, und es gilt

$$X = \lim_{n\to\infty} x_n{}^* = \lim_{n\to\infty} \big(x_n{}^* + (X_n - x_n{}^*)\big) = \lim_{n\to\infty} X_n.$$

Folglich ist $\tilde{\mathscr{H}}$ vollständig. Ersetzen wir die Elemente $x^* \in \mathscr{H}^* \subseteq \tilde{\mathscr{H}}$ unter Beibehaltung der in $\mathscr{H}$ definierten Operationen durch die entsprechenden Elemente $x \in \mathscr{H}$, so entsteht ein HILBERT-Raum, der $\mathscr{H}$ als Teilraum umfaßt. Der so konstruierte HILBERT-Raum $\tilde{\mathscr{H}}$ heißt die *Vervollständigung* des Raumes $\mathscr{H}$.

Man kann zeigen, daß $\tilde{\mathscr{H}}$ bis auf Isomorphie eindeutig bestimmt ist, wenn man neben $\mathscr{H} \subseteq \tilde{\mathscr{H}}$ noch fordert, daß jedes Element von $\tilde{\mathscr{H}}$ mit beliebiger Genauigkeit durch Elemente von $\mathscr{H}$ approximiert werden kann.

1.5. Orthonormierte Basen

Der nachfolgende Begriff ist implizit bereits im Beweis des letzten Satzes aufgetreten.

Definition 1: Es sei M eine Teilmenge eines normierten Raumes E. Eine Teilmenge $M_0 \subseteq M$ heißt *dicht* in M, wenn es zu jedem Element $x \in M$ und zu jedem $\varepsilon > 0$ ein Element $x_0 \in M_0$ mit $\|x - x_0\| < \varepsilon$ gibt.

Jedes Element $x \in M$ muß sich also mit beliebiger Genauigkeit durch Elemente aus M_0 approximieren lassen. Hiernach liegt z. B. jeder Prä-HILBERT-Raum $\mathscr{H}$ in seiner Vervollständigung $\tilde{\mathscr{H}}$ dicht.

Definition 2: Ein normierter Raum E heißt *separabel*, wenn es eine höchstens abzählbare in E dichte Teilmenge von E gibt.

Die meisten in den Anwendungen auftretenden HILBERT-Räume sind separabel.

Satz 1: *Gibt es in einem normierten Raum E eine höchstens abzählbare Menge M, deren lineare Hülle dicht in E liegt, so ist E separabel.*

3*

Beweis: Es sei $x \in E$. Wir wählen ein Element $y = \lambda_0 x_0 + \cdots + \lambda_n x_n$ mit $x_k \in M$, $x_k \neq 0$ und $\|x - y\| < \dfrac{\varepsilon}{2}$. Dann wählen wir komplexe Zahlen μ_k mit rationalem Real- und Imaginärteil, die der Bedingung $|\lambda_k - \mu_k| < \dfrac{\varepsilon}{2(n+1)\,\|x_k\|}$ genügen. Das Element $z = \mu_0 x_0 + \cdots + \mu_n x_n$ genügt dann der Bedingung $\|x - z\| \leqq \|x - y\| + \|y - z\| < \varepsilon$. Die Menge M' aller Linearkombinationen von Elementen aus M mit komplex-rationalen Koeffizienten ist abzählbar und liegt dicht in E. Damit ist Satz 1 bewiesen.

Bereits in 1.1. hatten wir den Begriff der algebraischen Basis kennengelernt. In HILBERT-Räumen führen wir einen weiteren Basisbegriff ein.

Definition 3: Ein orthonormiertes System S in einem HILBERT-Raum $\mathscr{H}$ heißt *vollständig* oder eine *orthonormierte Basis*, wenn die lineare Hülle von S dicht in $\mathscr{H}$ liegt.

Jedes Element $x \in \mathscr{H}$ läßt sich dann durch Linearkombinationen von Elementen aus S mit beliebiger Genauigkeit approximieren.

Satz 2: *Ein Hilbert-Raum $\mathscr{H}$ ist separabel genau dann, wenn er eine höchstens abzählbare orthonormierte Basis besitzt.*

Beweis: Ist $\mathscr{H}$ separabel, so gibt es eine abzählbare Teilmenge M von $\mathscr{H}$, die in $\mathscr{H}$ dicht liegt. Wir ordnen die Elemente von M in einer Folge (x_k) an, und streichen in dieser Folge alle Elemente, die Linearkombinationen der vorangehenden Elemente sind. Das verbleibende System ist linear unabhängig. Wenden wir hierauf das SCHMIDT-sche Orthogonalisierungsverfahren an, so erhalten wir ein orthonormiertes System S. Jedes Element x aus M ist eine Linearkombination von Elementen aus S, und da M dicht in $\mathscr{H}$ liegt, ist S vollständig.

Ist umgekehrt S eine höchstens abzählbare orthonormierte Basis, so ist $\mathscr{H}$ nach Satz 1 separabel.

Wir formulieren den Hauptsatz über vollständige orthonormierte Systeme.

Satz 3: *Es sei $S = \{e_0, e_1, \ldots\}$ ein orthonormiertes System in einem Hilbert-Raum $\mathcal{H}$. Dann sind folgende Aussagen äquivalent.*

(a) *Das orthonormierte System S ist vollständig.*

(b) *Ist ein Vektor $x \in \mathcal{H}$ zu allen Vektoren $e_k \in S$ orthogonal, so ist $x = 0$.*

(c) *Jeder Vektor $x \in \mathcal{H}$ wird durch seine Fourier-Reihe dargestellt, d. h., es ist stets*

$$x = \sum_{k=0}^{\infty} (x, e_k)\, e_k. \tag{1}$$

(d) *Für alle $x, y \in \mathcal{H}$ gilt die verallgemeinerte Parsevalsche Gleichung*

$$(x, y) = \sum_{k=0}^{\infty} (x, e_k)\, (e_k, y) \tag{2}$$

(e) *Für alle $x \in \mathcal{H}$ gilt die Parsevalsche Gleichung*

$$\|x\|^2 = \sum_{k=0}^{\infty} |(x, e_k)|^2. \tag{3}$$

Beweis: (a) $\Rightarrow$ (b): Es sei $x \perp e_k$ für alle $k \in \mathbf{N}$. Wir wählen eine Folge von Elementen x_n aus der linearen Hülle von S mit $x_n \to x$. Dann ist x auch zu allen x_n orthogonal, und es folgt

$$\|x\|^2 = (x, x) = \lim_{n \to \infty} (x, x_n) = 0,$$

also $x = 0$.

(b) $\Rightarrow$ (c): Ist x' durch 1.4. (13) definiert, so gilt $(x', e_j) = (x, e_j)$, also $(x - x', e_j) = 0$ für alle $j \in \mathbf{N}$. Somit ist $x - x' = 0$.

(c) $\Rightarrow$ (d): Aus (1) und 1.4. (9) folgt (2).

(d) $\Rightarrow$ (e): Für $y := x$ geht (2) in (3) über.

(e) $\Rightarrow$ (a): Es sei $x \in \mathcal{H}$. Aus (3) und 1.4. (13), (14) folgt $\|x - x'\| = 0$, also $x = x'$, und S ist vollständig.

Insbesondere ist $\mathscr{H}$ separabel, wenn eine der fünf Bedingungen erfüllt ist.

Satz 4: *Der Hilbert-Raum l^2 ist separabel.*

Beweis: Es sei $S = \{e_0, e_1, \ldots\}$ das in 1.3., Beispiel 2 definierte orthonormierte System. Für $x = (\xi_0, \xi_1, \ldots) \in l^2$ ist $(x, e_k) = \xi_k$. Ist also x zu allen e_k orthogonal, so ist $x = 0$. Daher ist S eine Basis, und l^2 ist separabel.

Die Theorie der separablen Hilbert-Räume ist im wesentlichen der Theorie des Hilbert-Raumes l^2 äquivalent. Dies zeigt

Satz 5: *Jeder separable Hilbert-Raum $\mathscr{H}$ ist zum Raum l^2 isomorph.*

Beweis: Wir wählen in $\mathscr{H}$ ein vollständiges orthonormiertes System $\{e_0, e_1, \ldots\}$ und ordnen jedem Element $x \in \mathscr{H}$ die Folge $x^* := \big((x, e_k)\big)_{k \in \mathbf{N}}$ seiner Fourier-Koeffizienten zu. Wegen der Parsevalschen Gleichung (9) ist stets $x^* \in l^2$, und durch $\varphi(x) := x^*$ wird eine Abbildung $\varphi : \mathscr{H} \to l^2$ definiert. Aus der Definition von x^* liest man sofort

$$(\lambda x)^* = \lambda x^*,$$
$$(x + y)^* = x^* + y^*$$

ab. Nach der verallgemeinerten Parsevalschen Gleichung und 1.2. (18) ist

$$(x, y) = (x^*, y^*),$$

woraus speziell $\|x\| = \|x^*\|$ folgt. Die Abbildung φ ist somit relationstreu. Aus $x^* = y^*$ folgt $\|x - y\| = \|x^* - y^*\| = 0$, also $x = y$, und die Abbildung φ ist eineindeutig. Ist schließlich $(\xi_0, \xi_1, \ldots) \in l^2$, so existiert der Vektor $x := \xi_0 e_0 + \xi_1 e_1 + \cdots \in \mathscr{H}$, und wegen $(x, e_k) = \xi_k$ ist $x^* = (\xi_0, \xi_1, \ldots)$. Somit ist φ ein Isomorphismus *auf* l^2, und Satz 5 ist bewiesen.

Jedes vollständige orthonormierte System in $\mathscr{H}$ vermittelt also einen Isomorphismus auf den Raum l^2.

1.6. *Unterräume*

Eine Teilmenge M eines normierten Raumes E heißt *abgeschlossen*, wenn die Grenzwertbildung nicht aus M herausführt, d. h. wenn aus $x_n \in M$ und $x_n \to x$ stets $x \in M$ folgt. Ist M eine beliebige Teilmenge von E, so bezeichnen wir den *Abschluß* von M mit M^a. Hierunter versteht man die Menge aller Grenzwerte von konvergenten Folgen (x_n) mit $x_n \in M$. Die Menge M^a ist stets abgeschlossen, denn ist $x_n \in M^a$ und gilt $x_n \to x$, so gibt es $y_n \in M$ mit $\|x_n - y_n\| < \dfrac{1}{n}$, und es folgt

$$x = \lim_{n \to \infty} x_n = \lim_{n \to \infty} y_n,$$

also $x \in M^a$.

Wir verschärfen nun den Begriff des Teilraums.

Definition 1: Eine Teilmenge U eines normierten Raumes E heißt ein *Unterraum* von E, wenn U ein abgeschlossener Teilraum von E ist.

Jeder Teilraum M eines HILBERT-Raumes ist (wenn die Operationen auf M eingeschränkt werden) ein Prä-HILBERT-Raum, jeder Unterraum U sogar ein HILBERT-Raum. Letzteres folgt daraus, daß jede Fundamentalfolge von Elementen $x_n \in U$ einen Grenzwert $x \in \mathscr{H}$ besitzt. Nach Definition des Unterraumes gilt dann sogar $x \in U$, und U ist vollständig. Insbesondere ist jeder endlich-dimensionale Teilraum von $\mathscr{H}$ wegen 1.4., Satz 5 ein Unterraum.

Der nachfolgende *Projektionssatz* nimmt in der Theorie der HILBERT-Räume eine zentrale Stellung ein.

Satz 1: *Ist U ein Unterraum eines Hilbert-Raumes $\mathscr{H}$, so gibt es zu jedem Element $x \in \mathscr{H}$ genau ein Element $x' \in U$ derart, daß das Element $x'' := x - x'$ zu U orthogonal ist. Jedes Element $x \in \mathscr{H}$ kann somit auf genau eine*

Weise in der Form

$$x = x' + x'' \qquad (x' \in U, x'' \perp U) \tag{1}$$

zerlegt werden.

. **Beweis:** Sind x_1, x_2 Elemente aus U mit $x - x_1$, $x - x_2 \perp U$, so ist auch $x_1 - x_2 = (x - x_2) - (x - x_1)$ zu U orthogonal. Andererseits ist $x_1 - x_2 \in U$, also $x_1 - x_2 = 0$. Es gibt daher höchstens ein Element $x' \in U$ mit $x - x' \perp U$.

Zum Beweis der Existenz sei c das Infimum aller Zahlen $\|x - y\|$ mit $y \in U$. Zu c wählen wir eine Folge von Elementen $x_n \in U$ mit $\|x - x_n\| \to c$ und setzen

$$a_n := \|x - x_n\|^2 - c^2.$$

Wir haben dann $a_n \to 0$. Die Elemente $\dfrac{x_m + x_n}{2}$ liegen in U, und folglich ist

$$4c^2 \leq 4 \left\| x - \frac{x_m + x_n}{2} \right\|^2 = \|(x - x_m) + (x - x_n)\|^2.$$

Aus der Parallelogrammgleichung folgt ·

$$4c^2 + \|x_m - x_n\|^2 \leq \|(x - x_m) + (x - x_n)\|^2$$
$$+ \|(x - x_m)$$
$$- (x - x_n)\|^2 = 2(\|x - x_m\|^2 + \|x - x_n\|^2)$$
$$= 4c^2 + a_m + a_n.$$

Somit ist

$$\|x_m - x_n\|^2 \leq a_m + a_n,$$

und (x_n) ist eine Fundamentalfolge in U, die einen Grenzwert $x' \in U$ besitzt.
Mit $x'' := x - x'$ folgt

$$\|x''\| = \|x - x'\| = \lim_{n \to \infty} \|x - x_n\| = c = \min_{y \in U} \|x - y\|. \tag{2}$$

Für alle $y \in U$ ist $x' - \lambda y \in U$, also

$$\|x''\| \leqq \|x - (x' - \lambda y)\| = \|x'' + \lambda y\|.$$

Nach 1.3., Satz 2 ist $x'' \perp y$, also $x'' \perp U$, und Satz 1 ist bewiesen.

Das durch Satz 1 bestimmte Element x' heißt die *Projektion* von x auf den Unterraum U. Setzen wir $P_U x := x'$, so ist P_U eine Abbildung von $\mathscr{H}$ in $\mathscr{H}$, die jedem Element aus $\mathscr{H}$ seine Projektion auf den Unterraum U zuordnet. Daher heißt P_U der *Projektor* auf den Unterraum U. Die Eigenschaften von Projektoren werden wir in 2.7. eingehend untersuchen.

Aus (2) lesen wir noch ab, daß die Projektion von x auf U unter allen Elementen $y \in U$ von x den kleinsten Abstand hat (Abb. 2). Sie kann auch durch diese Eigenschaft charakterisiert werden, denn aus (2) haben wir auf $x - x' \perp U$ geschlossen.

Jeder Unterraum U eines separablen HILBERT-Raumes $\mathscr{H}$ ist separabel, denn ist M eine höchstens abzählbare in $\mathscr{H}$ dichte Teilmenge, so gibt es zu $\varepsilon > 0$ und $x \in U$ ein $y \in M$ mit $\|x - y\| < \varepsilon$. Ist $y = y' + y''$ mit $y' \in U$ und $y'' \perp U$, so folgt

$$\|x - y'\|^2 \leqq \|x - y'\|^2 + \|y''\|^2 = \|x - y\|^2 < \varepsilon^2,$$

und folglich ist die höchstens abzählbare Menge aller Elemente y' mit $y \in M$ dicht in U.

Wir wenden uns dem Problem der *Erzeugung* von Unterräumen zu. Unter dem *orthogonalen Komplement* $M^\perp$ einer nichtleeren Teilmenge eines HILBERT-Raumes $\mathscr{H}$ verstehen wir die Menge aller zu M orthogonalen Elemente,

$$M^\perp := \{x \in \mathscr{H} : x \perp M\}.$$

Offensichtlich kehrt sich eine Inklusion zweier Mengen bei der Bildung des orthogonalen Komplements um, d. h., aus $\varnothing \subset M_1 \subseteqq M_2$ folgt $M_1^\perp \supseteqq M_2^\perp$. Statt $(M^\perp)^\perp$ schreiben wir kürzer $M^{\perp\perp}$.

Satz 2: *Das orthogonale Komplement einer nichtleeren Teilmenge M von $\mathcal{H}$ ist ein Unterraum.*

Beweis: Aus 1.3., Satz 1 d), lesen wir ab, daß $M^\perp$ ein Teilraum ist. Aus $x_n \in M^\perp$ und $x_n \to x$ folgt, wenn $z \in M$ ist,

$$(x, z) = \lim_{n \to \infty} (x_n, z) = 0 \qquad (3)$$

und damit $x \in M^\perp$. Somit ist $M^\perp$ abgeschlossen.

Für jede nichtleere Teilmenge M eines normierten Raumes E bezeichnen wir den *Abschluß der linearen Hülle* mit span M, setzen also

$$\mathrm{span}\, M := (M^l)^a. \qquad (4)$$

Da aus $x_n, y_n \in M^l$ und $x_n \to x$, $y_n \to y$ stets λx_n, $x_n + y_n \in M^l$ und $\lambda x_n \to \lambda x$, $x_n + y_n \to x + y$ folgt, ist span M ein Teilraum von E. Ferner ist $(M^l)^a$ abgeschlossen, also ein Unterraum von E. Wir bezeichnen span M als den von M *aufgespannten Unterraum*. Er kann auch anders charakterisiert werden.

Satz 3: *Für jede nichtleere Teilmenge M eines normierten Raumes ist* span M *der Durchschnitt aller Unterräume, die M umfassen. In Hilbert-Räumen ist ferner*

$$\mathrm{span}\, M = M^{\perp\perp}. \qquad (5)$$

Beweis: Es sei V der Durchschnitt aller Unterräume U, die M umfassen. Da span M ein Unterraum mit $M \subseteq \mathrm{span}\, M$ ist, haben wir $V \subseteq \mathrm{span}\, M$. Ist andererseits U ein Unterraum mit $M \subseteq U$, so ist $M^l \subseteq U$ sowie $(M^l)^a \subseteq U$. Somit ist auch span $M \subseteq V$, also span $M = V$.

Es sei nun $\mathcal{H}$ ein HILBERT-Raum. Wegen $M \perp M^\perp$ ist auch $M^l \perp M^\perp$, und da aus $z \in M^\perp$, $x_n \in M^l$ und $x_n \to x$ stets (3) folgt, ist auch $(M^l)^a \perp M^\perp$, d. h., es ist $V = \mathrm{span}\, M \subseteq M^{\perp\perp}$.

Es sei schließlich $x \in M^{\perp\perp}$ und U ein Unterraum mit $M \subseteq U$. Mit $x' := P_U x$, $x'' := x - x'$ gilt $(x'', x'') = (x', x'') + (x'', x'') = (x, x'') = 0$ wegen $x \in M^{\perp\perp}$ und $x'' \in U^\perp \subseteq M^\perp$. Es folgt $x'' = 0$ und $x = x' \in U$. Für jeden Unterraum $U \supseteq M$ ist also $M^{\perp\perp} \subseteq U$, woraus $M^{\perp\perp} \subseteq V = \operatorname{span} M$ folgt. Damit ist Satz 3 bewiesen.

Für alle Unterräume U von $\mathscr{H}$ ist speziell

$$U = \operatorname{span} U = U^{\perp\perp}. \tag{6}$$

Satz 4: *Wird ein Unterraum U von einem orthonormierten System $S = \{e_0, e_1, \ldots\}$ aufgespannt, so ist die Summe der Fourier-Reihe eines jeden Elementes $x \in \mathscr{H}$ gleich der Projektion x' von x auf U, d. h., es ist*

$$x' = \sum_{k=0}^{\infty} (x, e_k)\, e_k. \tag{7}$$

Beweis: Wird x' durch (7) definiert, so ist $x' \in \operatorname{span} S = U$ und $(x', e_j) = (x, e_j)$ für alle $j \in \boldsymbol{N}$. Somit ist $x - x' \perp S$, woraus $x - x' \in S^\perp$ und damit $x - x' \perp S^{\perp\perp} = U$ folgt. Die Behauptung folgt nun aus Satz 1.

Ist das orthonormierte System S endlich, so hat man natürlich in (7) die entsprechende endliche Summe zu bilden.

1.7.   *Der Hilbert-Raum $L^2(\boldsymbol{R}^p)$*

In diesem Abschnitt müssen wir die Kenntnis der Lebesgueschen Integrationstheorie voraussetzen. Mit $\mathscr{L}^2(\boldsymbol{R}^p)$ bezeichnen wir die Menge aller endlichen meßbaren Funktionen $x \colon \boldsymbol{R}^p \to \boldsymbol{C}$ mit

$$\int_{\boldsymbol{R}^p} |x(t)|^2\, \mathrm{d}t < \infty. \tag{1}$$

Wegen $|x(t) + y(t)|^2 \leqq 2\,|x(t)|^2 + 2\,|y(t)|^2$ folgt aus $x, y \in \mathscr{L}^2(\boldsymbol{R}^p)$ und $\lambda \in \boldsymbol{C}$ stets $\lambda x, x + y \in \mathscr{L}^2(\boldsymbol{R}^p)$. Daher ist $\mathscr{L}^2(\boldsymbol{R}^p)$ ein linearer Raum. Für $x, y \in \mathscr{L}^2(\boldsymbol{R}^p)$ ist die Funktion $x(t)\,\overline{y(t)}$ wegen $2\left|x(t)\,\overline{y(t)}\right| \leqq |x(t)|^2 + |y(t)|^2$ Lebesgue-integrierbar, und die Definition

$$(x, y) := \int_{\boldsymbol{R}^p} x(t)\,\overline{y(t)}\, \mathrm{d}t \tag{2}$$

ist sinnvoll. Man prüft sofort nach, daß die Eigenschaften

1.2. (1), (2), (3) erfüllt sind. Aus $(x, x) = 0$, also

$$\int_{\mathbf{R}^p} |x(t)|^2 \, \mathrm{d}t = 0,$$

kann aber nur geschlossen werden, daß $x(t) = 0$ f. ü. ist. Da die Relation $x = y$ f. ü. eine Äquivalenzrelation in $\mathscr{L}^2(\mathbf{R}^p)$ ist, können wir eine Klassenbildung vornehmen. Für $x \in \mathscr{L}^2(\mathbf{R}^p)$ sei $[x]$ die Klasse aller Funktionen $y \in \mathscr{L}^2(\mathbf{R}^p)$ mit $x = y$ f. ü., und $L^2(\mathbf{R}^p)$ sei die Menge aller Klassen $[x]$ mit $x \in \mathscr{L}^2(\mathbf{R}^p)$. Auf Grund der (vom Repräsentanten unabhängigen) Definitionen

$$\lambda[x] := [\lambda x],$$
$$[x] + [y] := [x + y],$$
$$([x], [y]) := (x, y)$$

bildet dann $L^2(\mathbf{R}^p)$ einen Prä-HILBERT-Raum. Der Nachweis, daß $L^2(\mathbf{R}^p)$ vollständig ist, wird in den meisten Lehrbüchern der Maßtheorie, z. B. in [2], geführt und soll hier nicht wiederholt werden. Es ist üblich, an Stelle des lästigen Rechnens mit Klassen direkt mit den Repräsentanten, also den Funktionen zu operieren. Dies läuft darauf hinaus, daß man im Raum $\mathscr{L}^2(\mathbf{R}^p)$ statt $L^2(\mathbf{R}^p)$ rechnet und Funktionen $x, y \in \mathscr{L}^2(\mathbf{R}^p)$, die fast überall gleich sind, „identifiziert". Mit dieser Vereinbarung gilt dann

$$\|x\| = \|x\|_{L^2(\mathbf{R}^p)} = \sqrt{\int_{\mathbf{R}^p} |x(t)|^2 \, \mathrm{d}t}, \tag{3}$$

und die SCHWARZsche Ungleichung lautet

$$\left| \int_{\mathbf{R}^p} x(t)\, \overline{y(t)} \, \mathrm{d}t \right| \leqq \sqrt{\int_{\mathbf{R}^p} |x(t)|^2 \, \mathrm{d}t} \, \sqrt{\int_{\mathbf{R}^p} |y(t)|^2 \, \mathrm{d}t}. \tag{4}$$

Die Bedingung (1) ist für jede Funktion $x \in C_0(\mathbf{R}^p)$ erfüllt, d. h., es ist $C_0(\mathbf{R}^p) \subseteqq \mathscr{L}^2(\mathbf{R}^p)$ oder — in etwas nachlässiger Schreibweise — $C_0(\mathbf{R}^p) \subseteqq L^2(\mathbf{R}^p)$. Damit sind im linearen Raum $C_0(\mathbf{R}^p)$ zwei Normen definiert, nämlich die Norm (3) und die TSCHEBYSCHEW-Norm 1.1. (12).

Satz 1: *Die Menge $C_0(\mathbf{R}^p)$ liegt dicht im Raum $L^2(\mathbf{R}^p)$.*

Beweis: Da jede Funktion $x \in L^2(\mathbf{R}^p)$ in der Form $x = x_1 - x_2 + i(x_3 - x_4)$ mit reellwertigen nichtnegativen Funktionen x_1, x_2, x_3, x_4 dargestellt werden kann, genügt es zu zeigen, daß zu jedem $\varepsilon > 0$ und zu jeder Funktion $x \in L^2(\mathbf{R}^p)$ mit $x(t) \geqq 0$ für alle $t \in \mathbf{R}^p$ eine Funktion $x' \in C_0(\mathbf{R}^p)$ mit $\|x - x'\| < \varepsilon$ existiert. Wegen $x \in L^2(\mathbf{R}^p)$ und (1) ist x^2 Lebesgue-integrierbar. Wie in [2] gezeigt wird, gibt es dann Grenzwerte y, z von isotonen ($=$ monoton wachsenden) Folgen von reellwertigen Funktionen y_n, $z_n \in C_0(\mathbf{R}^p)$ mit

$$x^2 + z = y \tag{5}$$

und

$$\int\limits_{\mathbf{R}^p} y(t)\, \mathrm{d}t < \infty, \qquad \int\limits_{\mathbf{R}^p} z(t)\, \mathrm{d}t < \infty.$$

Indem wir von den Folgengliedern y_n, z_n ein Element z_m mit hinreichend großem m subtrahieren, können wir erreichen, daß $z \geqq 0$ und

$$\int\limits_{\mathbf{R}^p} z(t)\, \mathrm{d}t < \frac{\varepsilon^2}{2} \tag{6}$$

ist. Dann ist $y = x^2 + z \geqq 0$, und die Folgenglieder y_n können durch ihre positiven Teile y_n^+ ersetzt werden. Wir wählen n so groß, daß

$$\int\limits_{\mathbf{R}^p} \big(y(t) - y_n(t)\big)\, \mathrm{d}t < \frac{\varepsilon^2}{2} \tag{7}$$

ist und setzen $x' := \sqrt{y_n}$. Dann ist $x' \in C_0(\mathbf{R}^p)$, und wegen $x, x' \geqq 0$, und (5) ist

$$|x - x'|^2 \leqq |x - x'|\,|x + x'| = |x^2 - x'^2|$$
$$\leqq |y - x'^2| + |y - x^2| = y - y_n + z.$$

Aus (6), (7) folgt nun

$$\|x - x'\|^2 = \int\limits_{\mathbf{R}^p} |x(t) - x'(t)|^2\, \mathrm{d}t < \frac{\varepsilon^2}{2} + \frac{\varepsilon^2}{2} = \varepsilon^2,$$

und Satz 1 ist bewiesen.

Satz 2: *Der Hilbert-Raum $L^2(\boldsymbol{R}^p)$ ist separabel.*

Beweis: Es sei $\mathscr{M}$ das System aller charakteristischen Funktionen von halboffenen Würfeln $Q \subset \boldsymbol{R}^p$ der Seitenlänge $\dfrac{1}{2^n}$ mit $n \in \boldsymbol{N}$, deren Eckpunktskoordinaten dyadische Zahlen $\dfrac{m}{2^n}$ mit $m \in \boldsymbol{Z}$ sind. Für $x \in C_0(\boldsymbol{R}^p)$, $x \geqq 0$, sei G die (stets offene) Menge aller $t \in \boldsymbol{R}^p$ mit $x(t) \neq 0$. Da x gleichmäßig stetig ist, gibt es zu $\varepsilon > 0$ eine Funktion x' aus der linearen Hülle von $\mathscr{M}$ mit $x'(t) = 0$ für $t \notin G$ und

$$|x(t) - x'(t)| \leqq \frac{\varepsilon}{\sqrt{m(G)}} \qquad (t \in \boldsymbol{R}^p).$$

Es folgt

$$\|x - x'\|^2 = \int\limits_{\boldsymbol{R}^p} |x(t) - x'(t)|^2 \, \mathrm{d}t = \int\limits_{G} |x(t) - x'(t)|^2 \, \mathrm{d}t$$

$$\leqq \frac{\varepsilon^2}{m(G)} \int\limits_{G} \mathrm{d}t = \varepsilon^2,$$

also $\|x - x'\| \leqq \varepsilon$. Daher liegt $\mathscr{M}^l$ dicht in $C_0(\boldsymbol{R}^p)$, nach Satz 1 auch dicht in $L^2(\boldsymbol{R}^p)$. Die Behauptung ergibt sich nun daraus, daß $\mathscr{M}$ abzählbar ist.

Satz 3: *Ist Ω eine meßbare Teilmenge von $\boldsymbol{R}^p$, so bildet die Menge $L^2(\Omega)$ aller Funktionen $x \in L^2(\boldsymbol{R}^p)$, die außerhalb von Ω fast überall verschwinden, einen Unterraum von $L^2(\boldsymbol{R}^p)$.*

Beweis: Aus $x, y \in L^2(\Omega)$ und $\lambda \in C$ folgt offensichtlich $\lambda x, x + y \in L^2(\Omega)$, und $L^2(\Omega)$ ist ein linearer Raum. Es gelte $x_n \in L^2(\Omega)$, und es gebe ein $x \in L^2(\boldsymbol{R}^p)$ mit $\|x - x_n\| \to 0$. Dann gilt

$$\int\limits_{\boldsymbol{R}^p \setminus \Omega} |x(t)|^2 \, \mathrm{d}t = \int\limits_{\boldsymbol{R}^p \setminus \Omega} |x(t) - x_n(t)|^2 \, \mathrm{d}t$$

$$\leqq \int\limits_{\boldsymbol{R}^p} |x(t) - x_n(t)|^2 \, \mathrm{d}t = \|x - x_n\|^2,$$

und da die rechte Seite für $n \to \infty$ gegen Null strebt, ist $x(t) = 0$ für fast alle $t \in \mathbf{R}^p \setminus \Omega$, d. h., es ist $x \in L^2(\Omega)$. Somit ist $L^2(\Omega)$ ein Unterraum. Mit $L^2(\mathbf{R}^p)$ ist also auch stets $L^2(\Omega)$ ein separabler Unterraum. Speziell ist der HILBERT-Raum $L^2(a, b)$ für alle $a, b \in \mathbf{R}$, $a < b$, separabel.

Satz 4: *Im Hilbert-Raum $L^2(-\pi, \pi)$ bildet das in 1.3. (8) eingeführte System der trigonometrischen Funktionen ein vollständiges orthonormiertes System.*

Beweis: Da die Menge $C_0(\mathbf{R})$ dicht in $L^2(\mathbf{R})$ liegt, ist die Menge aller Funktionen $x = z\chi_{[-\pi,\pi]}$ mit $z \in C_0(\mathbf{R})$ dicht in $L^2(-\pi, \pi)$. Nach dem zweiten WEIERSTRASSschen Approximationssatz gibt es zu jedem solchen x und zu $\varepsilon > 0$ ein trigonometrisches Polynom y mit

$$|x(t) - y(t)| < \frac{\varepsilon}{\sqrt{2\pi}} \qquad (|t| \leqq \pi).$$

Es folgt

$$\|x - y\|^2 = \int\limits_{-\pi}^{\pi} |x(t) - y(t)|^2 \, \mathrm{d}t < \frac{\varepsilon^2}{2\pi} \cdot 2\pi = \varepsilon^2,$$

und Satz 3 ist bewiesen.

2. Beschränkte lineare Operatoren in Hilbert-Räumen

2.1. *Lineare Operatoren*

Bevor wir uns der spezielleren Theorie der linearen Operatoren in HILBERT-Räumen zuwenden, wollen wir einige allgemeinere Begriffsbildungen bereitstellen.

Unter einem *linearen Operator $A: E \to F$* von einem linearen Raum E in einen linearen Raum F versteht man bekanntlich eine Funktion A, die jedem Element $x \in E$ ein Element $y = Ax \in F$ zuordnet, wobei die Linearitätseigenschaften

$$A(\lambda x) = \lambda Ax, \tag{1}$$

$$A(x + y) = Ax + Ay$$

erfüllt sind. Der durch $0 \cdot x = 0$ definierte *Nulloperator* $0: E \to F$ ist offensichtlich linear.

Jede Matrix (a_{ik}) vom Typ (m, n) vermittelt vermöge

$$A(x_1, \ldots, x_n) := \left(\sum_{k=1}^{n} a_{1k}x_k, \ldots, \sum_{k=1}^{n} a_{mk}x_k \right) \tag{2}$$

eine lineare Abbildung $A: C^n \to C^m$.

Einen linearen Operator $A: E \to E$ nennen wir auch einen *linearen Operator in E*. Ein einfaches Beispiel ist der durch $Ix = x$ $(x \in E)$ definierte *Einheitsoperator* $I = I_E$ im linearen Raum E.

Definition 1: Es seien E, F normierte Räume. Ein linearer Operator $A: E \to F$ heißt *beschränkt*, wenn es eine Zahl $K \geq 0$ mit

$$\|Ax\| \leq K\|x\| \qquad (x \in E) \tag{3}$$

gibt, und jede solche Zahl K heißt eine *Schranke* des Operators.

Ist e ein Einheitsvektor in E, so folgt aus (3) stets $\|Ae\| \leq K$. Dies rechtfertigt die

Definition 2: Unter der *Norm* eines beschränkten linearen Operators A von einem normierten Raum E in einen normierten Raum F versteht man die Zahl

$$\|A\| := \sup_{\|x\| \leq 1} \|Ax\|. \tag{4}$$

Für den Einheitsoperator in E gilt offensichtlich $\|I\| = 1$, und es ist $\|A\| = 0$ genau dann, wenn A der Nulloperator ist.

Die Norm eines beschränkten linearen Operators kann auch anders charakterisiert werden.

Satz 1: *Die Norm eines beschränkten linearen Operators $A: E \to F$ ist die kleinste Schranke des Operators, und es* *gilt stets*

$$\|Ax\| \leq \|A\| \, \|x\| \qquad (x \in E).\tag{5}$$

Beweis: Ist K eine beliebige Schranke von A, so folgt aus $\|x\| \leq 1$ stets $\|Ax\| \leq K\|x\| \leq K$, und wegen (4) ist $\|A\| \leq K$. Andererseits kann jedes Element $x \in E$ in der Form $x = \|x\| \, e$ mit $\|e\| = 1$ dargestellt werden, und es folgt $\|Ax\| = \|A(\|x\| \, e)\| = \|x\| \cdot \|Ae\| \leq \|A\| \cdot \|x\|$, und $\|A\|$ ist eine Schranke von A.

Definition 3: Es seien E, F normierte Räume. Ein linearer Operator $A : E \to F$ heißt *stetig*, wenn aus $x, x_n \in E$ und $x_n \to x$ stets $Ax_n \to Ax$ folgt.

Existiert in E die (starke) Summe der Reihe mit den Gliedern x_k, so folgt aus der Stetigkeit eines linearen Operators A stets

$$A \lim_{n\to\infty} \sum_{k=0}^{n} x_k = \lim_{n\to\infty} A \sum_{k=0}^{n} x_k = \lim_{n\to\infty} \sum_{k=0}^{n} Ax_k,$$

d. h., es ist

$$A \sum_{k=0}^{\infty} x_k = \sum_{k=0}^{\infty} Ax_k.\tag{6}$$

Es ist überraschend, daß Stetigkeit und Beschränktheit linearer Operatoren äquivalente Begriffe sind.

Satz 2: *Ein linearer Operator A ist stetig genau dann, wenn er beschränkt ist.*

Beweis: Ist A beschränkt, so gilt für $x, x_n \in E$ stets

$$\|Ax - Ax_n\| = \|A(x - x_n)\| \leq \|A\| \, \|x - x_n\|,$$

und aus $x_n \to x$ folgt $Ax_n \to Ax$. Somit ist A stetig.

Ist A nicht beschränkt, so gibt es eine Folge von Einheitsvektoren $e_n \in E$ mit $\|Ae_n\| \geq n$. Setzen wir $x_n := \dfrac{1}{n} e_n$, so gilt offensichtlich $\|x_n\| \to 0$, also $x_n \to 0$, während wir doch $\|Ax_n - A0\| = \|Ax_n\| \geq 1$ haben. Somit ist A nicht stetig, und Satz 2 ist bewiesen.

Für jeden linearen Operator $A : E \to F$ heißt die in F

enthaltene Menge

$$R(A) := \{Ax : x \in E\} \qquad (7)$$

der *Wertebereich* (range) von A.

Satz 3: *Der Wertebereich eines linearen Operators* $A : E \to F$ *ist ein Teilraum von* F.

Beweis: Es sei $y, y' \in R(A)$ und $\lambda \in C$. Wir wählen $x, x' \in E$ mit $y = Ax$, $y' = Ax'$. Dann ist

$$\lambda y = \lambda Ax = A(\lambda x) \in R(A),$$
$$y + y' = Ax + Ax' = A(x + x') \in R(A),$$

und Satz 3 ist bewiesen.

Unter dem *Nullraum* (oder auch *Kern*) eines linearen Operators $A : E \to F$ versteht man die in E enthaltene Menge

$$N(A) := \{x \in E : Ax = 0\}. \qquad (8)$$

Satz 4. *Der Nullraum eines beschränkten linearen Operators* $A : E \to F$ *ist ein Unterraum von* E.

Beweis: Ist $x, x' \in N(A)$ und $\lambda \in C$, so haben wir $A(\lambda x) = \lambda Ax = 0$ und $A(x + x') = Ax + Ax' = 0$, also $\lambda x, x + x' \in N(A)$. Ist $x_n \in N(A)$ und gilt $x_n \to x$, so folgt aus der Stetigkeit des Operators

$$Ax = \lim_{n \to \infty} Ax_n = 0$$

und damit $x \in N(A)$, was zu zeigen war.

Wir betrachten jetzt spezielle lineare Operatoren in HILBERT-Räumen. Hier gibt es eine dritte Möglichkeit, die Norm zu charakterisieren.

Satz 5: *Ein linearer Operator A in einem Hilbert-Raum $\mathscr{H}$ ist beschränkt genau dann, wenn*

$$\sup_{\|x\|, \|y\| \le 1} |(Ax, y)| < \infty \qquad (9)$$

ist, und in diesem Fall gilt

$$\|A\| = \sup_{\|x\|, \|y\| \leq 1} |(Ax, y)|. \tag{10}$$

B e w e i s : Wir bezeichnen die linke Seite von (9) mit c. Ist A beschränkt und $\|x\|, \|y\| \leq 1$, so ist $|(Ax, y)| \leq \|Ax\| \|y\| \leq \|A\| \|x\| \|y\| \leq \|A\|$, und folglich $c \leq \|A\| < \infty$. Es sei umgekehrt $c < \infty$. Zu $x, y \in \mathscr{H}$ wählen wir Einheitsvektoren e, e' mit $x = \|x\| e$, $y = \|y\| e'$. Es folgt $|(Ax, y)| = \|x\| \|y\| |(Ae, e')| \leq c \|x\| \cdot \|y\|$, und speziell ist $\|Ax\|^2 = (Ax, Ax) \leq c \|x\| \cdot \|Ax\|$.

Für $\|Ax\| \neq 0$ ist also $\|Ax\| \leq c \|x\|$, und dies bleibt auch für $Ax = 0$ richtig. Somit ist c eine Schranke von A, und es ist $\|A\| \leq c$. Mit dem bereits Bewiesenen folgt (10).

S a t z 6 : *Jeder lineare Operator A in einem endlich-dimensionalen Hilbert-Raum H ist beschränkt*[1]).

B e w e i s : Es sei $\{e_1, \ldots, e_p\}$ eine orthonormierte Basis von $\mathscr{H}$ und K das Maximum der Zahlen $\|Ae_k\|$. Wegen

$$x = \sum_{k=1}^{p} (x, e_k)\, e_k$$

ist

$$\|Ax\| = \left\| \sum_{k=1}^{p} (x, e_k)\, Ae_k \right\| \leq \sum_{k=1}^{p} |(x, e_k)|\, \|Ae_k\|$$

$$\leq \sum_{k=1}^{p} K \|x\| \|e_k\| = pK \|x\|,$$

und Satz 6 ist bewiesen.

In separablen HILBERT-Räumen können beschränkte lineare Operatoren durch eine Koordinatenmatrix charakterisiert werden.

S a t z 7 : *Es sei $\{e_0, e_1, \ldots\}$ eine orthonormierte Basis in einem Hilbert-Raum $\mathscr{H}$ und A ein beschränkter linearer*

---

[1]) Dieser Satz kann auch auf endlich-dimensionale *normierte* Räume übertragen werden.

4*

Operator in $\mathscr{H}$. Ist

$$a_{ik} := (Ae_k, e_i) \tag{11}$$

und sind $\xi_k := (x, e_k)$ die Koordinaten von $x \in \mathscr{H}$, so ist

$$Ax = \sum_{i=0}^{\infty} \sum_{k=0}^{\infty} a_{ik}\xi_k e_i = \sum_{k=0}^{\infty} \sum_{i=0}^{\infty} a_{ik}\xi_k e_i. \tag{12}$$

Beweis: Die FOURIER-Reihendarstellung von x, Ax lautet

$$x = \sum_{k=0}^{\infty} \xi_k e_k, \tag{13}$$

$$Ax = \sum_{i=0}^{\infty} (Ax, e_i)\, e_i. \tag{14}$$

Aus (13) und der Stetigkeit von A folgt andererseits

$$Ax = \sum_{k=0}^{\infty} \xi_k Ae_k. \tag{15}$$

Setzen wir dies rechts in (14) ein, so folgt aus der Stetigkeit des Skalarprodukts

$$Ax = \sum_{i=0}^{\infty} \sum_{k=0}^{\infty} \xi_k(Ae_k, e_i)\, e_i,$$

und die erste Gleichung (12) ist bewiesen. Setzen wir die FOURIER-Reihendarstellung

$$Ae_k = \sum_{i=0}^{\infty} (Ae_k, e_i)\, e_i$$

in (15) ein, so gewinnen wir die zweite Gleichung (12).

Die durch (11) definierte unendliche Matrix $\mathfrak{A} = (a_{ik})$ heißt die *Koordinatenmatrix* von A bezüglich der gegebenen orthonormierten Basis.

Im Falle eines endlich-dimensionalen HILBERT-Raumes sind überall die entsprechenden endlichen Summen zu bilden, und $\mathfrak{A}$ ist eine gewöhnliche quadratische Matrix.

Wir führen einige spezielle Klassen von Operatoren ein.

Satz 8: *Es sei $\{e_0, e_1, \ldots\}$ ein orthonormiertes System in einem Hilbert-Raum $\mathscr{H}$ und (λ_k) eine beschränkte komplexe Zahlenfolge. Dann wird durch*

$$Ax := \sum_{k=0}^{\infty} \lambda_k(x, e_k)\, e_k \qquad (x \in \mathscr{H}) \tag{16}$$

ein beschränkter linearer Operator $A : \mathscr{H} \to \mathscr{H}$ mit

$$\|A\| = \sup_{k \in \mathbf{N}} |\lambda_k| \tag{17}$$

definiert. Ferner gilt stets

$$Ae_k = \lambda_k e_k \qquad (k \in \mathbf{N}), \tag{18}$$

$$(Ae_k, e_i) = \begin{cases} \lambda_k & \text{für } i = k \\ 0 & \text{für } i \neq k. \end{cases} \tag{19}$$

Beweis. Ist K das Supremum der Zahlen $|\lambda_k|$, so haben wir

$$\sum_{k=0}^{\infty} |\lambda_k(x, e_k)|^2 \leq K^2 \sum_{k=0}^{\infty} |(x, e_k)|^2 \leq K^2 \|x\|^2. \tag{20}$$

Nach 1.4., Satz 4, existiert die rechte Seite von (16) für alle $x \in \mathscr{H}$. Somit ist A ein Operator von $\mathscr{H}$ in $\mathscr{H}$, der offensichtlich linear ist. Aus (20) folgt $\|Ax\|^2 \leq K^2 \|x\|^2$. Somit ist A beschränkt, und es ist $\|A\| \leq K$. Die Gleichungen (18) folgen unmittelbar aus der Definition von A. Aus ihnen folgt (19) sowie $\|A\| \geq \|Ae_k\| = |\lambda_k|$, d. h., es ist $\|A\| \geq K$. Damit ist Satz 8 bewiesen.

Ist das orthonormierte System vollständig, so hat die Koordinatenmatrix von A wegen (19) Diagonalgestalt. Ist die orthonormierte Basis fest gewählt, so bezeichnen wir den durch (16) definierten *Diagonaloperator A* zur Abkürzung mit

$$A = [\lambda_0, \lambda_1, \ldots]. \tag{21}$$

Als nächstes betrachten wir zwei Operatorenklassen im Raum $L^2(\mathbf{R}^p)$.

Satz 9: *Es sei $f : \mathbf{R}^p \to \mathbf{C}$ eine beschränkte meßbare Funktion. Dann wird für $x \in L^2(\mathbf{R}^p)$ durch $A_f x := x^*$ mit*

$$x^*(t) := f(t)\, x(t) \qquad (t \in \mathbf{R}^p)$$

ein beschränkter linearer Operator A_f in $L^2(\mathbf{R}^p)$ mit

$$\|A_f\| \leq \sup_{t \in \mathbf{R}^p} |f(t)| \tag{22}$$

definiert.

Beweis: Die Linearität von A_f ist offensichtlich, und aus

$$\int_{\mathbf{R}^p} |x^*(t)|^2 \, \mathrm{d}t \leq \Big(\sup_{t \in \mathbf{R}^p} |f(t)|\Big)^2 \int_{\mathbf{R}^p} |x(t)|^2 \, \mathrm{d}r < \infty$$

folgt $A_f x \in L\big(L^2(\mathbf{R}^p)\big)$ und (22). Jeder so definierte Operator heißt ein *Multiplikationsoperator.*

Satz 10: *Es sei $k(s, t) \in L^2(\mathbf{R}^{2p})$. Dann ist die Menge*

$$M := \Big\{ s \in \mathbf{R}^p \colon \int_{\mathbf{R}^p} |k(s, t)|^2 \, \mathrm{d}t = \infty \Big\} \tag{23}$$

vom Lebesgueschen Maße Null, und für $x \in L^2(\mathbf{R}^p)$ wird durch $Kx := x^*$ mit

$$x^*(s) := \begin{cases} \displaystyle\int_{\mathbf{R}^p} k(s, t)\, x(t) \, \mathrm{d}t & \text{für } s \notin M \\[2mm] \text{beliebig} & \text{für } s \in M \end{cases} \tag{24}$$

ein beschränkter linearer Operator K in $L^2(\mathbf{R}^p)$ mit

$$\|K\| \leq \|k\|_{L^2(\mathbf{R}^{2p})} \tag{25}$$

definiert.

Beweis: Nach dem Satz von FUBINI ist

$$\int_{\mathbf{R}^p} \int_{\mathbf{R}^p} |k(s, t)|^2 \, \mathrm{d}t \, \mathrm{d}s = \int_{\mathbf{R}^{2p}} |k(s, t)|^2 \, \mathrm{d}(s, t) = \|k\|_{L^2(\mathbf{R}^{2p})}^2 < \infty,$$

und folglich ist M eine Menge vom Maße Null. Die Aussage $s \notin M$ besagt, daß die durch $k_s(t) := k(s, t)$ definierte Funktion $k_s \colon \mathbf{R}^p \to C$ in $L^2(\mathbf{R}^p)$ liegt, so daß wir für alle $x \in L^2(\mathbf{R}^p)$ das Skalarprodukt

$$(k_s, \overline{x}) = \int_{\mathbf{R}^p} k_s(t) \, \overline{\overline{x(t)}} \, \mathrm{d}t = \int_{\mathbf{R}^p} k(s, t)\, x(t) \, \mathrm{d}t \qquad (s \notin M)$$

bilden können. Die Definition (24) ist also für alle

$x \in L^2(\mathbf{R}^p)$ sinnvoll. Für $s \notin M$ gilt auf Grund der SCHWARZ-schen Ungleichung

$$|x^*(s)|^2 = |(k_s, \bar{x})|^2 \leqq \|k_s\|^2 \|x\|^2 = \int\limits_{\mathbf{R}^p} |k_s(t)|^2 \, \mathrm{d}t \int\limits_{\mathbf{R}^p} |x(t)|^2 \, \mathrm{d}t,$$

und unabhängig von der Definition von $x^*(s)$ für $s \in M$ ist

$$\int\limits_{\mathbf{R}^p} |x^*(s)|^2 \, \mathrm{d}s \leqq \int\limits_{\mathbf{R}^p} \int\limits_{\mathbf{R}^p} |k(s, t)|^2 \, \mathrm{d}t \, \mathrm{d}s \int\limits_{\mathbf{R}^p} |x(t)|^2 \, \mathrm{d}t.$$

Für alle $x \in L^2(\mathbf{R}^p)$ haben wir also $x^* \in L^2(\mathbf{R}^p)$ und

$$\|x^*\|_{L^2(\mathbf{R}^p)} \leqq \|k\|_{L^2(\mathbf{R}^{2p})} \|x\|_{L^2(\mathbf{R}^p)}. \tag{26}$$

Die Willkür in der Definition von x^* ist nur scheinbar, denn die von x^* erzeugte Klasse $[x^*]$ äquivalenter Funktionen ist durch (24) eindeutig bestimmt. Somit wird durch $Kx := x^*$ ein Operator von $L^2(\mathbf{R}^p)$ in $L^2(\mathbf{R}^p)$ definiert. Aus (24) ergibt sich auch leicht, daß K linear ist. Man hat hierbei nur zu beachten, daß die Vereinigung dreier Mengen vom Maße Null wieder eine Menge vom Maße Null ist, so daß die Gleichung $(x + y)^* = x^* + y^*$ zumindest fast überall erfüllt ist. Aus (26) folgt (25), und damit ist Satz 10 bewiesen.

Der in dieser Weise definierte Operator K heißt der vom quadratisch integrierbaren *Kern* $k(s, t)$ erzeugte *Integraloperator.*

Zum Schluß dieses Abschnitts beweisen wir noch zwei allgemeinere Sätze über lineare Operatoren. Der erste findet häufig dann Anwendung, wenn es nicht möglich ist, den Operator A sofort für alle Elemente eines normierten Raumes E zu definieren, sondern nur für eine in E dichte Teilmenge (z. B. für die im Raum $L^2(\mathbf{R}^p)$ dicht liegenden stetigen Funktionen).

S a t z 11: *Es sei E_0 ein im normierten Raum E dichter Teilraum und F ein Banach-Raum. Ist $A_0: E_0 \to F$ ein beschränkter linearer Operator, so gibt es genau einen beschränkten linearen Operator $A: E \to F$ mit $Ax = A_0x$ für $x \in E_0$, und für diesen Operator gilt $\|A\| = \|A_0\|$.*

Beweis: Besitzt A die geforderten Eigenschaften und ist $x \in E$, so gibt es eine Folge von Elementen $x_n \in E_0$ mit $x_n \to x$, und da A stetig ist, haben wir

$$Ax = \lim_{n \to \infty} Ax_n = \lim_{n \to \infty} A_0 x_n.$$

Somit ist A durch A_0 eindeutig bestimmt, es gibt höchstens einen Operator mit den geforderten Eigenschaften.

Zum Beweis der Existenz wählen wir wieder zu $x \in E$ eine Folge von Elementen $x_n \in E_0$ mit $x_n \to x$. Wegen $\|A_0 x_m - A_0 x_n\| = \|A_0(x_m - x_n)\| \leqq \|A_0\| \cdot \|x_m - x_n\|$ ist mit (x_n) auch $(A_0 x_n)$ eine Fundamentalfolge, letztere im vollständigen Raum F. Es gibt also ein Element $y \in F$ mit $A_0 x_n \to y$. Ist auch (x_n') eine Folge von Elementen aus E_0 mit $x_n' \to x$, so gilt $\|A_0 x_n - A_0 x_n'\| = \|A_0(x_n - x_n')\| \leqq \|A_0\| \, \|x_n - x_n'\| \to 0$ für $n \to \infty$ und damit auch $A_0 x_n' \to y$. Die Definition

$$Ax := \lim_{n \to \infty} A_0 x_n \qquad (x \in E, \ x_n \in E_0, \ x_n \to x)$$

ist also unabhängig von der Wahl der Folge (x_n) mit $x_n \to x$. Da aus $x_n \to x$, $x_n' \to x'$ und $\lambda \in C$ stets $\lambda x_n \to \lambda x$, $x_n + x_n' \to x + x'$, folgt, haben wir

$$A(\lambda x) = \lim_{n \to \infty} A_0(\lambda x_n) = \lambda A x,$$

$$A(x + x') = \lim_{n \to \infty} A_0(x_n + x_n') = Ax + Ax',$$

und A ist linear. Wegen

$$\|Ax\| = \|\lim_{n \to \infty} A_0 x_n\| = \lim_{n \to \infty} \|A_0 x_n\| \leqq \|A_0\| \lim_{n \to \infty} \|x_n\|$$

$$= \|A_0\| \cdot \|x\|$$

ist A beschränkt, und es gilt $\|A\| \leqq \|A_0\|$. Für $x \in E_0$ ist stets $Ax = A_0 x$, also $\|A_0 x\| \leqq \|A\| \, \|x\|$, d. h., es ist $\|A_0\| \leqq \|A\|$. Damit ist Satz 11 bewiesen.

Abschließend wollen wir zeigen, daß die Homogenität (1) linearer Operatoren wenigstens teilweise aus der Additivität (2) gefolgert werden kann.

Satz 12: *Es sei F ein normierter Raum und $A: E \to F$ ein additiver Operator mit*

$$\lim_{t \to 0} \|A(tx)\| = 0 \qquad (t \in \mathbf{R},\ x \in E). \tag{27}$$

Dann ist A reell-homogen, und falls

$$A(ix) = iAx \tag{28}$$

ist, sogar komplex-homogen.

Beweis: Durch vollständige Induktion beweisen wir, daß
$$A(nx) = nAx \tag{29}$$
für alle $x \in E$, $n \in \mathbf{N}$ ist. Für $n = 0$ gilt $A(nx) + A(nx) = A(nx + nx) = A(nx)$, woraus $A(nx) = 0 = nAx$ folgt. Gilt (29) für eine natürliche Zahl n, so haben wir $A\big((n+1)\,x\big) = A(nx + x) = A(nx) + Ax = nAx + Ax = (n+1)\,Ax$, und (29) gilt auch für $n + 1$. Somit ist (29) für alle $n \in \mathbf{N}$ bewiesen. Aus $nAx + A(-nx) = A(nx) + A(-nx) = A(nx - nx) = 0$ folgt $A(-nx) = -nAx$, d. h., auch für $n \in \mathbf{Z}$ ist (29) erfüllt. Ist $r = \dfrac{m}{n}$ eine rationale Zahl, so haben wir $nA(rx) = A(nrx) = A(mx) = mAx$, woraus $A(rx) = rAx$ für alle rationalen Zahlen r folgt. Zu einer beliebigen reellen Zahl t wählen wir eine Folge rationaler Zahlen r_n mit $r_n \to t$. Mit (27) erhalten wir

$$\|tAx - A(tx)\| = \lim_{n \to \infty} \|r_n Ax - A(tx)\| = \lim_{n \to \infty} \|A(r_n x) - A(tx)\|$$
$$= \lim_{n \to \infty} \|A(r_n x - tx)\|$$
$$= \lim_{n \to \infty} \big\|A\big((r_n - t)\,x\big)\big\| = 0,$$

d. h., es ist $A(tx) = tAx$. Somit ist A reell-homogen. Mit (28) und $\lambda = \lambda_1 + i\lambda_2$ ($\lambda_1, \lambda_2 \in \mathbf{R}$) ist schließlich

$$A(\lambda x) = A\big((\lambda_1 + i\lambda_2)\,x\big) = A(\lambda_1 x + i\lambda_2 x)$$
$$= A(\lambda_1 x) + A(i\lambda_2 x) = \lambda_1 Ax + i\lambda_2 Ax$$
$$= (\lambda_1 + i\lambda_2)\,Ax = \lambda Ax,$$

und Satz 12 ist bewiesen.

Die Voraussetzung (27) ist insbesondere für jeden beschränkten Operator $A : E \to F$ erfüllt, denn es ist $\|A(tx)\| \leq \|A\| \cdot \|tx\| = |t|\, \|A\| \cdot \|x\|$. Jeder beschränkte additive Operator $A : E \to F$, der (28) erfüllt, ist also linear.

2.2. *Lineare und bilineare Funktionale*

Wir spezialisieren die Betrachtungen über lineare Operatoren $A : E \to F$ auf den Fall, daß F der Raum C (oder R) ist. Einen linearen Operator $A : E \to C$ nennt man ein *lineares Funktional* oder eine *Linearform* in E. Statt der Symbole A bzw. Ax verwendet man für lineare Funktionale gewöhnlich die üblichen Funktionssymbole f, g bzw. $f(x)$, $g(x)$, ... Wie für beschränkte lineare Operatoren definiert man für beschränkte lineare Funktionale die Norm durch

$$\|f\| = \sup_{\|x\| \leq 1} |f(x)|, \tag{1}$$

und diese Norm ist die kleinste Schranke von f.

In HILBERT-Räumen ist es sehr einfach, lineare Funktionale zu konstruieren.

Satz 1: *Für alle Elemente y aus einem Hilbert-Raum $\mathscr{H}$ wird durch*

$$f(x) := (x, y) \qquad (x \in \mathscr{H}) \tag{2}$$

ein beschränktes lineares Funktional in $\mathscr{H}$ mit

$$\|f\| = \|y\| \tag{3}$$

definiert.

Beweis: Aus der Definition des Skalarprodukts folgt sofort die Linearität von f. Nach der SCHWARZschen Ungleichung ist

$$|f(x)| = |(x, y)| \leq \|y\|\, \|x\|,$$

also $\|f\| \leq \|y\|$. Mit $y = \|y\|\, e$ gilt andererseits

$$\|f\| \geq |f(e)| = |(e, y)| = \|y\|\, (e, e) = \|y\|,$$

und Satz 1 ist bewiesen.

Der nachfolgende Satz von RIESZ über die *Darstellung linearer Funktionale* in HILBERT-Räumen zeigt, daß Satz 1 auch umgekehrt werden kann.

Satz 2: *Zu jedem beschränkten linearen Funktional f in einem Hilbert-Raum $\mathcal{H}$ gibt es genau ein Element $y \in \mathcal{H}$ mit*

$$f(x) = (x, y) \tag{4}$$

für alle $x \in \mathcal{H}$.

Beweis: Ist $(x, y) = (x, y')$ also $(x, y - y') = 0$ für alle $x \in \mathcal{H}$, so ist $y - y' \perp \mathcal{H}$ und damit $y - y' = 0$, $y = y'$. Es gibt somit zu f höchstens ein Element $y \in \mathcal{H}$ mit der geforderten Eigenschaft.

Wir kommen zum Beweis der Existenz. Ist der Nullraum $N(f) = \{x \in \mathcal{H} : f(x) = 0\}$ der ganze Raum $\mathcal{H}$, so ist (4) mit $y = 0$ erfüllt. Ist aber $N(f) \neq \mathcal{H}$, so gibt es einen Einheitsvektor e, der zu $N(f)$ orthogonal ist. Mit

$$x^* := f(x)\, e - f(e)\, x \qquad (x \in \mathcal{H})$$

ist $f(x^*) = f(x)\, f(e) - f(e)\, f(x) = 0$, d. h., für alle $x \in \mathcal{H}$ ist $x^* \in N(f)$ und damit $x^* \perp e$. Es folgt

$$0 = (x^*, e) = \big(f(x)\, e - f(e)\, x, e\big) = f(x)\, (e, e) - f(e)\, (x, e)$$
$$= f(x) - \big(x, \overline{f(e)}\, e\big),$$

und (4) ist mit $y := \overline{f(e)}\, e$ erfüllt.

Neben der in 1.4. eingeführten Normkonvergenz gibt es in normierten Räumen einen weiteren Konvergenzbegriff. Eine Folge (x_n) in einem normierten Raum E heißt *schwach konvergent*, wenn es ein Element $x \in E$ gibt derart, daß für jedes beschränkte lineare Funktional f in E die Relation

$$f(x) = \lim_{n \to \infty} f(x_n)$$

erfüllt ist. Wegen

$$|f(x) - f(x_n)| = |f(x - x_n)| \leqq \|f\|\, \|x - x_n\|$$

folgt aus der starken Konvergenz stets die schwache Konvergenz. Es gibt aber schwach konvergente Folgen, die nicht bezüglich der Norm konvergieren. Ist z. B. $(e_n)_{n \in N}$ eine orthonormierte Folge in einem HILBERT-Raum, so gilt $\|e_m - e_n\|^2 = 2$ für $m \neq n$, und die Folge kann nicht stark konvergieren. Ist aber f ein beliebiges beschränktes lineares Funktional und $y \in \mathcal{H}$ das erzeugende Element, so gilt nach der BESSELschen Ungleichung

$$\sum_{n=0}^{\infty} |f(e_n)|^2 = \sum_{n=0}^{\infty} |(e_n, y)|^2 \leq \|y\|^2 < \infty,$$

und folglich ist

$$\lim_{n \to \infty} f(e_n) = 0 = f(0).$$

Jede orthonormierte Folge konvergiert also schwach gegen das Nullelement von $\mathcal{H}$, obwohl sie nicht stark konvergiert.

Zur Einführung des Begriffs „Bilinearform" betrachten wir einen linearen Operator A in einem HILBERT-Raum $\mathcal{H}$. Durch

$$B(x, y) := (Ax, y) \qquad (x, y \in \mathcal{H}) \tag{5}$$

wird ein Funktional $B: \mathcal{H} \times \mathcal{H} \to C$ definiert, das in der ersten Koordinate linear, in der zweiten konjugiert-linear ist. Dennoch soll ein solches Funktional als „bilinear" bezeichnet werden.

Definition 1: Es sei E ein linearer Raum. Ein Funktional $B: E \times E \to C$ heißt eine (komplexe) *Bilinearform*, wenn für alle $x, y, z \in E$ und alle $\lambda \in C$ die Bedingungen

$$B(x + y, z) = B(x, z) + B(y, z) \tag{6}$$

$$B(x, y + z) = B(x, y) + B(x, z) \tag{7}$$

$$B(\lambda x, y) = \lambda B(x, y) \tag{8}$$

$$B(x, \lambda y) = \bar{\lambda} B(x, y) \tag{9}$$

erfüllt sind. Ist E ein normierter Raum, so heißt die

Bilinearform *beschränkt*, wenn es ein $K \geqq 0$ mit

$$|B(x, y)| \leqq K \, \|x\| \, \|y\| \tag{10}$$

gibt.

Für $A := I$ ist die durch (5) definierte Bilinearform gerade das Skalarprodukt in $\mathscr{H}$.

Ist A ein beliebiger beschränkter linearer Operator in einem HILBERT-Raum $\mathscr{H}$, so folgt aus (5) offensichtlich $|B(x, y)| \leqq \|Ax\| \, \|y\| \leqq \|A\| \, \|x\| \, \|y\|$, und B ist beschränkt. Eine Umkehrung dieses Sachverhalts gibt

Satz 3: *Zu jeder beschränkten Bilinearform B in einem Hilbert-Raum $\mathscr{H}$ gibt es genau einen beschränkten linearen Operator A in $\mathscr{H}$ mit*

$$(Ax, y) = B(x, y) \qquad (x, y \in \mathscr{H}). \tag{11}$$

Beweis: Ist $(Ax, y) = (A_0 x, y)$, also $(Ax - A_0 x, y) = 0$ für alle $x, y \in \mathscr{H}$, so ist stets $Ax - A_0 x = 0$, und dies besagt $A = A_0$. Es gibt somit höchstens einen Operator A, der (11) erfüllt.

Zum Beweis der Existenz setzen wir

$$f_x(y) := \overline{B(x, y)}.$$

Für feste $x \in \mathscr{H}$ ist dann f_x wegen (7), (9) eine Linearform in $\mathscr{H}$. Ist (10) erfüllt, so haben wir

$$|f_x(y)| = |B(x, y)| \leqq (K \, \|x\|) \, \|y\|,$$

und folglich ist f_x beschränkt. Nach dem Darstellungssatz von RIESZ gibt es zu fest gewähltem x genau ein Element $x^* \in \mathscr{H}$

$$f_x(y) = (y, x^*) \qquad (x \in \mathscr{H}).$$

Wir setzen $Ax := x^*$. Dann ist A ein Operator von $\mathscr{H}$ in $\mathscr{H}$ mit

$$(Ax, y) = (x^*, y) = \overline{f_x(y)} = B(x, y).$$

Für alle $x, x_1, x_2, y \in \mathscr{H}$ und alle $\lambda \in C$ ist

$$\big(A(\lambda x),\, y\big) = B(\lambda x, y) = \lambda B(x, y) = \lambda(Ax, y) = (\lambda Ax, y),$$
$$\big(A(x_1 + x_2),\, y\big) = B(x_1 + x_2, y) = B(x_1, y) + B(x_2, y)$$
$$= (Ax_1, y) + (Ax_2, y) = (Ax_1 + Ax_2, y),$$

woraus $A(\lambda x) = \lambda A x$, $A(x_1 + x_2) = A x_1 + A x_2$ folgt. Wegen $|(Ax, y)| = |B(x, y)| \leq K \|x\| \|y\|$ ist A ein beschränkter linearer Operator in $\mathscr{H}$, und Satz 3 ist bewiesen.

Für jede Bilinearform B in E bezeichnen wir das durch

$$Q(x) := B(x, x) \qquad (x \in E) \tag{12}$$

definierte Funktional $Q\colon E \to C$ als die von der Bilinearform B erzeugte *quadratische Form*.

So erzeugt z. B. das Skalarprodukt in einem HILBERT-Raum die quadratische Form

$$Q(x) = \|x\|^2 \qquad (x \in \mathscr{H}), \tag{13}$$

und ein beliebiger linearer Operator A in $\mathscr{H}$ die quadratische Form

$$Q(x) = (Ax, x) \qquad (x \in \mathscr{H}). \tag{14}$$

Zwischen Bilinearformen und den zugehörigen quadratischen Formen können nun ähnliche Zusammenhänge wie zwischen Skalarprodukt und Norm abgeleitet werden.

Satz 4: *Ist Q die von einer Bilinearform B in E erzeugte quadratische Form, so gilt*

$$Q(\lambda x) = |\lambda|^2 Q(x), \tag{15}$$

$$Q(x + y) + Q(x - y) = 2\big(Q(x) + Q(y)\big) \tag{16}$$

$$B(x, y) = \frac{1}{4}\Big(Q(x + y) - Q(x - y)$$

$$+ i\big(Q(x + iy) - Q(x - iy)\big)\Big). \tag{17}$$

Die quadratische Form Q ist reellwertig genau dann, wenn stets

$$B(x, y) = \overline{B(y, x)} \tag{18}$$

ist.

Beweis: Es ist $Q(\lambda x) = B(\lambda x, \lambda x) = \lambda \bar{\lambda} B(x, x) = |\lambda|^2 Q(x)$ sowie

$$Q(x \pm y) = B(x \pm y, x \pm y) = B(x, x) \pm B(y, x)$$

$$\pm B(x, y) + B(y, y).$$

Addition dieser beiden Gleichungen ergibt die Parallelogrammgleichung (16), Subtraktion dagegen

$$Q(x + y) - Q(x - y) = 2B(y, x) + 2B(x, y). \quad (19)$$

Mit iy statt y erhalten wir

$$i\big(Q(x + iy) - Q(x - iy)\big) = 2i\big(B(iy, x) + B(x, iy)\big)$$
$$= -2B(y, x) + 2B(x, y).$$

Addieren wir die letzten beiden Gleichungen, so gelangen wir zu (17). Aus (18) folgt $Q(x) = \overline{B(x, x)} = B(x, x)$, also

$Q(x) \in \boldsymbol{R}$. Es sei umgekehrt Q reellwertig. Mit (15), (17) ist

$$4\overline{B(y, x)} = Q(y + x) - Q(y - x)$$
$$- i\big(Q(y + ix) - Q(y - ix)\big)$$
$$= Q(x + y) - Q(x - y)$$
$$- i\big(Q(iy - x) - Q(iy + x)\big) = 4B(x, y),$$

und Satz 4 ist bewiesen.

Für die durch (5), (14) definierten Formen nimmt (17) die Gestalt

$$(Ax, y) = \frac{1}{4}\big(A(x + y), x + y) - (A(x - y), x - y\big)$$

$$+ i\big((A(x + iy), x + iy) - (A(x - iy), x - iy\big) \quad (20)$$

an. Diese Darstellung wird gewöhnlich als *Polarisierung* bezeichnet. Wegen Satz 3 ist also ein beschränkter linearer Operator A in $\mathscr{H}$ bereits eindeutig bestimmt, wenn die quadratische Form (14) für alle $x \in \mathscr{H}$ gegeben ist.

Im Sinne einer Beschränkung auf das Wesentliche wollen wir von den restlichen Überlegungen dieses Abschnitts später keinen Gebrauch machen, obwohl manche Untersuchungen mit ihrer Hilfe etwas vereinfacht werden können.

Satz 5: *Ein Funktional $Q: E \to C$ ist eine quadratische Form genau dann, wenn die Parallelogrammgleichung (16) und die Be-*

dingungen

$$Q(ix) = Q(x), \tag{21}$$

$$\lim_{t \to 0} \left(Q(x + ty) - Q(x - ty) \right) = 0 \qquad (t \in \mathbf{R}) \tag{22}$$

erfüllt sind.

Beweis: Die Bedingungen (16) und (21) sind für jede quadratische Form Q erfüllt. Aus (19) folgt

$$Q(x + ty) - Q(x - ty) = 2t(B(y, x) - B(x, y)),$$

und (22) ist erfüllt.

Zum Beweis der Existenz einer Bilinearform B mit $B(x, x)$ $= Q(x)$ bemerken wir, daß die rechte Seite von (16) in x, y symmetrisch ist, woraus

$$Q(x - y) = Q(y - x) \tag{23}$$

und speziell $Q(x) = Q(-x)$ folgt. Setzen wir $x = y := 0$ in (16), so erhalten wir $2Q(0) = 4Q(0)$, also $Q(0) = 0$. Für $y := x$ folgt aus (16) weiterhin $Q(2x) = 4Q(x)$. Es sei nun

$$S(x, y) := Q(x + y) - Q(x - y). \tag{24}$$

Wegen (21), (23) ist

$$S(ix, iy) = S(x, y) = S(y, x) \tag{25}$$

sowie $S(x, 0) = S(0, y) = 0$. Für $x, y, z \in E$ führen wir die Elemente

$$u := \frac{x + y}{2} + z, \quad v := \frac{x + y}{2} - z, \quad w := \frac{x - y}{2}$$

ein. Wegen der Parallelogrammgleichung ist

$$\begin{aligned}
S(x, z) + S(y, z) &= Q(x + z) - Q(x - z) + Q(y + z) - Q(y - z) \\
&= Q(u + w) - Q(v + w) + Q(u - w) - Q(v - w) \\
&= 2(Q(u) + Q(w) - Q(v) - Q(w)) \\
&= 2 \left(Q \left(\frac{x + y}{2} + z \right) - Q \left(\frac{x + y}{2} - z \right) \right),
\end{aligned}$$

$$S(x, z) + S(y, z) = 2S \left(\frac{x + y}{2}, z \right). \tag{26}$$

Für $y := 0$ gilt speziell $S(x, z) = 2S\left(\dfrac{x}{2}, z\right)$, und wenden wir dies auf (26) an, so ergibt sich

$$S(x, z) + S(y, z) = S(x + y, z).$$

Daher ist S im ersten, wegen (25) auch im zweiten Argument additiv. Wir setzen

$$B(x, y) := \frac{1}{4}\left(S(x, y) + iS(x, iy)\right). \tag{27}$$

Dann ist B additiv in beiden Argumenten. Wegen (25) ist $S(x, ix) = S(ix, -x) = S(-x, ix)$, also $2S(x, ix) = S(x, ix) + S(x, ix) = S(x, ix) + S(-x, ix) = S(0, ix) = 0$, und es folgt

$$B(x, x) = \frac{1}{4}(S(x, x) + iS(x, ix)) = \frac{1}{4}S(x, x) = \frac{1}{4}Q(2x) = Q(x).$$

Weiterhin ist

$$4(B(ix, y) - iB(x, y))$$
$$= S(ix, y) + iS(ix, iy) - iS(x, y) + S(x, iy)$$
$$= S(x, -iy) + iS(x, y) - iS(x, y) + S(x, iy) = 0,$$

$$4(B(x, iy) + iB(x, y)) = S(x, iy) + iS(x, -y) + iS(x, y)$$
$$- S(x, iy) = 0,$$

d. h., wir haben

$$B(ix, y) = iB(x, y), \quad B(x, iy) = -iB(x, y).$$

Aus (22), (24), (27) folgt

$$\lim_{t \to 0} B(tx, y) = \lim_{t \to 0} B(x, ty) = 0.$$

Setzen wir also $f_y(x) := B(x, y)$ bzw. $g_x(y) := \overline{B(x, y)}$, so sind f_y, g_x additive Operatoren von E in den normierten Raum C, die den Bedingungen 2.1. (27), (28) genügen und demzufolge komplex-linear sind. Somit ist

$$B(\lambda x, y) = f_y(\lambda x) = \lambda f_y(x) = \lambda B(x, y),$$
$$B(x, \lambda y) = \overline{g_x(\lambda y)} = \overline{\bar\lambda g_x(y)} = \bar\lambda B(x, y),$$

und B ist eine Bilinearform in E. Damit ist Satz 5 bewiesen.

Jetzt können wir auch eine bereits in 1.2. aufgestellte Behauptung beweisen.

Satz 6: *In einem normierten Raum E wird durch 1.2. (11) ein Skalarprodukt definiert genau dann, wenn die Parallelogrammgleichung 1.2. (9) erfüllt ist.*

Beweis: Die Notwendigkeit wurde schon in 1.2. bewiesen. Umgekehrt sei die Parallelogrammgleichung erfüllt. Wir setzen $Q(x) := \|x\|^2$. Dann ist $Q(ix) = \|ix\|^2 = \|x\|^2 = Q(x)$, und wegen

$$\|x + ty\| - \|x\| \leqq \|x + ty - x\| = |t|\,\|y\|$$

erfüllt Q auch die Bedingung (22). Es gibt somit eine Bilinearform B mit $B(x, x) = Q(x)$. Nach Satz 4 ist $B(x, y) = \overline{B(y, x)}$, und da aus $x \neq 0$ stets $B(x, x) = Q(x) = \|x\|^2 > 0$ folgt, wird durch $(x, y) := B(x, y)$ ein Skalarprodukt in E definiert.

Die folgende Charakterisierung beschränkter linearer Operatoren ist häufig nützlich.

Satz 7: *Es sei $Q\colon \mathcal{H} \to \mathbf{C}$ ein Funktional in einem Hilbert-Raum $\mathcal{H}$, das die Parallelogrammgleichung und die Bedingung $Q(ix) = Q(x)$ $(x \in \mathcal{H})$ erfüllt. Ferner gebe es ein $K \geqq 0$ mit*

$$|Q(x + y) - Q(x - y)| \leqq K\,\|x\|\,\|y\| \qquad (x, y \in \mathcal{H}). \qquad (29)$$

Dann gibt es genau einen beschränkten linearen Operator A mit $Q(x) = (Ax, x)$.

Beweis: Aus (29) folgt

$$|Q(x + ty) - Q(x - ty)| \leqq |t|\,K\,\|x\|\,\|y\|,$$

und (22) ist erfüllt. Daher wird Q von einer Bilinearform B erzeugt. Aus (17), (29) folgt

$$|B(x, y)| \leqq \frac{1}{4}\,(K\,\|x\|\,\|y\| + K\,\|x\|\,\|iy\|) = \frac{1}{2}\,K\,\|x\|\,\|y\|,$$

und B ist beschränkt. Die Behauptung folgt also aus Satz 3.

2.3. *Verknüpfungen linearer Operatoren*

Während wir bisher nur einzelne lineare Operatoren betrachtet haben, wenden wir uns jetzt dem Studium von Verknüpfungen zwischen Operatoren zu. Sind

$A:E \to F$ und $B:E \to F$ lineare Operatoren und ist $\lambda \in C$, so werden durch

$$(\lambda A)\, x := \lambda A x \qquad (x \in E) \qquad (1)$$

$$(A + B)\, x := A x + B x \qquad (x \in E) \qquad (2)$$

zwei neue Operatoren λA, $A + B$ von E in F definiert. Eine ganz elementare Rechnung zeigt, daß λA und $A + B$ wieder lineare Operatoren sind und daß die Menge aller linearen Operatoren von E in F bezüglich dieser Verknüpfungen einen linearen Raum bildet.

Sind E, F normierte Räume, so bezeichnet man die Menge aller beschränkten linearen Operatoren von E in F mit $L(E, F)$, im Falle $E = F$ auch mit $L(E)$.

Satz 1: *Für alle normierten Räume E, F bildet $L(E, F)$ bezüglich der Operatornorm einen normierten Raum. Insbesondere ist für $A, B \in L(E, F)$ und $\lambda \in C$ stets*

$$\|\lambda A\| = |\lambda|\, \|A\|, \qquad (3)$$

$$\|A + B\| \leq \|A\| + \|B\|. \qquad (4)$$

Beweis: Für alle $x \in E$ ist

$$\|\lambda A x\| = |\lambda|\, \|A x\| \leq |\lambda|\, \|A\|\, \|x\|,$$

d. h., es ist $\|\lambda A\| \leq |\lambda|\, \|A\|$. Wir wählen eine Folge von Einheitsvektoren e_n mit $\|A e_n\| \to \|A\|$. Dann ist

$$|\lambda|\, \|A\| = |\lambda| \lim_{n \to \infty} \|A e_n\| = \lim_{n \to \infty} \|(\lambda A)\, e_n\| \leq \|\lambda A\|,$$

und (3) ist bewiesen. Aus

$$\|(A + B)\, x\| = \|A x + B x\| \leq \|A x\| + \|B x\|$$
$$\leq (\|A\| + \|B\|)\, \|x\|$$

folgt (4), und da $A = 0$ nur für $\|A\| = 0$ gelten kann, ist Satz 1 bewiesen.

Für zwei Operatoren $A:E \to F$ und $B:E \to F$ kann im allgemeinen kein Produkt AB definiert werden. Sind aber $A:F \to G$ und $B:E \to F$ lineare Operatoren, so wird durch

$$(AB)\, x := A(Bx) \qquad (x \in E) \tag{5}$$

ein Operator $AB\colon E \to G$ definiert, von dem sich wiederum zeigt, daß er linear ist.

Sind hierbei A, B beschränkte Operatoren, so haben wir

$$\|ABx\| \leqq \|A\|\, \|Bx\| \leqq \|A\|\, \|B\|\, \|x\|.$$

Das Produkt zweier beschränkter Operatoren A, B ist also beschränkt, und es ist

$$\|AB\| \leqq \|A\|\, \|B\|. \tag{6}$$

Im Falle zweier Matrizenoperatoren $A\colon C^n \to C^p$, $B\colon C^m \to C^n$ gilt $AB\colon C^m \to C^p$, und AB entspricht dem Matrizenprodukt von A und B.

Wir betrachten ein weiteres Beispiel für ein Produkt zweier Operatoren. Die Operatoren K_1, K_2 seien die gemäß 2.1., Satz 10, im HILBERT-Raum $L^2(\mathbf{R}^p)$ von zwei Kernen $k_1, k_2 \in L^2(\mathbf{R}^{2p})$ erzeugten Integraloperatoren. Mit $y := K_2 x$, $z := K_1 y$ $\left(x \in L^2(\mathbf{R}^p)\right)$ haben wir — zumindest fast überall —

$$z(r) = \int\limits_{\mathbf{R}^p} k_1(r, s)\, y(s)\, \mathrm{d}s = \int\limits_{\mathbf{R}^p} k_1(r, s) \int\limits_{\mathbf{R}^p} k_2(s, t)\, x(t)\, \mathrm{d}t\, \mathrm{d}s.$$

Da mit k_1, k_2, x auch $|k_1|, |k_2|, |x|$ die Voraussetzungen erfüllen, ist die Funktion $\varphi_r(s, t) := |k_1(r, s)\, k_2(s, t)\, x(t)|$ für fast alle r über $\mathbf{R}^{2p}$ integrierbar. Auf Grund des Satzes von FUBINI ist also

$$z(r) = \int\limits_{\mathbf{R}^p} \int\limits_{\mathbf{R}^p} k_1(r, s)\, k_2(s, t)\, \mathrm{d}s\, x(t)\, \mathrm{d}t$$

für fast alle r. Die Funktion

$$k(r, t) := \int\limits_{\mathbf{R}^p} k_1(r, s)\, k_2(s, t)\, \mathrm{d}s$$

liegt wegen

$$|k(r, t)|^2 \leqq \int\limits_{\mathbf{R}^p} |k_1(r, s)|^2\, \mathrm{d}s \int\limits_{\mathbf{R}^p} |k_2(s, t)|^2\, \mathrm{d}s,$$

$$\int\limits_{\mathbf{R}^{2p}} |k(r, t)|^2\, \mathrm{d}(r, t) \leqq \int\limits_{\mathbf{R}^{2p}} |k_1(r, s)|^2\, \mathrm{d}(r, s) \int\limits_{\mathbf{R}^{2p}} |k_2(s, t)|^2\, \mathrm{d}(s, t)$$

wieder in $L^2(\mathbf{R}^{2p})$, und $K_1 K_2$ ist der vom Kern k erzeugte Integraloperator.

Wir wenden uns jetzt vorwiegend dem Studium des Raumes $L(\mathscr{H})$ zu, wobei $\mathscr{H}$ ein HILBERT-Raum ist. Alle bisherigen Aussagen bleiben hier natürlich gültig.

Unmittelbar aus den Definitionen der Operatoren in $L(\mathscr{H})$ fließen die Rechenregeln

$$(AB)\,C = A(BC),$$
$$(A + B)\,C = AC + BC,$$
$$A(B + C) = AB + AC,$$

auf Grund deren $L(\mathscr{H})$ einen Ring, den *Operatorenring* in $\mathscr{H}$, bildet. Dieser Ring besitzt das Einselement $I = I_{\mathscr{H}}$.

Besitzen die Operatoren $A, B \in L(\mathscr{H})$ bezüglich einer normierten Basis $\{e_n\}$ die Koordinatenmatrizen (a_{ik}), (b_{ik}), so ist

$$(\lambda A e_k, e_i) = \lambda a_{ik},$$
$$\big((A + B)\,e_k, e_i\big) = a_{ik} + b_{ik},$$
$$(AB e_k, e_i) = \left(A \sum_{j=0}^{\infty} (B e_k, e_j)\,e_j, e_i\right) = \sum_{j=0}^{\infty} b_{jk} a_{ij},$$

und λA, $A + B$, AB haben die Koordinatenmatrizen

$$(\lambda a_{ik}),\ (a_{ik} + b_{ik}),\ \left(\sum_{j=0}^{\infty} a_{ij} b_{jk}\right).$$

Die Multiplikation von Operatoren aus $L(\mathscr{H})$ ist nicht kommutativ. Dies bedeutet z. B., daß die bekannten „binomischen Formeln" nicht gültig sind. An ihre Stelle treten die Formeln

$$(A \pm B)^2 = A^2 \pm (AB + BA) + B^2,$$
$$(A + B)\,(A - B) = A^2 + BA - AB + B^2,$$

die nur im Falle $AB = BA$ in die gewohnte Form übergehen. Ist $AB = BA$, so heißen die Operatoren A, B *vertauschbar*.

Mit $(A)'$ bezeichnen wir die Menge aller Operatoren

$B \in L(\mathscr{H})$, die mit A vertauschbar sind,

$$(A)' := \{B \in L(\mathscr{H}): AB = BA\} \quad \big(A \in L(\mathscr{H})\big). \tag{7}$$

Die Aussage $(A)' \subseteqq (B)'$ bedeutet, daß B mit jedem Operator aus $L(\mathscr{H})$ vertauschbar ist, der mit A vertauschbar ist.

Für die Potenzen eines Operators $A \in L(\mathscr{H})$, die ebenso wie in jedem Ring mit Einselement induktiv durch

$$A^0 := I, \quad A^{n+1} := A^n A$$

definiert werden, gilt

$$\|A^n\| \leqq \|A\|^n \qquad (n \in N). \tag{8}$$

Die Definition von Polynomen (ganzrationalen Funktionen) kann in der gewohnten Weise erfolgen. Für jedes komplexe Polynom

$$p(t) = \sum_{k=0}^{n} c_k t^k \qquad (t, c_k \in C), \tag{9}$$

und jeden Operator $A \in L(\mathscr{H})$ setzt man

$$p(A) = \sum_{k=0}^{n} c_k A^k. \tag{10}$$

Wegen $c_k = \dfrac{p^{(k)}(0)}{k!}$ hängen die Koeffizienten c_k in (9) nur vom Polynom p ab. Jeder mit A vertauschbare Operator $B \in L(\mathscr{H})$ ist auch mit $p(A)$ vertauschbar, d. h., es ist

$$(A)' \subseteqq \big(p(A)\big)'. \tag{11}$$

Aus (9), (10) ergeben sich unmittelbar die Rechenregeln

$$(\lambda p)(A) = \lambda p(A) \qquad (\lambda \in C), \tag{12}$$

$$(p + q)(A) = p(A) + q(A). \tag{13}$$

Die durch $p \mapsto p(A)$ definierte Abbildung von der Menge aller Polynome in die Menge $L(\mathscr{H})$ ist also *linear*. Sie ist aber auch *multiplikativ*, d. h., es ist

$$(pq)\,(A) = p(A)\,q(A). \tag{14}$$

Dies ergibt sich leicht daraus, daß die Multiplikationsregeln für die Polynome (9), (10) völlig analog sind.

Für Diagonaloperatoren $A := [\lambda_0, \lambda_1, \ldots] \in L(\mathcal{H})$ sind die Potenzen und Polynome sehr einfach zu berechnen. Die Anwendung von A auf $x \in \mathcal{H}$ bewirkt, daß die k-te Koordinate von x bezüglich der betreffenden orthonormierten Basis mit λ_k multipliziert wird. Daher gilt $A^n = [\lambda_0{}^n, \lambda_1{}^n, \ldots]$ für alle $n \in N$, und demzufolge ist auch

$$p(A) = [p(\lambda_0), p(\lambda_1), \ldots]. \tag{15}$$

Für beliebige Operatoren sind die entsprechenden Koordinatendarstellungen ungleich komplizierter. Dennoch werden Polynome eines Operators A und allgemeinere Funktionen ein wichtiges Hilfsmittel zur Erforschung ihrer Struktur sein.

Als nächstes Problem untersuchen wir die Frage der Umkehrbarkeit linearer Operatoren. Eine Funktion f heißt bekanntlich *umkehrbar* oder *injektiv*, wenn aus $f(x) = f(y)$ stets $x = y$ folgt. Für lineare Operatoren $A: E \to F$ kann dies Kriterium vereinfacht werden.

Satz 2: *Ein linearer Operator $A: E \to F$ ist injektiv genau dann, wenn aus $Ax = 0$ stets $x = 0$ folgt, d. h. wenn sein Nullraum nur aus dem Nullelement besteht. Ist A injektiv, so kann durch*

$$A^{-1}Ax := x \qquad (x \in E) \tag{16}$$

ein linearer Operator $A^{-1}: R(A) \to E$ mit

$$AA^{-1}y = y \qquad \bigl(y \in R(A)\bigr) \tag{17}$$

definiert werden.

Beweis: Ist A injektiv, so folgt aus $Ax = 0 = A0$ stets $x = 0$. Umgekehrt folge aus $Ax = 0$ stets $x = 0$. Ist dann $Ax = Ay$, so ist $A(x - y) = 0$, also $x - y = 0$, $x = y$, d. h., A ist injektiv.

Ist A injektiv, so gibt es zu jedem $y \in R(A)$ genau ein $x \in E$ mit $y = Ax$. Durch (16) wird also ein Operator $A^{-1}\colon R(A) \to E$ definiert, der wegen

$$A^{-1}(\lambda Ax) = A^{-1}A(\lambda x) = \lambda x = \lambda A^{-1}(Ax),$$

$$A^{-1}(Ax + Ay) = A^{-1}A(x + y) = x + y$$
$$= A^{-1}(Ax) + A^{-1}(Ay)$$

linear ist. Schließlich ist $AA^{-1}Ax = Ax$, was mit (17) äquivalent ist.

Der Operator A^{-1} wird gewöhnlich als der *inverse Operator* des injektiven Operators A bezeichnet. Zur Vermeidung von Mißverständnissen wäre wahrscheinlich die Bezeichnung *linksinverser Operator* besser angebracht, denn $A^{-1}A$ ist der identische Operator in E, aber AA^{-1} nur dann der identische Operator in F, wenn $R(A) = F$ ist.

Wir gehen nun wieder zu HILBERT-Räumen über und verschärfen den Begriff des injektiven Operators.

Definition 1: Ein Operator $A \in L(\mathscr{H})$ heißt *regulär*, wenn es einen Operator $A^{-1} \in L(\mathscr{H})$ mit

$$A^{-1}A = AA^{-1} = I \tag{18}$$

gibt.

Man beachte, daß wir ausdrücklich gefordert haben, daß der inverse Operator A^{-1} in $L(\mathscr{H})$ liegt.

Gibt es zu $A \in L(\mathscr{H})$ Operatoren $B, C \in L(\mathscr{H})$ mit $BA = AC = I$, so ist $B = B(AC) = (BA)C = C$, und folglich ist A regulär und $B = C = A^{-1}$.

Jeder reguläre Operator $A \in L(\mathscr{H})$ ist injektiv, denn aus $Ax = 0$ folgt $x = A^{-1}Ax = 0$. Andererseits ist jedes Element $x \in \mathscr{H}$ wegen $x = AA^{-1}x$ im Wertebereich von A enthalten, d. h., es ist $R(A) = \mathscr{H}$. Ein regulärer Operator $A \in L(\mathscr{H})$ ist also sogar *bijektiv*, d. h., er bildet den Raum $\mathscr{H}$ umkehrbar eindeutig auf sich ab. Umgekehrt ist jeder bijektive Operator $A \in L(\mathscr{H})$ regulär; dies ist ein recht tiefliegender Satz, den wir im nächsten Abschnitt beweisen werden.

Wir betrachten einige Beispiele. Bezüglich einer orthonormierten Basis sei

$$A := [\lambda_0, \lambda_1, \ldots],$$

wobei (λ_k) eine beschränkte Folge ist. Ist 0 weder Element noch Häufungspunkt dieser Folge, so ist auch die Folge (λ_k^{-1}) beschränkt, und der Diagonaloperator $B := [\lambda_0^{-1}, \lambda_1^{-1}, \ldots] \in L(\mathscr{H})$ genügt den Bedingungen (18). Somit ist A regulär und $B = A^{-1}$. Ist $\lambda_k \neq 0$ für alle $k \in \mathbf{N}$, so ist der Operator A zwar injektiv, denn aus $Ax = 0$ folgt $\lambda_k(x, e_k) = 0$ für alle k und damit $(x, e_k) = 0$, also $x = 0$. Ist aber $\lambda_k \neq 0$ und gilt $\lambda_k \to 0$, so ist A nicht regulär, denn es ist $Ae_k = \lambda_k e_k$, $A^{-1}e_k = \lambda_k^{-1}e_k$, und die Folge mit den Gliedern $\|A^{-1}e_k\| = |\lambda_k|^{-1}$ ist nicht beschränkt.

Auch der durch

$$A(\xi_0, \xi_1, \ldots) := (0, \xi_0, \xi_1, \ldots)$$

definierte Operator $A \in L(l^2)$ ist offensichtlich injektiv. Er ist aber nicht regulär, denn z. B. liegt das Element $(1, 0, 0, \ldots)$ nicht im Wertebereich von A, so daß A nicht bijektiv ist.

Für alle regulären Operatoren $A, B \in L(\mathscr{H})$ ist

$$(AB)^{-1} = B^{-1}A^{-1},$$

denn es gilt $(B^{-1}A^{-1})(AB) = I = (AB)(B^{-1}A^{-1})$.

Somit bildet die Menge aller regulären Operatoren $A \in L(\mathscr{H})$ eine multiplikative Gruppe. Für $\lambda \neq 0$ ist mit A auch λA regulär, und zwar ist $(\lambda A)^{-1} = \lambda^{-1}A^{-1}$. Da die Aussage $AB = BA$ für jeden regulären Operator A mit $BA^{-1} = A^{-1}B$ äquivalent ist, haben wir $(A)' = (A^{-1})'$.

Im letzten Teil dieses Abschnitts beschäftigen wir uns mit Grenzprozessen für Folgen von Operatoren.

Definition 2: Eine Folge von Operatoren $A_n \in L(E, F)$ heißt *gleichmäßig* oder *in der Operatornorm konvergent*, wenn es einen Operator $A \in L(E, F)$ gibt, für den die Folge $(\|A - A_n\|)$ eine Nullfolge bildet.

Dieser Konvergenzbegriff entspricht also genau der in 1.4. eingeführten „starken" Konvergenz im normierten Raum $L(E, F)$. Als Beispiele betrachten wir die Diagonaloperatoren

$$A_n := \left[0, \ldots, 0, \frac{1}{n+1}, \frac{1}{n+2}, \ldots \right]$$

in einem Hilbert-Raum $\mathscr{H}$, in denen am Anfang jeweils n Nullen auftreten. Nach 2.1. (17) ist $\|A_n\| = \dfrac{1}{n+1}$, d. h., die Folge (A_n) konvergiert in der Operatornorm gegen den Nulloperator.

Eine Verschärfung von Satz 1 gibt

S a t z 3: *Ist E ein normierter Raum und F ein Banach-Raum, so ist $L(E, F)$ bezüglich der Operatornorm vollständig, also ein Banach-Raum.*

B e w e i s: Es sei (A_n) eine Fundamentalfolge in $L(E, F)$, d. h., zu jedem $\varepsilon > 0$ gebe es ein $n_0 = n_0(\varepsilon)$ mit

$$\|A_m - A_n\| < \varepsilon \qquad \big(m, n \geq n_0(\varepsilon) \big).$$

Für festes $x \in E$ ist

$$\|A_m x - A_n x\| = \|(A_m - A_n)\, x\| \leq \|A_m - A_n\|\, \|x\|,$$
$$\|A_m x - A_n x\| \leq \varepsilon\, \|x\| \quad \big(m, n \geq n_0(\varepsilon) \big), \tag{19}$$

und folglich ist $(A_n x)$ eine Fundamentalfolge in F. Für jedes $x \in E$ existiert also das durch

$$Ax := \lim_{n \to \infty} A_n x$$

definierte Element $Ax \in F$. Wegen

$$A(x + y) = \lim_{n \to \infty} A_n(x + y) = \lim_{n \to \infty} A_n x + \lim_{n \to \infty} A_n y$$
$$= Ax + Ay$$

ist A additiv, und die Homogenität von A wird in gleicher Weise gezeigt. Führen wir in (19) den Grenzübergang $m \to \infty$ durch, so erhalten wir

$$\|(A - A_n)\, x\| = \|Ax - A_n x\| \leq \varepsilon\, \|x\| \quad \big(n \geq n_0(\varepsilon) \big), \tag{20}$$

und dies besagt, daß $A - A_n$, also auch $A = (A - A_n) + A_n$ beschränkt ist. Somit ist $A \in L(E, F)$. Aus (20) folgt $\|A - A_n\| \leq \varepsilon$ für $n \geq n_0(\varepsilon)$, d. h., die Folge (A_n) konvergiert bezüglich der Operatornorm gegen das Element $A \in L(E, F)$. Somit ist $L(E, F)$ vollständig.

Insbesondere ist $L(\mathscr{H})$ für jeden HILBERT-Raum $\mathscr{H}$ ein BANACH-Raum.

Definition 3: Eine Folge von Operatoren $A_n \in L(E, F)$ heißt (*punktweise*) *konvergent*, wenn es einen Operator $A \in L(E, F)$ gibt derart, daß die Folge $(A_n x)$ für alle $x \in E$ in der Norm des Raumes F gegen Ax konvergiert, d. h., wenn $(\|Ax - A_n x\|)$ für alle $x \in E$ eine Nullfolge ist.

Aus $\|Ax - Bx\| \leq \|Ax - A_n x\| + \|Bx - A_n x\|$ schließen wir, daß eine Folge (A_n) höchstens gegen einen Operator (punktweise) konvergieren kann. Aus der gleichmäßigen Konvergenz einer Operatorenfolge kann wegen

$$\|A_n x - Ax\| = \|(A_n - A)\, x\| \leq \|A_n - A\|\, \|x\|$$

stets auf die (punktweise) Konvergenz geschlossen werden, aber nicht umgekehrt. Dazu betrachten wir die Operatoren $A_n := [0, \ldots, 0, 1, 1, \ldots]$, in denen am Anfang wieder n Nullen auftreten. Es ist also

$$A_n x = \sum_{k=n}^{\infty} (x, e_k)\, e_k,$$

und wegen der BESSELschen Ungleichung gilt stets $\|A_n x\|^2 \to 0$. Somit konvergiert die Folge (A_n) (punktweise) gegen den Nulloperator. Es ist aber $\|A_n\| = 1$ für alle $n \in N$, und folglich konvergiert (A_n) nicht gleichmäßig gegen den Nulloperator. Würde sie aber gleichmäßig gegen einen Operator $A \neq 0$ streben, so wäre dasselbe im Sinne der punktweisen Konvergenz der Fall, was nicht möglich ist.

Wenn wir im folgenden $A = \lim_{n \to \infty} A_n$ oder $A = \sum_{n=0}^{\infty} A_n$

schreiben, meinen wir, wenn anderes nicht ausdrücklich betont wird, die punktweise Operatorenkonvergenz. Sie wird in der klassischen Literatur gewöhnlich als „starke" Operatorenkonvergenz bezeichnet. Wir vermeiden dies, um Verwechslungen mit der in 1.4. eingeführten Begriffsbildung vorzubeugen. Dort hatten wir ja die Konvergenz bezüglich der Norm als starke Konvergenz bezeichnet, und die Konvergenz in der Norm des Raumes $L(E, F)$ ist die gleichmäßige Operatorenkonvergenz.

Im BANACH-Raum $L(\mathscr{H})$ kann noch ein dritter Konvergenzbegriff eingeführt werden.

Definition 4: Eine Folge von Operatoren $A_n \in L(\mathscr{H})$ heißt *schwach konvergent*, wenn es einen Operator $A \in L(\mathscr{H})$ gibt, derart, daß (im Sinne der gewöhnlichen Konvergenz komplexer Zahlen)

$$(Ax, y) = \lim_{n \to \infty} (A_n x, y)$$

für alle $x, y \in \mathscr{H}$ ist.

Aus $|(Ax,y) - (Bx,y)| \leqq |(Ax,y) - (A_n x,y)| + |(Bx,y) - (A_n x,y)|$ können wir wieder folgern, daß (A_n) höchstens gegen einen Operator $A \in L(\mathscr{H})$ schwach konvergieren kann. Die Abschätzung

$$|(Ax, y) - (A_n x, y)| = |(Ax - A_n x, y)|$$
$$\leqq \|Ax - A_n x\|\,\|y\|$$

zeigt, daß aus der (punktweisen) Operatorenkonvergenz die schwache Konvergenz gefolgert werden kann. Die Umkehrung gilt wieder nicht, denn die Folge der Operatoren A_n mit $A_n x := (x, e_1)\,e_n$ konvergiert schwach gegen den Nulloperator, aber nicht punktweise, denn es ist stets $\|A_n e_1\| = 1$ [1]).

Konvergieren die Folgen (A_n), (B_n) in irgendeinem Sinn gegen die Operatoren A, B, so erkennt man leicht, daß die Folgen (λA_n), $(A_n + B_n)$ mit $\lambda \in C$ im entsprechenden

---

[1]) In endlich-dimensionalen HILBERT-Räumen sind dagegen alle genannten Konvergenzarten äquivalent.

Sinn gegen die Operatoren λA, $A + B$ konvergieren. Für die Produktfolge beweisen wir nur

S a t z 4: *Streben die Folgen der Operatoren A_n, $B_n \in L(\mathcal{H})$ gleichmäßig gegen die Operatoren $A, B \in L(\mathcal{H})$, so strebt die Folge $(A_n B_n)$ gleichmäßig gegen AB. Streben die Folgen (A_n), (B_n) punktweise gegen A, B, und ist die Folge $(\|A_n\|)$ beschränkt, so strebt $(A_n B_n)$ punktweise gegen AB.*

B e w e i s : Aus

$$\|A_n B_n - AB\| \leqq \|A_n B_n - A_n B\| + \|A_n B - AB\|$$
$$\leqq \|A_n\|\,\|B_n - B\| + \|A_n - A\|\,\|B\|$$

folgt die erste und aus

$$\|A_n B_n x - ABx\| \leqq \|A_n\|\,\|B_n x - Bx\|$$
$$+ \|A_n(Bx) - A(Bx)\|$$

die zweite Behauptung.

Wir geben noch ein wichtiges Kriterium für die Regularität gewisser Operatoren und eine Reihendarstellung für den inversen Operator.

S a t z 5: *Für alle Operatoren $A \in L(\mathcal{H})$ mit $\|A\| < 1$ ist der Operator $I - A$ regulär, und es ist*

$$(I - A)^{-1} = \sum_{k=0}^{\infty} A^k \tag{21}$$

im Sinne der gleichmäßigen Konvergenz.

B e w e i s : Wegen $\|A\| < 1$ und $\|A^k\| \leqq \|A\|^k$ ist die in (21) rechts stehende Reihe absolut konvergent, also auch konvergent in der Operatornorm. Bezeichnen wir ihre Summe mit B, so haben wir $B \in L(\mathcal{H})$ und

$$B(I - A)\,x = Bx - BAx = \sum_{k=0}^{\infty} A^k x - \sum_{k=1}^{\infty} A^k x = A^0 x = x.$$

Ebenso ist $(I - A)\,Bx = x$. Es folgt $B(I - A)$ $= (I - A)\,B = I$, und (21) ist bewiesen.

Die Reihe in (21) entspricht genau der elementaren geometrischen Reihe. Sie wird gewöhnlich als *Neumannsche Reihe* bezeichnet.

2.4. Adjungierte Operatoren

Jedem beschränkten linearen Operator A in einem HILBERT-Raum $\mathscr{H}$ kann in natürlicher Weise ein *adjungierter Operator A^** zugeordnet werden.

Satz 1: *Zu jedem Operator $A \in L(\mathscr{H})$ gibt es genau einen Operator $A^* \in L(\mathscr{H})$ mit*

$$(Ax, y) = (x, A^*y)$$

für alle $x, y \in \mathscr{H}$, und es gilt

$$\|A^*\| = \|A\|. \tag{1}$$

Beweis: Durch $B(x, y) := (x, Ay)$ wird eine beschränkte Bilinearform in $\mathscr{H}$ definiert. Nach 2.2., Satz 3, gibt es genau einen linearen Operator $A^* \in L(\mathscr{H})$ mit $(A^*x, y) = B(x, y)$ vertauscht man x und y, so gilt $(Ax, y) = \overline{B(y, x)} = \overline{(A^*y, x)} = (x, A^*y)$ für alle $x, y \in \mathscr{H}$. Aus $|(A^*x, y)| = |(Ay, x)|$ und 2.1. (10) folgt $\|A^*\| = \|A\|$. Damit ist Satz 1 bewiesen.

Aus der Definitionsgleichung folgt unmittelbar, daß $A^{**} := (A^*)^* = A$ ist. Ferner gelten die Rechenregeln

$$(\lambda A)^* = \bar{\lambda} A^*, \tag{2}$$

$$(A + B)^* = A^* + B^*, \tag{3}$$

$$(AB)^* = B^* A^*. \tag{4}$$

Sie ergeben sich aus

$$((\lambda A)\, x, y) = \lambda(Ax, y) = \lambda(x, A^*y) = (x, \bar{\lambda} A^*y),$$
$$((A + B)\, x, y) = (Ax, y) + (Bx, y) = (x, A^*y) + (x, B^*y)$$
$$= (x, A^*y + B^*y),$$
$$((AB)\, x, y) = (Bx, A^*y) = (x, B^*A^*y).$$

Ist A regulär, so ist

$$A^*(A^{-1})^* = (A^{-1}A)^* = I^* = (AA^{-1})^* = (A^{-1})^* A^*.$$

Wegen $I^* = I$ ist also mit A auch A^* regulär, und es ist

$$(A^*)^{-1} = (A^{-1})^*. \tag{5}$$

Haben die Operatoren A bzw. A^* bezüglich einer orthonormierten Basis die Koordinatenmatrizen (a_{ik}) bzw. (a_{ik}^*), so haben wir

$$a_{ik}^* = (A^*e_k, e_i) = \overline{(e_i, A^*e_k)} = \overline{(Ae_i, e_k)} = \overline{a_{ki}}. \tag{6}$$

Die Koordinatenmatrix von A^* ergibt sich also, indem man die Koordinatenmatrix von A an der Hauptdiagonalen spiegelt und zu den konjugierten Werten übergeht.

Für den durch $A_n x := (x, e_n)\, e_1$ definierten Operator A_n gilt z. B. $a_{1n} = 1$, während alle anderen Koordinaten verschwinden. Demzufolge ist $A_n^* y = (y, e_1)\, e_n$. Während die Folge $(A_n x)$ für jedes $x \in \mathscr{H}$ gegen das Nullelement von $\mathscr{H}$ konvergiert, ist z. B. die Folge $(A_n^* e_1)$ nicht (stark) konvergent. Aus der punktweisen Konvergenz der Folge (A_n) kann also nicht auf die punktweise Konvergenz der Folge (A_n^*) geschlossen werden. Aus (1) kann man aber folgern, daß die gleichmäßige Konvergenz der Folge (A_n) auch die gleichmäßige Konvergenz der Folge (A_n^*) nach sich zieht.

Wir betrachten zwei weitere Beispiele.

Für Diagonaloperatoren ergibt sich aus (6) die Relation

$$[\lambda_0, \lambda_1, \ldots]^* = [\overline{\lambda}_0, \overline{\lambda}_1, \ldots].$$

Der Integraloperator $K \in L\big(L^2(\mathbf{R}^p)\big)$ werde vom quadratisch integrierbaren Kern $k(r, s) \in L^2(\mathbf{R}^{2p})$ erzeugt, und es sei

$$k^*(s, t) := \overline{k(t, s)}. \tag{7}$$

Dann ist stets

$$(K^*x, y) = (x, Ky) = \int\limits_{\mathbf{R}^p} x(r) \, \overline{\int\limits_{\mathbf{R}^p} k(r, s)\, y(s)\, \mathrm{d}s}\, \mathrm{d}r,$$

und aus dem Satz von FUBINI folgt

$$(K^*x, y) = \int\limits_{R^p} \left(\int\limits_{R^p} k^*(s, r)\, x(r)\, \mathrm{d}r \right) \overline{y(s)}\, \mathrm{d}s.$$

Ist also

$$x^*(s) := \int\limits_{R^p} k^*(s, t)\, x(t)\, \mathrm{d}t,$$

so haben wir $(K^*x, y) = (x^*, y)$ für alle $y \in L^2(R^p)$, und folglich ist $K^*x = x^*$. Dies besagt aber, daß K^* der vom Kern $k^*(s, t) = \overline{k(t, s)} \in L^2(R^{2p})$ erzeugte Integraloperator ist.

Zwischen den Wertebereichen und Nullräumen der Operatoren $A, A^* \in L(\mathscr{H})$ bestehen interessante Zusammenhänge.

Satz 2: *Der Nullraum des Operators A^* ist das orthogonale Komplement des Wertebereiches von A, d. h., es ist*

$$N(A^*) = R(A)^\perp. \tag{8}$$

Beweis: Es ist $A^*y = 0$ genau dann, wenn für $x \in \mathscr{H}$ stets $0 = (x, A^*y) = (Ax, y)$, also $y \perp Ax$ ist.

Ganz analog haben wir natürlich $N(A) = R(A^*)^\perp$.

Der vom linearen Raum $R(A)$ aufgespannte Unterraum ist der Abschluß $R(A)^a$ von $R(A)$, also $R(A)^a = \operatorname{span} R(A) = R(A)^{\perp\perp}$. Es folgt

$$R(A)^a = N(A^*)^\perp, \tag{9}$$

und analog ist $R(A^*)^a = N(A)^\perp$.

Wir wenden diese Beziehungen zunächst auf eine spezielle Klasse von Operatoren an. Ein Operator $A \in L(\mathscr{H})$ heißt *ausgeartet*, wenn sein Wertebereich endlich-dimensional ist. So ist z. B. der vom Kern

$$k(s, t) := \sum_{i=0}^{n} x_i(s)\, \overline{y_i(t)} \tag{10}$$

mit $x_i, y_i \in L^2(R^p)$ erzeugte Integraloperator ein ausgearteter Operator K im HILBERT-Raum $L^2(R^p)$, denn für alle $x \in L^2(\boldsymbol{R}^p)$ ist

$$(Kx)\,(s) = \int\limits_{\boldsymbol{R}^p} k(s,\,t)\,x(t)\,\mathrm{d}t = \sum_{i=0}^{n} x_i(s) \int\limits_{\boldsymbol{R}^p} x(t)\,\overline{y_i(t)}\,\mathrm{d}t\,,$$

$$Kx = \sum_{i=0}^{n} (x,\,y_i)\,x_i\,, \tag{11}$$

und folglich wird $R(K)$ von den Vektoren $x_0,\,\ldots,\,x_n$ aufgespannt.

Satz 3: *Mit $A \in L(\mathscr{H})$ ist auch A^* ausgeartet, und die Wertebereiche dieser Operatoren haben die gleiche Dimension.*

Beweis: Es sei S^* ein linear unabhängiges System in $R(A^*)$ und $S := \{Ay: y \in S^*\} \in R(A)$. Wir wollen zeigen, daß auch S linear unabhängig ist. Sind $z_0,\,\ldots,\,z_n$ paarweise verschiedene Elemente aus S und gilt $\lambda_0 z_0 + \cdots + \lambda_n z_n = 0$, so wählen wir $y_i \in S^*$ mit $z_i = Ay_i$ und $x_i \in \mathscr{H}$ mit $y_i = A^*x_i$. Dann müssen auch $y_0,\,\ldots,\,y_n$ paarweise verschieden sein. Mit $x := \lambda_0 x_0 + \cdots + \lambda_n x_n$ haben wir $AA^*x = \lambda_0 z_0 + \cdots + \lambda_n z_n = 0$, und es folgt $\|A^*x\|^2 = (AA^*x,\,x) = 0$. Somit ist $\lambda_0 y_0 + \cdots + \lambda_n y_n = A^*x = 0$, und da S^* linear unabhängig ist, folgt $\lambda_0 = \cdots = \lambda_n = 0$.

Zu jedem linear unabhängigen System in $\overline{R(A^*)}$ gibt es also ein linear unabhängiges System in $R(A)$ von gleichem Rang. Folglich ist $\dim R(A^*) \leqq \dim R(A)$, und auch A^* ist ausgeartet. Vertauschen wir nun im Beweis die Rollen von A und A^*, so erhalten wir $\dim R(A) \leqq \dim R(A^*)$, und folglich ist

$$\dim R(A) = \dim R(A^*)\,, \tag{12}$$

was zu beweisen war.

Satz 4: *Für jeden linearen Operator A in einem endlichdimensionalen Hilbert-Raum $\mathscr{H}$ ist*

$$\dim R(A) + \dim N(A) = \dim \mathscr{H}\,. \tag{13}$$

Beweis: Jedes Element $x \in \mathscr{H}$ kann nach Satz 2 auf genau eine Weise in der Form $x = x' + x''$ mit $x' \in N(A)$,

$x'' \in N(A)^\perp = R(A^*)^a = R(A^*)$ dargestellt werden. Daher ist dim $\mathscr{H} = \dim N(A) + \dim R(A^*)$, und mit (12) folgt die Behauptung.

Die Begriffe „Nullraum" und „Wertebereich" sowie die in diesem Zusammenhang bewiesenen Sätze erfahren wichtige Interpretationen in den Begriffsbildungen der Gleichungslehre. Es sei $A: E \to F$ ein linearer Operator und $y \in F$ vorgegeben. Wir betrachten „lineare Gleichungen" der Form

$$Ax = y. \tag{14}$$

Im Falle zweier endlichdimensionaler Räume E, F handelt es sich also um die Grundaufgabe der linearen Algebra.

Ist $y = 0$ in (14), so heißt die Gleichung *homogen*, im anderen Fall *inhomogen*. Ein Element x_0 ist Lösung der homogenen Gleichung $Ax = 0$ genau dann, wenn x_0 im Nullraum von A liegt, und die Lösungsmannigfaltigkeit der homogenen Gleichung ist im Falle eines stetigen Operators A ein Unterraum von E. Die Gleichung (14) ist lösbar genau dann, wenn y im Wertebereich von A liegt.

Die Gleichung (13) stellt einen Spezialfall eines bekannten Satzes der linearen Algebra dar, denn in der Sprache der Matrizentheorie ist $r := \dim R(A)$ der *Rang der Matrix* und $s := \dim N(A)$ der *Rang des Lösungsraumes* der homogenen Gleichung $Ax = 0$.

Im endlich-dimensionalen Fall sind mit der Aufzählung der Fälle $y \in R(A)$ und $y \notin R(A)$ bereits alle Möglichkeiten bezüglich der Lösbarkeit der Gleichung (14) erschöpft. In unendlich-dimensionalen Räumen ist eine feinere Klassifizierung interessant, nämlich der Fall, daß y zwar nicht im Wertebereich von A aber doch wenigstens in dessen Abschluß liegt. In diesem Fall gibt es eine Folge von Elementen $x_n \in E$ mit $Ax_n \to y$, und wir sagen, die Gleichung (14) sei *nur approximativ lösbar*.

Für die Gleichung $Ax = y$, in der das Element y und der stetige Operator A gegeben sind, liegt also genau einer der folgenden Fälle vor:

(a) $y \in R(A)$,

(b) $y \in R(A)^a \setminus R(A)$,

(c) $y \notin R(A)^a$.

Liegt Fall (a) oder (b) vor, d. h., ist $y \in R(A)^a$, so sagen wir, die Gleichung (12) sei *mindestens approximativ* lösbar. In den Fällen (b), (c) ist die Gleichung (14) nicht lösbar. Der Fall (b) entfällt, wenn der Wertebereich von A abgeschlossen ist. In HILBERT-Räumen gilt demzufolge

Satz 5: *Ist der Wertebereich eines Operators $A \in L(\mathcal{H})$ abgeschlossen, so ist die Gleichung $Ax = y$ lösbar genau dann, wenn y zu allen Lösungen z der adjungierten homogenen Gleichung $A^*z = 0$ orthogonal ist.*

Beweis: Wegen (9) ist $y \in R(A) = R(A)^a$ genau dann, wenn $y \perp N(A^*)$ ist.

Die Voraussetzungen von Satz 5 sind sicherlich erfüllt, wenn A ausgeartet ist, denn jeder endlich-dimensionale Teilraum ist abgeschlossen.

Wir stellen ein weiteres Kriterium für die Abgeschlossenheit von $R(A)$ bereit.

Satz 6: *Gibt es zu einem Operator $A \in L(\mathcal{H})$ ein $\varepsilon > 0$ mit*

$$\|Ax\| \geqq \varepsilon \|x\|, \quad falls \quad x \perp N(A), \tag{15}$$

so ist sein Wertebereich abgeschlossen.

Beweis: Es sei $x \in R(A)^a$. Wir wählen Elemente $z_n \in \mathcal{H}$ mit $Az_n \to x$ und zerlegen z_n in der Form $z_n = z_n{}' + z_n{}''$ mit $z_n{}' \in N(A)$ und $z_n{}'' \perp N(A)$. Dann ist

$$\|z_m{}'' - z_n{}''\| \leqq \varepsilon^{-1} \|A(z_m{}'' - z_n{}'')\| = \varepsilon^{-1} \|A(z_m - z_n)\|$$
$$= \varepsilon^{-1} \|Az_m - Az_n\|.$$

Somit ist $(z_n{}'')$ ebenso wie (Az_n) eine Fundamentalfolge in $\mathcal{H}$, die gegen ein Element $z \in \mathcal{H}$ konvergiert. Wir haben also

$$x = \lim_{n\to\infty} A z_n = \lim_{n\to\infty} A z_n'' = Az \in R(A),$$

und Satz 6 ist bewiesen.

In der Gleichung (14) liegt natürlich der günstigste Fall vor, wenn A regulär ist. Die Gleichung hat dann die eindeutig bestimmte Lösung $x = A^{-1}y$. Wir entwickeln weitere Kriterien für die Regularität.

Satz 7: *Ein Operator $A \in L(\mathscr{H})$ ist regulär genau dann, wenn es ein $\varepsilon > 0$ mit*

$$\|Ax\| \geqq \varepsilon\|x\|, \qquad \|A^*x\| \geqq \varepsilon \|x\| \qquad (x \in \mathscr{H}) \qquad (16)$$

gibt.

Beweis: Ist A regulär, so haben wir

$$\|A^{-1}\| \, \|Ax\| \geqq \|A^{-1}Ax\| = \|x\|,$$

und die erste Gleichung (16) ist mit $\varepsilon := \|A^{-1}\|^{-1}$ erfüllt. Ebenso wird die zweite bewiesen.

Es seien umgekehrt diese Bedingungen erfüllt. Da aus $Ax = 0$ stets $\|x\| \leqq \varepsilon^{-1} \|Ax\| = 0$, also $x = 0$ folgt, besteht $N(A)$ und ebenso auch $N(A^*)$ nur aus dem Nullelement. Daher ist A injektiv.

Der Wertebereich von A ist nach Satz 6 abgeschlossen, und es folgt $R(A) = R(A)^a = N(A^*)^{\perp} = \mathscr{H}$. Somit ist der inverse Operator $A^{-1}: R(A) \to \mathscr{H}$ überall definiert. Ist $y \in \mathscr{H}$ und $x := A^{-1}y$, so haben wir $\|A^{-1}y\| = \|x\| \leqq \varepsilon^{-1} \|Ax\| = \varepsilon^{-1} \|y\|$, und A^{-1} ist beschränkt.

Wir beweisen jetzt einen etwas tiefer liegenden Satz. In Satz 1 haben wir gezeigt, daß die Beschränktheit eines linearen Operators in $\mathscr{H}$ hinreichend für die Existenz des adjungierten Operators ist. Der folgende Satz gibt eine gewisse Umkehrung dieses Sachverhalts. Er ist insofern interessant, als in den Voraussetzungen keinerlei Aussagen über Beschränktheit enthalten sind.

Satz 8: *Gibt es zu einem Operator $A: \mathcal{H} \to \mathcal{H}$ einen in $\mathcal{H}$ dichten Teilraum $\mathcal{H}_0$ und einen linearen Operator $B_0: \mathcal{H}_0 \to \mathcal{H}$ mit $(Ax, y) = (x, B_0 y)$ für alle $x \in \mathcal{H}$ und alle $y \in \mathcal{H}_0$, so ist A ein beschränkter linearer Operator in $\mathcal{H}$.*

Beweis: Wir zeigen zuerst, daß der Operator B_0 beschränkt ist. Nehmen wir an, dies sei nicht der Fall. Wir konstruieren induktiv Vektoren e_n, y_n wie folgt. Wir wählen einen Einheitsvektor $e_0 \in \mathcal{H}_0$ mit $B_0 e_0 \neq 0$ und setzen $y_0 := 0$. Sind e_n, y_n schon konstruiert, so wählen wir einen Einheitsvektor $e_{n+1} \in \mathcal{H}_0$ mit

$$\|B_0 e_{n+1}\| > 2 \|B_0 e_n\| (n + 1 + \|A y_n\|). \qquad (17)$$

Das ist möglich, weil B_0 als nicht beschränkt vorausgesetzt wurde. Ferner sei

$$y_{n+1} := y_n + \frac{B_0 e_{n+1}}{2 \|B_0 e_{n+1}\| \, \|B_0 e_n\|}. \qquad (18)$$

Für $k > 0$ ist auf Grund dieser Konstruktion

$$\|B_0 e_{n+k}\| \geq 2 \|B_0 e_{n+k-1}\| \geq \cdots \geq 2^k \|B_0 e_n\|,$$

$$\|y_{n+k} - y_n\| \leq \sum_{j=0}^{k-1} \|y_{n+j+1} - y_{n+j}\| = \sum_{j=0}^{k-1} \frac{1}{2 \|B_0 e_{n+j}\|}$$

$$\leq \sum_{j=0}^{k-1} \frac{1}{2^{j+1} \|B_0 e_n\|} \leq \frac{1}{\|B_0 e_n\|}.$$

Die rechte Seite strebt wegen (17) gegen Null für $n \to \infty$, und (y_n) ist eine Fundamentalfolge, die einen Grenzwert $y \in \mathcal{H}$ besitzt. Für $k \to \infty$ ergibt sich aus der letzten Ungleichung

$$\|y - y_n\| \, \|B_0 e_n\| \leq 1 \qquad (n \in \mathbf{N}).$$

Hiermit und mit (17), (18) erhalten wir

$$1 + n + \|A y_n\| < \frac{\|B_0 e_{n+1}\|}{2 \|B_0 e_n\|} = (y_{n+1} - y_n, B_0 e_{n+1})$$

$$\leq |(y - y_{n+1}, B_0 e_{n+1})| + |(y, B_0 e_{n+1})| + |(y_n, B_0 e_{n+1})|$$

$$\leq \|y - y_{n+1}\| \, \|B_0 e_{n+1}\| + |(A y, e_{n+1})| + |(A y_n, e_{n+1})|$$

$$\leq 1 + \|A y\| + \|A y_n\|.$$

Damit sind wir zum Widerspruch $n < \|Ay\|$ für alle $n \in \mathbf{N}$ gelangt. Der Operator $B_0: \mathscr{H}_0 \to \mathscr{H}$ ist also beschränkt und kann nach 2.2., Satz 11, zu einem Operator $B \in L(\mathscr{H})$ fortgesetzt werden. Zu $y \in \mathscr{H}$ gibt es Elemente $y_n \in \mathscr{H}_0$ mit $y_n \to y$. Es folgt

$$(Ax, y) = \lim_{n \to \infty} (Ax, y_n) = \lim_{n \to \infty} (x, B_0 y_n) = \lim_{n \to \infty} (x, By_n)$$
$$= (x, By),$$

d. h., es ist $A = B^* \in L(\mathscr{H})$, und Satz 8 ist bewiesen.

Jetzt kann ein bereits angekündigter Satz bewiesen werden, nämlich daß jeder bijektive Operator $A \in L(\mathscr{H})$ regulär ist.

Satz 9: *Ein Operator $A \in L(\mathscr{H})$ ist regulär genau dann, wenn er den Raum $\mathscr{H}$ umkehrbar eindeutig auf sich abbildet, d. h., wenn aus $Ax = 0$ stets $x = 0$ folgt und wenn sein Wertebereich der ganze Raum $\mathscr{H}$ ist.*

Beweis: Die Notwendigkeit der Bedingungen

$$N(A) = \{0\}, \qquad R(A) = \mathscr{H} \tag{19}$$

wurde bereits im vorigen Abschnitt überprüft.

Ist umgekehrt (19) erfüllt, so ist auch $N(A^*) = R(A)^\perp = \{0\}$, und A und A^* sind injektiv. Der Wertebereich von A ist der ganze Raum $\mathscr{H}$ und der Wertebereich $\mathscr{H}_0 := R(A^*)$ des Operators A^* liegt wegen $R(A^*)^a = N(A)^\perp = \mathscr{H}$ dicht in $\mathscr{H}$. Setzen wir $B_0 := (A^*)^{-1}$, so ist $B_0: \mathscr{H}_0 \to \mathscr{H}$ ein linearer Operator. Für alle $x \in \mathscr{H}$ ist $AA^{-1}x = x$ und für alle $y \in \mathscr{H}_0$ ist $A^* B_0 y = y$, also

$$(A^{-1}x, y) = (A^{-1}x, A^* B_0 y) = (AA^{-1}x, B_0 y) = (x, B_0 y).$$

Nach Satz 8 ist $A^{-1} \in L(\mathscr{H})$.

2.5. *Resolventenmenge und Spektrum*

In vielen Anwendungen, insbesondere bei der Behandlung von Schwingungsproblemen stößt man auf Gleichungen der Form

$$Ax - \lambda x = y, \tag{1}$$

wobei A ein linearer Operator, y ein gegebenes Element des Raumes $\mathcal{H}$ und λ ein reeller oder komplexer Parameter ist, der häufig die Frequenz des Schwingungsvorgangs charakterisiert. Die Gleichung (1) kann auch in der Form $(A - \lambda I)\,x = y$ geschrieben werden.

Definition 1: Eine komplexe Zahl λ heißt ein *regulärer Wert* des Operators $A \in L(\mathcal{H})$, wenn der Operator $A - \lambda I$ regulär ist.

Ist λ ein regulärer Wert des Operators A, so ergibt sich aus (1), wenn wir links den Operator $(A - \lambda I)^{-1} \in L(\mathcal{H})$ anwenden, mit $x = (A - \lambda I)^{-1} y$ die eindeutig bestimmte Lösung der Gleichung (1). Daher heißt der Operator

$$R_\lambda := (A - \lambda I)^{-1} \tag{2}$$

die zum regulären Wert λ gehörende *Resolvente* (solvere = lösen) des Operators $A \in L(\mathcal{H})$.

Definition 2: Die Menge $\varrho(A)$ aller regulären Werte $\lambda \in C$ eines Operators $A \in L(\mathcal{H})$ heißt die *Resolventenmenge* des Operators. Ihre Komplementärmenge

$$\sigma(A) := \{\lambda \in C \colon \lambda \notin \varrho(A)\} \tag{3}$$

heißt das *Spektrum* des Operators A.

Die letztere Bezeichnung rührt daher, daß den Atomen eines bestimmten Stoffes gewisse (allerdings nicht beschränkte) Operatoren zugeordnet werden können, deren „optisches Spektrum" gerade durch das in dieser Weise definierte Spektrum $\sigma(A)$ charakterisiert werden kann.

Satz 1: *Die Resolventenmenge eines Operators $A \in L(\mathcal{H})$ ist eine offene Teilmenge, das Spektrum demzufolge eine abgeschlossene Teilmenge der Menge aller komplexen Zahlen.*

Beweis: Wir haben zu zeigen, daß zu jedem regulären Wert $\lambda \in C$ eine Umgebung $U \subseteq C$ von λ existiert, die nur aus regulären Werten besteht. Wird R_λ durch (2) definiert, so ist

$$A - \mu I = (A - \lambda I) - (\mu - \lambda) I$$
$$= (A - \lambda I)\big(I - (\mu - \lambda) R_\lambda\big).$$

Somit ist $A - \mu I$ genau dann regulär, wenn der Operator $I - (\mu - \lambda) R_\lambda$ regulär ist. Dies ist gesichert, wenn $\|(\mu - \lambda) R_\lambda\| = |\mu - \lambda| \, \|R_\lambda\| < 1$ ist. Daher sind mit λ auch alle komplexen Zahlen μ mit $|\mu - \lambda| < \|R_\lambda\|^{-1}$ regulär, und Satz 1 ist bewiesen.

Satz 2: *Das Spektrum eines Operators $A \in L(\mathcal{H})$ liegt im Kreis um den Nullpunkt mit dem Radius $\|A\|$, d. h., es ist*

$$\sigma(A) \subseteq \{\lambda \in \boldsymbol{C}\colon |\lambda| \leq \|A\|\}. \tag{4}$$

Beweis: Für $|\lambda| > \|A\|$ ist $\|\lambda^{-1}A\| < 1$, und $I - \lambda^{-1}A$ ist regulär. Dann ist aber auch $A - \lambda I = (-\lambda I)(I - \lambda^{-1}A)$ regulär. Somit gehören alle außerhalb des Kreises mit dem Radius $\|A\|$ liegenden Punkte von $\boldsymbol{C}$ zur Resolventenmenge von A, und (4) ist bewiesen.

Wir machen uns die Begriffsbildungen am Beispiel des Diagonaloperators $A := [\lambda_0, \lambda_1, \ldots]$ klar. Es ist $A - \lambda I = [\lambda_0 - \lambda, \lambda_1 - \lambda, \ldots]$. Ist $\lambda = \lambda_i$, so ist $e_i \notin R(A - \lambda I)$, und $A - \lambda I$ ist nicht regulär. Alle Zahlen λ_i liegen also im Spektrum. Ist λ ein von allen λ_i verschiedener Häufungspunkt der Folge (λ_i), so gibt es eine Teilfolge (λ_{n_i}) mit $\lambda_{n_i} \to \lambda$, und es folgt $(A - \lambda I) e_{n_i} = (\lambda_{n_i} - \lambda) e_{n_i} \to 0$. Nach 2.4., Satz 7, ist $A - \lambda I$ nicht regulär. Somit liegt λ ebenfalls im Spektrum. Ist aber λ von allen λ_i verschieden und auch kein Häufungspunkt der Folge (λ_i), so ist die Folge $\big((\lambda_i - \lambda)^{-1}\big)$ beschränkt und damit $(A - \lambda I)^{-1} = [(\lambda_0 - \lambda)^{-1}, (\lambda_1 - \lambda)^{-1}, \ldots]$, d. h., λ ist regulär. Das Spektrum von A besteht also genau aus den Zahlen λ_i und den Häufungswerten der Folge (λ_i).

Definition 3: Eine komplexe Zahl λ heißt ein *Eigenwert* des Operators $A \in L(\mathcal{H})$, wenn es einen Vektor $x \neq 0$ mit

$$Ax = \lambda x \tag{5}$$

gibt. Jeder Vektor $x \neq 0$, der (5) erfüllt, heißt ein zu λ gehörender *Eigenvektor* von A. Der Nullraum

$$N(A - \lambda I) = \{x \in \mathscr{H} : Ax = \lambda x\}$$

von $A - \lambda I$ heißt der zu λ gehörende *Eigenraum* von A, seine Dimension die *Vielfachheit* des Eigenwertes.

Hiernach ist λ Eigenwert genau dann, wenn der zu λ gehörende Eigenraum nicht nur aus dem Nullelement besteht. Jeder Eigenwert λ gehört zum Spektrum von A, denn ist $N(A - \lambda I) \neq \{0\}$, so ist $R\big((A - \lambda I)^*\big) \neq \mathscr{H}$, und $(A - \lambda I)^*$ ist nicht regulär. Ist $A = [\lambda_0, \lambda_1, \ldots]$, so ist $Ax = \lambda x$ genau dann, wenn stets $(\lambda_i - \lambda)\,\xi_i = 0$ ist. Im Falle $x \neq 0$ gibt es ein i mit $\xi_i \neq 0$, d. h., es ist $\lambda = \lambda_i$. Umgekehrt ist $Ae_i = \lambda_i e_i$, d. h., die Eigenwerte eines Diagonaloperators sind genau die in der Hauptdiagonalen stehenden Elemente. Das Spektrum kann aber auch von den Eigenwerten verschiedene Elemente umfassen.

Satz 3: *Eigenvektoren $x_0, \ldots, x_n$ eines Operators $A \in L(\mathscr{H})$, die zu paarweise verschiedenen Eigenwerten $\lambda_0, \ldots, \lambda_n$ gehören, sind linear unabhängig.*

Beweis: Das System $\{x_0\}$ ist wegen $x_0 \neq 0$ linear unabhängig. Das System $\{x_0, \ldots, x_{k-1}\}$ sei linear unabhängig, und es sei

$$c_0 x_0 + \cdots + c_k x_k = 0. \tag{6}$$

Wir erhalten, wenn wir den Operator $A - \lambda_k I$ anwenden,

$$c_0(\lambda_0 - \lambda_k)\,x_0 + \cdots + c_{k-1}(\lambda_{k-1} - \lambda_k)\,x_{k-1} = 0,$$

also $c_0(\lambda_0 - \lambda_k) = \cdots = c_{k-1}(\lambda_{k-1} - \lambda_k) = 0$. Das ist nur für $c_0 = \cdots = c_{k-1} = 0$ möglich, da alle λ_i verschieden sind. Aus (6) und $x_k \neq 0$ folgt nun $c_k = 0$, d. h., das System $\{x_0, \ldots, x_k\}$ ist linear unabhängig. Die Behauptung ist damit durch Induktion bewiesen.

Das Spektrum eines Operators A hängt in sehr einfacher Weise mit dem Spektrum des adjungierten Operators zusammen.

Satz 4: *Für jeden Operator $A \in L(\mathscr{H})$ besteht das*

Spektrum von A^* genau aus den Punkten $\bar{\lambda}$ mit $\lambda \in \sigma(A)$,

$$\sigma(A^*) = \{\bar{\lambda} \in C : \lambda \in \sigma(A)\}. \tag{7}$$

Beweis: Der Operator $A^* - \bar{\lambda}I$ ist regulär genau dann, wenn sein adjungierter Operator $A - \lambda I$ regulär ist. Somit gilt $\bar{\lambda} \in \varrho(A^*)$ genau dann, wenn $\lambda \in \varrho(A)$ ist. Dies ist mit der Behauptung äquivalent.

Ist λ ein Eigenwert von A, so liegt zwar $\bar{\lambda}$ im Spektrum von A^*, muß aber nicht notwendig ein Eigenwert von A^* sein.

2.6.   Selbstadjungierte Operatoren

Ein Operator $A \in L(\mathscr{H})$ heißt *selbstadjungiert*, wenn er mit seinem adjungierten Operator übereinstimmt, d. h. wenn $A = A^*$ ist. Solche Operatoren sind für zahlreiche Anwendungen in Mathematik, Physik und Naturwissenschaften von hervorragender Bedeutung. Ihre Struktur ist weitgehend erforscht.

Hat der Operator A die Koordinatenmatrix (a_{ik}), so ist A selbstadjungiert genau dann, wenn stets

$$a_{ki} = \overline{a_{ik}} \tag{1}$$

ist, d. h. wenn alle Elemente a_{ii} der Hauptdiagonalen reell und spiegelbildlich zur Hauptdiagonalen liegende Elemente konjugiert komplex sind. So ist z. B.

$$\mathfrak{A} = \begin{pmatrix} 3 & 1-i & 2+3i \\ 1+i & 4 & 1 \\ 2-3i & 1 & 0 \end{pmatrix}$$

die Koordinatenmatrix eines selbstadjungierten Operators.

Satz 1: *Ein Operator $A \in L(\mathscr{H})$ ist selbstadjungiert genau dann, wenn (Ax, x) für alle $x \in \mathscr{H}$ reellwertig ist.*

Beweis: Es sei $B(x, y) := (Ax, y)$. Die zugehörige quadratische Form $Q(x) := (Ax, x)$ ist nach 2.4., Satz 4, reellwertig genau dann, wenn stets $B(x, y) = \overline{B(y, x)}$, also $(Ax, y) = \overline{(Ay, x)} = (x, Ay)$, d. h., wenn $A^* = A$ ist.

Für selbstadjungierte Operatoren gibt es eine vierte Möglichkeit, die Norm zu berechnen.

Satz 2: *Für selbstadjungierte Operatoren $A \in L(\mathscr{H})$ ist*

$$\|A\| = \sup_{\|x\| \leq 1} |(Ax, x)|. \tag{2}$$

Beweis: Zunächst ist

$$K := \sup_{\|x\| \leq 1} |(Ax, x)| \leq \sup_{\|x\|, \|y\| \leq 1} |(Ax, y)| = \|A\|.$$

Andererseits ist stets $|(Ax, x)| \leq K \|x\|^2$, also
$$2 |(Ay, z) + (Az, y)|$$
$$= |(A(y + z), y + z) - (A(y - z, y - z)|$$
$$\leq K(\|y + z\|^2 + \|y - z\|^2) = 2K(\|y\|^2 + \|z\|^2).$$

Ist $Ax = 0$, so ist $\|Ax\| \leq K \|x\|$. Ist $Ax \neq 0$, so setzen wir

$$y := \sqrt{\frac{\|Ax\|}{\|x\|}}\, x, \quad z := \sqrt{\frac{\|x\|}{\|Ax\|}}\, Ax,$$

und die letzte Abschätzung geht in $4\|Ax\|^2 \leq 4K \|x\| \cdot \|Ax\|$, also $\|Ax\| \leq K \|x\|$ über. Somit ist auch $\|A\| \leq K$.

Satz 3: *Das Produkt zweier selbstadjungierter Operatoren $A, B \in L(\mathscr{H})$ ist selbstadjungiert genau dann, wenn die Operatoren vertauschbar sind.*

Beweis: Das folgt aus $(AB)^* = B^*A^* = BA$.

Für selbstadjungierte Operatoren $A \in L(\mathscr{H})$ nehmen die Relationen zwischen Nullräumen und Wertebereichen die einfachere Form $N(A) = R(A)^\perp$, $R(A)^a = N(A)^\perp$ an. Ferner ist

$$N(A) = N(A^2) = N(A^3) = \cdots. \tag{3}$$

In der Tat gilt natürlich $N(A^k) \subseteq N(A^{k+1})$. Die umgekehrte Inklusion beweisen wir durch Induktion. Ist $N(A^k) \subseteq N(A)$ für ein $k \geq 1$ erfüllt und gilt $x \in N(A^{k+1})$, also $A^{k+1}x = 0$, so ist auch $A^{2k}x = 0$ und damit $\|A^k x\|^2 = (A^{2k}x, x) = 0$, $A^k x = 0$, d. h., es ist $x \in N(A^k) \subseteqq N(A)$. Damit ist (3) bewiesen.

Ein selbstadjungierter Operator $A \in L(\mathscr{H})$ ist nach 2.4., Satz 7, regulär genau dann, wenn es ein $\varepsilon > 0$ mit

$$\|Ax\| \geqq \varepsilon \|x\| \qquad (x \in \mathscr{H}) \tag{4}$$

gibt, und auch A^{-1} ist selbstadjungiert.

Satz 4: *Das Spektrum eines selbstadjungierten Operators $A \in L(\mathscr{H})$ besteht höchstens aus reellen Zahlen.*

Beweis: Aus $(ix, Ax) + (Ax, ix) = i(Ax, x) - i(Ax, x) = 0$ folgt

$$\|(A \pm iI)\, x\|^2 = \|Ax\|^2 + \|x\|^2 \geqq \|x\|^2,$$

und nach 2.4., Satz 7 ist $A - iI$ regulär. Es sei $\lambda = \lambda_1 + i\lambda_2$ mit $\lambda_1, \lambda_2 \in \boldsymbol{R}$, $\lambda_2 \neq 0$. Der Operator $B := \lambda_2^{-1}(A - \lambda_1 I)$ ist selbstadjungiert, und nach dem Bewiesenen ist $B - iI$ regulär. Dann ist aber auch $\lambda_2(B - iI) = A - \lambda I$ regulär. Jede nicht reelle Zahl $\lambda \in \boldsymbol{C}$ liegt also in $\varrho(A)$, und Satz 4 ist bewiesen.

Insbesondere ist hiernach jeder Eigenwert eines selbstadjungierten Operators reell.

Satz 5: *Eigenvektoren eines selbstadjungierten Operators $A \in L(\mathscr{H})$, die zu verschiedenen Eigenwerten gehören, sind orthogonal.*

Beweis: Aus $Ax_i = \lambda_i x_i$ $(i = 1, 2; \lambda_1 \neq \lambda_2; x_1, x_2 \neq 0)$ folgt $\lambda_1, \lambda_2 \in \boldsymbol{R}$ und

$$(\lambda_1 - \lambda_2)\,(x_1, x_2) = (\lambda_1 x_1, x_2) - (x_1, \lambda_2 x_2)$$
$$= (Ax_1, x_2) - (x_1, Ax_2) = 0.$$

Wegen $\lambda_1 \neq \lambda_2$ ist $x_1 \perp x_2$.

Satz 6: *Das Spektrum eines selbstadjungierten Operators $A \in L(\mathscr{H})$ ist im abgeschlossenen Intervall mit den End-*

punkten

$$m = m_A := \inf_{\|x\| \leq 1} (Ax, x), \tag{5}$$

$$M = M_A := \sup_{\|x\| \leq 1} (Ax, x) \tag{6}$$

enthalten.

Beweis: Die Zahl λ liege im Spektrum von A. Dann ist λ reell. Die Bedingung (4) mit $A - \lambda I$ statt A ist nicht erfüllt, und folglich gibt es eine Folge von Einheitsvektoren e_n mit $\|(A - \lambda I) e_n\| \to 0$, also $(A - \lambda I) e_n \to 0$. Wegen der Ungleichung $m \leq (Ae_n, e_n) \leq M$ haben wir $m - \lambda \leq \big((A - \lambda I) e_n, e_n\big) \leq M - \lambda$. Der Grenzübergang $n \to \infty$ ergibt $m - \lambda \leq 0 \leq M - \lambda$, also $m \leq \lambda \leq M$, und Satz 6 ist bewiesen.

Aus (2), (5), (6) können wir noch ablesen, daß die Norm von A die größere der beiden Zahlen $|m|$, $|M|$ ist. Da aus $|m| < |M|$ stets $|M| = M$ folgt, haben wir

$$\|A\| = \max \{|m|, M\}. \tag{7}$$

Die Zahlen m, M heißen die *untere* bzw. *obere Grenze*, das abgeschlossene Intervall $[m, M]$ heißt das *Spektralintervall* des selbstadjungierten Operators A.

Ein wesentliches Hilfsmittel für die Untersuchung selbstadjungierter Operatoren ist die Einführung einer teilweisen Ordnung in der Menge aller selbstadjungierten Operatoren $A \in L(\mathscr{H})$.

Definition 1: Ein Operator $A \in L(\mathscr{H})$ heißt *positiv*, wenn stets

$$(Ax, x) \geq 0 \qquad (x \in \mathscr{H}) \tag{8}$$

ist.

Insbesondere gilt also für positive Operatoren $A \in L(\mathscr{H})$ stets $(Ax, x) \in \boldsymbol{R}$, d. h., jeder positive Operator ist selbstadjungiert. Ist $A = [\lambda_0, \lambda_1, \ldots]$ ein Diagonaloperator, so ist

$$(Ax, x) = \sum_{k=0}^{\infty} \lambda_k \, |(x, e_k)|^2,$$

und folglich ist A positiv genau dann, wenn $\lambda_k \geq 0$

($k \in N$) ist. Für beliebige selbstadjungierte Operatoren ist diese Frage ohne weitere Hilfsmittel nicht leicht zu entscheiden. Man prüfe z. B., ob

$$A := \begin{pmatrix} 1 & -2 + i \\ -2 - i & 4 \end{pmatrix}$$

positiv ist oder nicht!

Eine Übertragung des Beweisgedankens der SCHWARZschen Ungleichung führt zu

Satz 7: *Für alle positiven Operatoren A gilt die verallgemeinerte Schwarzsche Ungleichung*

$$|(Ax, y)|^2 \leqq (Ax, x)\,(Ay, y). \tag{9}$$

Beweis: Wir wählen eine reelle Zahl α mit $e^{i\alpha}(Ax, y) = |(Ax, y)|$. Ist dann $t \in R$ und $\lambda := te^{i\alpha}$, so gilt

$$0 \leqq \big(A\,(\lambda x + y),\, \lambda x + y\big) = |\lambda|^2\,(Ax, x) + 2\mathrm{Re}\,\lambda(Ax, y)$$
$$+ (Ay, y) = t^2(Ax, x) + 2t\,|(Ax, y)| + (Ay, y).$$

Dies ist nur möglich, wenn die Diskriminante der rechts stehenden (reellen) quadratischen Funktion in t nicht positiv, also

$$|(Ax, y)|^2 - (Ax, x)\,(Ay, y) \leqq 0$$

ist.

Sind A, $B \in L(\mathcal{H})$ selbstadjungierte Operatoren, so schreiben wir $A \leqq B$ oder $B \geqq A$ genau dann, wenn $B - A$ positiv, d. h. wenn stets

$$(Ax, x) \leqq (Bx, x) \qquad (x \in \mathcal{H}) \tag{10}$$

ist.

Wir leiten einige Eigenschaften dieser Relation her.

Satz 8: *Für alle selbstadjungierten Operatoren A, B, $C \in L(\mathcal{H})$ und alle $T \in L(\mathcal{H})$ gilt:*

(a) *Aus $A \leqq B$ und $B \leqq C$ folgt $A \leqq C$.*

(b) *Aus $A \leqq B$ folgt $A + C \leqq B + C$.*

(c) *Aus $A \leqq B$ und $B \leqq A$ folgt $A = B$.*

(d) *Aus $A \geqq 0$ folgt $T^*AT \geqq 0$.*

(e) *Aus $A \geqq 0$ folgt $A^n \geqq 0$.*

(f) *Aus $K \in \mathbf{R}$ und $0 \leqq A \leqq KI$ folgt $A^2 \leqq KA$.*

Beweis: Die Behauptungen (a), (b) folgen unmittelbar aus der Definition. Aus $A \leqq B$ und $B \leqq A$ folgt $(Ax, x) = (Bx, x)$ für alle $x \in H$. Wie im Abschnitt 2.2. bewiesen wurde, muß dann $A = B$ sein. Aus $A \geqq 0$ folgt $(T^*ATx,x) = (ATx, Tx) \geqq 0$, und es gilt (d). Für $n = 2k$ ist stets $(A^nx, x) = \|A^kx\|^2 \geqq 0$, und für $n = 2k + 1$ und $A \geqq 0$ ist $(A^nx, x) = (AA^kx, A^kx) \geqq 0$. Somit gilt (e). Aus $0 \leqq A \leqq KI$ und der verallgemeinerten Schwarzschen Ungleichung folgt, wenn wir $y := Ax$ setzen,

$$\|Ax\|^4 = (Ax, y)^2 \leqq (Ax, x)\,(Ay, y) \leqq (Ax, x)\,K(y, y)$$
$$= K(Ax, x)\,\|Ax\|^2.$$

Ist $Ax \neq 0$, so haben wir also $(A^2x, x) = \|Ax\|^2 \leqq K(Ax, x)$, und dies bleibt auch für $Ax = 0$ richtig. Damit ist Satz 8 bewiesen, und die Relation ist eine (Halb-) Ordnungsrelation.

Aus den Definitionen (5) und (6) der Grenzen und der Ordnungsrelation ergeben sich die Ungleichungen

$$mI \leqq A \leqq MI. \tag{11}$$

Es ist also $0 \leqq A - mI \leqq (M - m)\,I$, und aus (f) in Satz 8 folgt

$$(A - mI)^2 \leqq (M - m)\,(A - mI). \tag{12}$$

Eine elementare Umformung zeigt, daß diese Ungleichung äquivalent ist mit

$$(MI - A)\,(A - mI) \geqq 0. \tag{13}$$

Satz 9: *Die Grenzen eines jeden selbstadjungierten Operators $A \in L(\mathscr{H})$ gehören zum Spektrum von A.*

Beweis: Nach Definition von m gibt es eine Folge von Einheitsvektoren mit $(Ae_n, e_n) \to m$. Aus (12) folgt

$$\|(A - mI)\,e_n\|^2 = \big((A - mI)^2\,e_n, e_n\big)$$
$$\leqq (M - m)\big((A - mI)\,e_n, e_n\big) \to 0,$$

und folglich gilt $(A - mI)\,e_n \to 0$. Somit ist $A - mI$ nicht regulär, und m gehört zum Spektrum. Sind m_0, M_0 die Grenzen des Operators $A_0 := -A$, so ist $m_0 = -M$, und der Operator $A - MI = -(A_0 - m_0 I)$ ist nicht regulär. Daher gehört auch M zum Spektrum von A.

Das Spektrum eines jeden selbstadjungierten Operators $A \in L(\mathscr{H})$ enthält also stets eine reelle Zahl.

Für Folgen von selbstadjungierten Operatoren $A_n \in L(\mathscr{H})$ kann ein weiteres wichtiges Konvergenzkriterium hergeleitet werden. Zunächst bemerken wir, daß der Grenzwert A einer jeden in einem beliebigen Sinne konvergenten Folge von selbstadjungierten Operatoren $A_n \in L(\mathscr{H})$ wieder selbstadjungiert ist, denn in jedem Fall gilt $(A_n x, x) \to (Ax, x) \in \mathbf{R}$ für $x \in \mathscr{H}$.

Eine Folge von Operatoren $A_n \in L(\mathscr{H})$ heißt *beschränkt*, wenn es eine Zahl K mit $\|A_n\| \leq K$ für alle $n \in N$ gibt. Im Falle $A_n{}^* = A_n$ ist hiermit die Ungleichung $-KI \leq A_n \leq KI$ gleichwertig. Gibt es umgekehrt Zahlen $K_1, K_2 \in \mathbf{R}$ mit $K_1 I \leq A_n \leq K_2 I$, so ist $\|A_n\| \leq |K_1| + |K_2|$, d. h., die Folge ist im obigen Sinne beschränkt. Die Folge (A_n) heißt monoton, wenn stets $A_n \leq A_{n+1}$ bzw. $A_n \geq A_{n+1}$ ist.

Satz 10: *Jede monotone beschränkte Folge selbstadjungierter Operatoren $A_n \in L(\mathscr{H})$ ist konvergent.*

Beweis: Es sei $K_1 I \leq A_n \leq K_2 I$, und (A_n) sei etwa monoton wachsend. Für jedes $x \in \mathscr{H}$ ist die monotone Zahlenfolge $(A_n x, x)$ beschränkt, also konvergent in $\mathbf{R}$. Nach Voraussetzung ist $0 \leq A_{n+k} - A_n \leq (K_2 - K_1)\,I$, und aus Satz 8 (f) folgt

$$(A_{n+k} - A_n)^2 \leq (K_2 - K_1)\,(A_{n+k} - A_n),$$

$$\|A_{n+k}x - A_n x\|^2 \leq (K_2 - K_1)\,[(A_{n+k}x, x) - (A_n x, x)].$$

Die rechte Seite strebt gegen Null für $n \to \infty$, und folglich ist $(A_n x)$ eine Fundamentalfolge in $\mathscr{H}$. Die Definition

$$Ax := \lim_{n \to \infty} A_n x$$

ist also für alle $x \in \mathcal{H}$ sinnvoll, und der so definierte Operator A ist linear.

Wegen

$$\|Ax\| = \lim_{n \to \infty} \|A_n x\| \leq (|K_1| + |K_2|)\, \|x\|$$

ist $A \in L(\mathcal{H})$.

Den Fall, daß (A_n) monoton fallend ist, führen wir durch Betrachtung der Folge $(-A_n)$ auf den vorhergehenden zurück.

Die Konvergenz $A_n \to A$ ist im allgemeinen nicht gleichmäßig. In jedem Fall gilt aber unter den Voraussetzungen des Satzes, daß die Folge $(A_n{}^2)$ punktweise gegen A^2 konvergiert. Dies ergibt sich, wenn wir 2.3., Satz 4, heranziehen.

2.7. *Projektoren*

Im fundamentalen Projektionssatz haben wir jedem Element $x \in \mathcal{H}$ eindeutig eine Projektion x' auf einen gegebenen Unterraum U zuordnen können und den Projektor P_U auf U durch

$$P_U x = x' \qquad (x' \in U,\, x - x' \perp U) \tag{1}$$

definiert. Wir wollen zeigen, daß $P_U \in L(\mathcal{H})$ ist. Aus

$$x = x' + x'' \qquad (x' \in U,\, x'' \perp U) \tag{2}$$

$$y = y' + y'' \qquad (y' \in U,\, y'' \perp U) \tag{3}$$

und $\lambda \in C$ folgt

$$\lambda x = (\lambda x') + (\lambda x''), \qquad x + y = (x' + y') + (x'' + y'').$$

Da $\lambda x',\, x' + y' \in U$ und $\lambda x'',\, x'' + y'' \perp U$ ist, haben wir $P_U(\lambda x) = \lambda x' = \lambda P_U x$ und $P_U(x + y) = x' + y' = P_U x + P_U y$. Somit ist P_U linear. Wegen $\|P_U x\|^2 = \|x'\|^2 \leq \|x'\|^2 + \|x''\|^2 = \|x\|^2$ ist P_U beschränkt, und zwar gilt $\|P_U\| \leq 1$. Ist U der Unterraum $\{0\}$, so ist $P_U = 0$.

Andernfalls gibt es einen Einheitsvektor $e \in U$, und es folgt $\|P_U\| \geqq \|P_U e\| = \|e\| = 1$, d. h., wir haben

$$\|P_U\| = 1 \qquad (U \neq \{0\}). \tag{4}$$

Der Wertebereich des Projektors P_U ist wegen (1) der Unterraum selbst. Ferner ist $(I - P_U)\, x = 0$ genau dann, wenn $x = P_U x$, also $x \in U$ ist. Für alle Unterräume U haben wir also

$$R(P_U) = U = N(I - P_U). \tag{5}$$

Projektoren können auch axiomatisch charakterisiert werden.

Satz 1: *Ein Operator $P \in L(\mathscr{H})$ ist ein Projektor d. h., es gibt ein U mit $P = P_U$, genau dann, wenn*

$$P^2 = P = P^* \tag{6}$$

ist.

Beweis: Es sei $P = P_U$ der Projektor auf den Unterraum U und $Px = x'$. Wegen $x' \in U$ ist $Px' = x'$, d. h., es ist $P^2 x = Px$, also $P^2 = P$.

Aus (2), (3) folgt $(Px, y) = (x', y' + y'') = (x', y')$ sowie $(x, Py) = (x' + x'', y') = (x', y')$, und folglich ist $P^* = P$.

Es sei umgekehrt $P^2 = P = P^*$. Mit U bezeichnen wir den Nullraum von $I - P$. Für alle $x \in \mathscr{H}$ ist $(I - P)\, Px = Px - P^2 x = 0$, d. h., es ist $x' := Px \in U$. Für alle $y \in U$ ist andererseits $(x - x', y) = \big((I - P)\, x, y\big) = \big(x, (I - P)\, y\big) = 0$, d. h., es ist $x'' := x - x' \perp U$. Folglich ist $P_U x = x' = Px$, d. h., wir haben $P = P_U$.

Auf Grund dieses Satzes können wir sofort zahlreiche Beispiele für Projektoren angeben. So ist etwa

$$P := [1, \ldots, 1, 0, 0, \ldots]$$

stets ein Projektor, denn es ist $P^2 = P = P^*$, und wir haben

$$Px = \sum_{k=0}^{n} (x, e_k)\, e_k.$$

Ist P ein beliebiger Projektor, so ist auf Grund von Satz 1 stets $(Px, Px) = (P^2x, x) = (Px, x)$, also

$$(Px, x) = \|Px\|^2 \leqq \|x\|^2 \qquad (x \in \mathcal{H}). \tag{7}$$

Somit ist $0 \leqq P^2 = P \leqq I$. Aus $Px \perp (I - P) x$ folgt

$$\|x\|^2 = \|Px\|^2 + \|x - Px\|^2, \tag{8}$$

und hiernach ist $x = Px$ genau dann, wenn $\|x\| = \|Px\|$ ist. Ferner ist

$$Px = x \quad \text{für} \quad x \in R(P). \tag{9}$$

Wir stellen Kriterien dafür bereit, daß gewisse Verknüpfungen von Projektoren wieder Projektoren sind.

Satz 2: *Das Produkt zweier Projektoren $P, Q \in L(\mathcal{H})$ ist ein Projektor genau dann, wenn P und Q vertauschbar sind, und in diesem Fall ist*

$$R(PQ) = R(P) \cap R(Q). \tag{10}$$

Beweis: Ist PQ Projektor, so ist PQ selbstadjungiert. Das ist nur möglich, wenn P, Q vertauschbar sind. Es sei umgekehrt $PQ = QP$. Dann ist $(PQ)^2 = PQPQ = P^2Q^2 = PQ = QP = (PQ)^*$, und PQ ist Projektor. Für alle $x \in \mathcal{H}$ ist $PQx = QPx \in R(P) \cap R(Q)$, also $R(PQ) \subseteqq R(P) \cap R(Q)$. Ist $x \in R(P) \cap R(Q)$, so ist $x = Px = Qx$ und damit $x = Px = PQx \in R(PQ)$.

Satz 3: *Für alle Projektoren $P, Q \in L(\mathcal{H})$ sind äquivalent:*

(a) $P + Q$ *ist ein Projektor,*

(b) $PQ = 0$,

(c) $R(P) \perp R(Q)$.

Beweis. Es ist

$$(P + Q)^2 = P + Q + PQ + QP. \tag{11}$$

(a) $\Rightarrow$ (b). Aus $(P + Q)^2 = P + Q$ folgt $PQ + QP = 0$. Multiplizieren wir links mit P, so erhalten wir $PQ + PQP$

$= 0$. Adjungiertenbildung liefert $QP + PQP = 0$, also $PQ = QP$. Wegen $PQ + QP = 0$ ist $PQ = 0$.

(b) $\Rightarrow$ (c): Es ist $(Px, Qy) = (x, PQy) = 0$, also $R(P) \perp R(Q)$.

(c) $\Rightarrow$ (a): Für alle $x, y \in \mathscr{H}$ ist $(PQx, y) = (Qx, Py) = 0$, d. h., es ist $PQ = 0$ und damit $QP = 0$. Aus (11) folgt $(P + Q)^2 = P + Q = (P + Q)^*$, und $P + Q$ ist ein Projektor.

Auf Grund des hiermit bewiesenen Satzes erscheint es sinnvoll, zwei Projektoren P, Q (zueinander) *orthogonal* zu nennen, $P \perp Q$, wenn $PQ = 0$ ist. Der Satz kann durch vollständige Induktion auf eine endliche Zahl von Projektoren $P_0, \ldots, P_n$ verallgemeinert werden. Ihre Summe ist ein Projektor genau dann, wenn sie paarweise orthogonal sind.[1]) Auch eine Verallgemeinerung auf unendlich viele Projektoren ist möglich. Wir beschränken uns auf die Formulierung von

Satz 4: *Sind P_k ($k \in \mathbf{N}$) paarweise orthogonale Projektoren, so existiert*

$$P := \sum_{k=0}^{\infty} P_k \tag{12}$$

im Sinne der punktweisen Konvergenz, und P ist ein Projektor.

Beweis: Die Partialsummen $Q_n := P_0 + \cdots + P_n$ sind Projektoren, und es ist $0 \leq Q_n \leq Q_{n+1} \leq I$. Somit existiert der Operator (12), und er ist selbstadjungiert. Ferner gilt $Q_n = Q_n{}^2 \to P^2$, also $P^2 = P$, und folglich ist P ein Projektor.

Setzen wir $U := R(P)$, $U_k := R(P_k)$, so zeigt (12), daß jedes Element x aus U als Summe der paarweise orthogonalen Elemente $P_k x \in U_k$ dargestellt werden kann. Wir sagen daher, der Unterraum U sei die *direkte orthogonale Summe* der Unterräume U_k, und schreiben

$$U = \bigoplus_{k=0}^{\infty} U_k \qquad (U_i \perp U_j \quad \text{für} \quad i \neq j).$$

---

[1]) Beim Beweis wird Satz 5 benötigt.

Eine analoge Schreibweise verwenden wir im Fall endlich vieler Räume. Insbesondere schreiben wir

$$U = U_1 \oplus U_2 \qquad (U_1 \perp U_2), \qquad (13)$$

falls $P_1 + P_2$ auf den Unterraum U projiziert.

Satz 5: *Für alle Projektoren* $P, Q \in L(\mathcal{H})$ *sind äquivalent*:

(a) $Q - P$ *ist ein Projektor*,

(b) $QP = P$,

(c) $PQ = P$,

(d) $P \leqq Q$,

(e) $R(P) \subseteqq R(Q)$.

Beweis: (a) $\Rightarrow$ (b): Da $P + (Q - P) = P$ ein Projektor ist, gilt $QP - P = (Q - P)\,P = 0$ nach Satz 3.

(b) $\Rightarrow$ (c): $PQ = (QP)^* = P$.

(c) $\Rightarrow$ (d): Für alle $x \in \mathcal{H}$ ist

$$(Px, x) = \|Px\|^2 = \|PQx\|^2 \leqq \|Qx\|^2 = (Qx, x)$$

(d) $\Rightarrow$ (e): Für alle $x \in R(P)$ ist

$$0 \leqq \|x - Qx\|^2 = \|x\|^2 - \|Qx\|^2 = \|x\|^2 - (Qx, x)$$
$$\leqq \|x\|^2 - (Px, x) = \|x\|^2 - \|x\|^2 = 0,$$

also $x = Qx \in R(Q)$.

(e) $\Rightarrow$ (a): Für alle $x \in \mathcal{H}$ ist $Px \in R(Q)$, also $QPx = Px$. Es folgt $QP = P$ und $PQ = P^* = P$, also $(Q - P)^2 = Q^2 - QP - PQ + P^2 = Q - P = (Q - P)^*$. Damit ist Satz 4 bewiesen.

Ist $U_1 \subseteqq U$ und sind P_1, P die Projektoren auf diese Unterräume, so heißt der Unterraum $U_2 \subseteqq U$, auf den der Projektor $P_2 := P - P_1$ projiziert, das *orthogonale Komplement von* U_1 *bezüglich* U, in Zeichen

$$U_2 = U \ominus U_1 \qquad (U_1 \subseteqq U). \qquad (14)$$

Diese Relation ist offensichtlich mit (13) äquivalent.

Für $U = \mathcal{H}$ ist speziell $P = I$, und $P_2 := I - P_1$ ist der Projektor auf das orthogonale Komplement von $R(P_1)$.

Im letzten Teil dieses Abschnitts betrachten wir einen beliebigen Operator $A \in L(\mathcal{H})$ und untersuchen gewisse Beziehungen zwischen A und Unterräumen von $\mathcal{H}$ oder, was gleichbedeutend ist, zwischen A und Projektoren in $\mathcal{H}$.

Ein Unterraum U heißt ein *invarianter Unterraum* des Operators A, wenn aus $x \in U$ stets $Ax \in U$ folgt. Dies ist genau dann der Fall, wenn $APx = PAPx$ für alle $x \in \mathcal{H}$, d. h., wenn

$$AP = PAP \qquad (P = P_U) \tag{15}$$

ist.

Das orthogonale Komplement von U ist ein invarianter Unterraum von A genau dann, wenn $A(I - P) = (I - P)\,A(I - P)$ ist. Hiermit sind offensichtlich die Relationen

$$PA = PAP \tag{16}$$

oder

$$A\mkern-1mu{*}P = PA\mkern-1mu{*}P \tag{17}$$

äquivalent. Somit ist U invarianter Unterraum von A^* genau dann, wenn $U^\perp$ invarianter Unterraum von A ist.

Ein Unterraum U heißt ein *reduzierender* Unterraum von A, wenn U und sein orthogonales Komplement invariante Unterräume von A sind.

Nach dem soeben Gesagten ist hiermit gleichbedeutend, daß U invarianter Unterraum von A und A^* ist. Ein invarianter Unterraum eines selbstadjungierten Operators $A \in L(\mathcal{H})$ ist also stets reduzierend.

Aus (15), (16) folgt

$$AP = PA, \tag{18}$$

und umgekehrt folgen (15), (16) aus (18) durch Multiplikation von links bzw. rechts mit P. Somit ist U ein reduzierender Unterraum von A genau dann, wenn A mit dem Projektor auf U vertauschbar ist.

Zum besseren Verständnis der Bezeichnung „reduzierender Unterraum" führen wir für jeden Operator $A \in L(\mathcal{H})$ und jeden Unterraum U von $\mathcal{H}$ einen Operator

$pr_U A$ ein, der im HILBERT-Raum U wirkt. Das Bild eines Elementes $x \in U$ sei die Projektion von Ax auf den Unterraum U, d. h., der Operator $pr_U A$ sei durch

$$(pr_U A)\, x := PAx \qquad (x \in U)$$

mit $P = P_U$ definiert. Wir bezeichnen diesen Operator als die *Projektion* von A auf U. Offensichtlich ist $pr_U A \in L(U)$, d. h., $pr_U A$ ist ein beschränkter linearer Operator in U. Für alle $x \in U$ ist $\big((pr_U A)\, x, x\big) = (PAx, x) = (Ax, x)$. Mit A ist also auch stets $pr_U A$ selbstadjungiert.

Die Elemente x und Ax können nun bezüglich eines beliebigen Unterraums in der Form

$$x = x' + x'' \qquad (x' \in U,\ x'' \perp U),$$
$$Ax = Ax' + Ax'' = PAx' + (I - P)\, Ax' + PAx''$$
$$+ (I - P)\, Ax'',$$
$$Ax = (pr_U A)\, x' + (I - P)\, Ax' + PAx'' + (pr_{U^\perp} A)x''$$
$$\tag{19}$$

zerlegt werden. Ist aber U ein reduzierender Unterraum von A, so ist $(I - P)\, Ax' = A(I - P)\, x' = 0$, $PAx'' = APx'' = 0$ und folglich

$$Ax = (pr_U A)\, x' + (pr_{U^\perp} A)\, x''.$$

Im Gegensatz zu (19) ist also der Operator A bereits völlig durch seine Projektionen auf U und auf dessen orthogonales Komponent bestimmt, er wird zu zwei in orthogonalen Unterräumen wirkenden Operatoren $pr_U A$ und $pr_{U^\perp} A$ reduziert.

Wir betrachten ein Beispiel für die Projektion eines Operators auf einen Unterraum. Es sei K der vom Kern $k(s, t) \in L^2(\mathbf{R}^{2p})$ erzeugte Integraloperator in $L^2(\mathbf{R}^p)$ und U der Unterraum $L^2(\Omega)$ mit $\Omega \subseteq \mathbf{R}^p$.

Wir wollen zeigen, daß die Projektion $pr_U K$ des Operators K auf den Unterraum $U = L^2(\Omega)$ ein Integraloperator ist, der von dem Kern

$$k_\Omega(s, t) := \begin{cases} k(s, t) & \text{für } s, t \in \Omega \\ 0 & \text{für } s \notin \Omega \text{ oder } t \notin \Omega \end{cases}$$

erzeugt wird. Hierzu sei χ_Ω die charakteristische Funktion von Ω, also $\chi_\Omega(s) = 1$ für $s \in \Omega$ und $\chi_\Omega(s) = 0$ für $s \notin \Omega$. Dann ist offensichtlich $P_U x = \chi_\Omega x$ für alle $x \in L^2(\mathbf{R}^p)$. Nach Definition von $pr_U K$ ist $(pr_U K)\, x = P_U K x$ für $x \in U$. Die Elemente aus $U = L^2(\Omega)$ verschwinden außerhalb von Ω fast überall. Folglich ist

$$(pr_U K)\, x(s) = P_U \int\limits_\Omega k(s, t)\, x(t)\, \mathrm{d}t = \chi_\Omega(s) \int\limits_\Omega k(s,t)\, x(t)\, \mathrm{d}t$$

$$= \int\limits_{\mathbf{R}^p} k_\Omega(s, t)\, x(t)\, \mathrm{d}t \qquad (x \in U)$$

und unsere Behauptung ist bewiesen.

2.8. *Stetige Funktionen eines beschränkten selbstadjungierten Operators*

In diesem Abschnitt wollen wir jedem selbstadjungierten Operator $A \in L(\mathcal{H})$ und jeder stetigen reellen Funktion f einen Operator $f(A)$ zuordnen. Für Diagonaloperatoren $A := [\lambda_0, \lambda_1, \ldots]$ wäre eine solche Definition sehr leicht. Wir brauchten nur $f(A) := [f(\lambda_0), f(\lambda_1), \ldots]$ zu setzen. Da alle Zahlen λ_i im Spektrum von A liegen, ist der so definierte Operator $f(A)$ bereits dann positiv, wenn die Funktion f im Spektralintervall von A keine negativen Werte annimmt.

Für allgemeinere Operatoren A müssen wir uns zur Definition von $f(A)$ zunächst auf die Definition von Polynomen $p(A)$ stützen und versuchen, diese Definition durch einen Grenzprozeß im Bereich der Operatoren auf beliebige stetige reelle Funktionen auszudehnen. Es wird sich dann zeigen, daß der Operator $f(A)$ nur vom Verhalten der reellen Funktion f im Spektralintervall abhängt.

Mit $\mathscr{P}(\boldsymbol{R})$ bezeichnen wir die Menge aller Polynome p mit reellen Koeffizienten. Das entscheidende Hilfsmittel für unsere Konstruktion ist der folgende Satz, der im Falle eines Diagonaloperators auf der Hand liegt.

Satz 1: *Nimmt ein Polynom p im Spektralintervall $[m, M]$ eines selbstadjungierten Operators $A \in L(\mathscr{H})$ nur nichtnegative Werte an,*

$$p(t) \geqq 0 \quad \text{für} \quad m \leqq t \leqq M, \tag{1}$$

so ist $p(A) \geqq 0$.

Beweis: Wir führen die Polynome

$$e_0(t) := 1, \quad e_1(t) := t - m, \quad e_2(t) := M - t,$$
$$e_3(t) := (M - t)\,(t - m)$$

ein. Sie genügen offensichtlich der Bedingung (1). In 2.6. hatten wir gesehen, daß die Operatoren

$$e_0(A) = I, \quad e_1(A) = A - mI, \quad e_2(A) = MI - A,$$
$$e_3(A) = (MI - A)\,(A - mI)$$

positiv sind.

Mit $\mathscr{P}'$ bezeichnen wir die Menge aller Polynome, die sich als Summen von Polynomen der speziellen Form $e_i p^2$ mit $p \in \mathscr{P}(\boldsymbol{R})$ darstellen lassen. Für alle $p \in \mathscr{P}'$ gilt dann wiederum (1).

Aus der Multiplikativität der Abbildung $p \mapsto p(A)$ und aus $\big(p(A)\big)^* = p(A)$ folgt

$$\big((e_i p^2)\,(A)\,x,\, x\big) = \big(e_i(A)\,p(A)\,x,\, p(A)\,x\big) \geqq 0,$$

und folglich ist $p(A) \geqq 0$ für alle $p \in \mathscr{P}'$. Aus $p, q \in \mathscr{P}'$ folgt natürlich $p + q \in \mathscr{P}'$, aber auch $pq \in \mathscr{P}'$. Letzteres ergibt sich aus den Relationen $e_0 e_i = e_i$, $e_1 e_2 = e_3$, $e_1 e_3 = e_2 e_1^2$ und $e_2 e_3 = e_1 e_2^2$.

Wir beweisen nun durch vollständige Induktion, daß aus (1) stets $p \in \mathscr{P}'$ und damit $p(A) \geqq 0$ folgt.

Ist p ein konstantes reelles Polynom, $p(t) = c$, so folgt aus (1) stets $c \geq 0$, also $p(t) = \left(\sqrt{c}\,\right)^2$ und damit $p \in \mathscr{P}'$.

Für alle Polynome von höchstens n-tem Grade folge aus (1) stets $p \in \mathscr{P}'$. Ist dann p ein Polynom $(n+1)$-ten Grades, das (1) erfüllt, so liegt einer der folgenden drei Fälle vor:

Fall 1: Von p kann ein Faktor der Form $q(t) = (t-\lambda)^2 + \mu^2$ mit $\lambda, \mu \in \boldsymbol{R}$ abgespalten werden. Für diesen Faktor gilt offensichtlich $q \in \mathscr{P}'$. Dieser Fall liegt sicher vor, wenn p eine Nullstelle λ mit $m < \lambda < M$ besitzt. Diese Nullstelle kann nämlich nicht einfach sein, denn $p(t)$ wechselt beim Durchgang durch eine einfache reelle Nullstelle das Vorzeichen, was der Voraussetzung (1) widerspricht. Es kann also der Faktor $(t-\lambda)^2$ abgespalten werden.

Fall 2: Es gibt eine reelle Nullstelle λ von p mit $\lambda \leq m$. Dann kann von p der Faktor $q(t) = t - \lambda$ abgespalten werden. Wegen $q(t) = e_1(t) + (m - \lambda)$ liegt q in $\mathscr{P}'$.

Fall 3: Es gibt eine reelle Nullstelle λ von p mit $M \leq \lambda$. Dann spalten wir den Faktor $q(t) = \lambda - t$ ab, der wegen $q(t) = e_2(t) + (\lambda - M)$ wiederum in $\mathscr{P}'$ liegt.

Weitere Fälle können nicht auftreten. In allen Fällen läßt sich das Polynom p in der Form $p = qr$ darstellen, wobei q ein Polynom aus $\mathscr{P}'$ von mindestens erstem Grad ist, so daß r höchstens den Grad n hat. Da p, q im Spektralintervall nur nichtnegative Werte annehmen, kann nicht $r(t) < 0$ für ein t mit $m \leq t \leq M$ sein. Nach Induktionsvoraussetzung ist also $r \in \mathscr{P}'$. Damit gilt $p = qr \in \mathscr{P}'$.

Aus (1) folgt also stets $p(A) \geq 0$, und Satz 1 ist bewiesen.

Wir hatten schon bemerkt, daß nur das Verhalten der betrachteten Funktionen im Spektralintervall von A für unsere Konstruktionen bedeutungsvoll sein wird. Aus diesem Grunde führen wir die Menge $C_A(\boldsymbol{R})$ aller reellen Funktionen f ein, die mindestens im Spektralintervall von A definiert und dort stetig sind. Ferner sei

$$m_A(f) := \min_{m \leq t \leq M} f(t), \qquad (2)$$

$$M_A(f) := \max_{m \leq t \leq M} f(t), \qquad (3)$$

$$K_A(f) := \max_{m \leq t \leq M} |f(t)| \qquad (4)$$

für alle $f \in C_A(\boldsymbol{R})$.

Wegen $|f(t) + g(t)| \leq |f(t)| + |g(t)| \leq K_A(f) + K_A(g)$ für $m \leq t \leq M$ ist offensichtlich

$$K_A(f + g) \leq K_A(f) + K_A(g). \qquad (5)$$

Sind p, q Polynome mit $p(t) \leq q(t)$ für $m \leq t \leq M$, so ist $q(A) - p(A) = (q - p)(A) \geq 0$ auf Grund von Satz 1, d. h., es ist $p(A) \leq q(A)$. Wegen $m_A(p) \leq p(t) \leq M_A(p)$ für $m \leq t \leq M$ ist demzufolge

$$m_A(p) \, I \leq p(A) \leq M_A(p) \, I, \qquad (6)$$

und aus $\pm m_A(p), \pm M_A(p) \leq K_A(p)$ folgt

$$\|p(A)\| \leq K_A(p). \qquad (7)$$

Mit diesen Hilfsmitteln können wir nun die Konstruktion von $f(A)$ für $f \in C_A(\boldsymbol{R})$ durch einen Grenzprozeß vornehmen. Zu jeder Funktion $f \in C_A(\boldsymbol{R})$ gibt es nach dem Satz von WEIERSTRASS eine Folge von Polynomen $p_n \in \mathscr{P}(\boldsymbol{R})$, die auf dem Spektralintervall von A gleichmäßig gegen f konvergiert. Hiermit ist gleichbedeutend, daß $\big(K_A(f - p_n)\big)$ eine Nullfolge ist. Mit (7), (5) folgt

$$\|p_m(A) - p_n(A)\| = \|(p_m - p_n)(A)\|$$
$$\leq K_A(p_m - p_n) \leq K_A(f - p_n)$$
$$+ K_A(f - p_m).$$

Die rechte Seite kann für hinreichend große m, n beliebig klein gemacht werden, Folglich ist $\big(p_n(A)\big)$ eine Fundamentalfolge im BANACH-Raum $L(\mathscr{H})$. Gilt auch $K_A(f - q_n) \to 0$ mit $q_n \in \mathscr{P}(\boldsymbol{R})$, so führt eine analoge Abschätzung zu

$$\|p_n(A) - q_n(A)\| \leqq K_A(f - q_n) + K_A(f - p_n),$$

und die Folgen $\big(p_n(A)\big)$, $\big(q_n(A)\big)$ besitzen denselben Grenzwert in $L(\mathscr{H})$. Die Definition

$$f(A) := \lim_{n \to \infty} p_n(A) \quad \big(p_n \in \mathscr{P}(\mathbf{R}), K_A(f - p_n) \to 0\big) \qquad (8)$$

ist also unabhängig von der Wahl der Folge (p_n) mit $K_A(f - p_n) \to 0$. Darüber hinaus gilt

S a t z 2: *Für jeden selbstadjungierten Operator $A \in L(\mathscr{H})$ kann die Abbildung $p \mapsto p(A)$ $\big(p \in \mathscr{P}(\mathbf{R})\big)$ auf genau eine Weise zu einer linearen multiplikativen Abbildung $f \mapsto f(A)$ $\big(f \in C_A(\mathbf{R})\big)$ in die Menge der selbstadjungierten Operatoren aus $L(\mathscr{H})$ fortgesetzt werden. Für alle $f, g \in C_A(\mathbf{R})$ und alle $\lambda \in \mathbf{R}$ ist demzufolge*

$$(\lambda f)\,(A) = \lambda f(A), \qquad (9)$$
$$(f + g)\,(A) = f(A) + g(A), \qquad (10)$$
$$(fg)\,(A) = f(A)\,g(A). \qquad (11)$$

Die Abbildung besitzt weiterhin die Eigenschaften

$$m_A(f)\,I \leqq f(A) \leqq M_A(f)\,I, \qquad (12)$$
$$\|f(A)\| \leqq K_A(f), \qquad (13)$$
$$(A)' \subseteqq \big(f(A)\big)'. \qquad (14)$$

B e w e i s : Es existiere eine Abbildung mit den Eigenschaften (9), (10), (11). Ist $f(t) \geqq 0$ für $m \leqq t \leqq M$, so gibt es eine Funktion $g \in C_A(\mathbf{R})$ mit $g^2(t) = f(t)$ für $m \leqq t \leqq M$, und aus (11) folgt $f(A) = g^2(A) = \big(g(A)\big)^2 \geqq 0$. Die Ungleichungen (12), (13) können ebenso wie die Ungleichungen (6), (7) für Polynome hergeleitet werden. Ist also (p_n) eine Folge von Polynomen aus $\mathscr{P}(\mathbf{R})$ mit $K_A(f - p_n) \to 0$, so haben wir $\|f(A) - p_n(A)\| = \|(f - p_n)\,(A)\| \leqq K_A(f - p_n)$, und es gilt (8). Damit gilt $p_n(A) \to f(A)$, und die Einzigkeit ist bewiesen.

Wir definieren umgekehrt $f(A)$ durch (8). Konvergieren die Folgen der Polynome $p_n, q_n \in \mathscr{P}(\mathbf{R})$ auf $[m, M]$ gleichmäßig gegen $f, g \in C_A(\mathbf{R})$, so konvergieren die Folgen (λp_n), $(p_n + q_n)$, $(p_n q_n)$ gleichmäßig gegen λf, $f + g$, fg, und folglich ist

$$(\lambda f)\,(A) = \lim_{n \to \infty} (\lambda p_n)\,(A) = \lambda \lim_{n \to \infty} p_n(A),$$

$$(f + g)\,(A) = \lim_{n \to \infty} (p_n + q_n)\,(A) = \lim_{n \to \infty} p_n(A) + \lim_{n \to \infty} q_n(A),$$

$$(fg)\,(A) = \lim_{n \to \infty} (p_n q_n)\,(A) = \lim_{n \to \infty} p_n(A)\,\lim_{n \to \infty} q_n(A).$$

Beim letzten Schritt haben wir 2.3., Satz 6, herangezogen. Es gelten also die Behauptungen (9), (10), (11), und es bleibt nur noch (14) zu beweisen.

Wir hatten uns bereits früher überlegt, daß $(A)' \subseteq (p(A))'$ für alle $p \in \mathscr{P}(\mathbf{R})$ ist. Ist aber für eine in irgendeinem Sinn gegen einen Operator $B \in L(\mathscr{H})$ konvergente Folge von Operatoren $B_n \in L(\mathscr{H})$ die Voraussetzung $(A)' \subseteq (B_n)'$ erfüllt, so folgt aus $C \in (A)'$ stets $B_n C = C B_n$ sowie

$$(BCx, y) = \lim_{n \to \infty} (B_n Cx, y) = \lim_{n \to \infty} (B_n x, C^*y)$$

$$= (Bx, C^*y) = (CBx, y),$$

d. h., es ist $C \in (B)'$ und folglich $(A)' \subseteq (B)'$. Die Behauptung (14) folgt also aus (8). Damit ist Satz 2 bewiesen.

Die Abbildung $f \mapsto f(A)$ ist insbesondere *positiv*, d. h., aus $f(t) \geq 0$ für $m \leq t \leq M$ folgt $f(A) \geq 0$. Bei dieser Zuordnung gehen auch Eigenwerte stets wieder in Eigenwerte über, denn es gilt

Satz 3: *Ist $A \in L(\mathscr{H})$ selbstadjungiert, $Ax = \lambda x$ und $f \in C_A(\mathbf{R})$, so ist $f(A)\,x = f(\lambda)\,x$.*

Beweis: Für $x = 0$ ist nichts zu beweisen. Ist $x \neq 0$, so ist $m \leq \lambda \leq M$, und es gilt $A^n x = \lambda^n x$ $(n \in \mathbf{N})$. Dann ist aber auch $p(A)\,x = p(\lambda)\,x$ für alle Polynome p, und für stetige Funktionen f ergibt sich die Behauptung durch Grenzübergang.

Auch die Bildung zusammengesetzter Funktionen $f \circ g(t) = f(g(t))$ kann auf das Rechnen mit Operatoren übertragen werden. Unter Verwendung der Definitionen (2), (3) gilt

Satz 4: *Ist g auf dem Spektralintervall $[m, M]$ von A und f auf dem Intervall $[m_A(g), M_A(g)]$ stetig, so ist*

$$f(g(A)) = f \circ g(A). \tag{15}$$

Beweis: Aus $p(s) = c_0 + c_1 s + \cdots + c_n s^n$ und $s = g(t)$ folgt

$$p \circ g(t) = p(g(t)) = c_0 + c_1 g(t) + \cdots + c_n g^n(t) = p(g(t)),$$

also

$$p \circ g(A) = c_0 I + c_1 g(A) + \cdots + c_n \dot{g}^n(A) = p(g(A)).$$

Wir wählen eine Folge von Polynomen mit

$$|f(s) - p_n(s)| \leqq \frac{1}{n} \text{ für } m_A(g) \leqq s \leqq M_A(g),$$

so daß auch $|f \circ g(t) - p_n \circ g(t)| \leqq \dfrac{1}{n}$ für $m \leqq t \leqq M$,

also auch $\|f \circ g(A) - p_n \circ g(A)\| \leqq \dfrac{1}{n}$ ist. Wir haben hiernach

$$f \circ g(A) = \lim_{n \to \infty} p_n \circ g(A) = \lim_{n \to \infty} p_n(g(A)).$$

Andererseits ist das Spektrum von $g(A)$ wegen (12) im Intervall $[m_A(g), M_A(g)]$ enthalten, und wegen $K_A(f - p_n) \leqq \dfrac{1}{n}$ haben wir

$$f(g(A)) = \lim_{n \to \infty} p_n(g(A)).$$

Damit ist Satz 4 bewiesen.

Die üblichen Schreibweisen für elementare Funktionen übertragen wir auf die entsprechenden Funktionen von A. So schreiben wir z. B. $f(A) = e^A$, $\cos A$, $\sin A$, arc tan A, $|A|$, ..., wenn $f(t) = e^t$, $\cos t$, $\sin t$, arc tan t, $|t|$, ... ist. Bei nicht überall definierten Funktionen f ist diese Schreibweise zunächst nur zulässig, wenn f mindestens im abgeschlossenen Spektralintervall von A stetig ist. So setzt z. B. die Verwendung der Schreibweisen $f(A) = \sqrt{A}$, $\tan A$, $\ln A$, $\dfrac{1}{A}$ voraus, daß $A \geqq 0$,

$$-\frac{\pi}{2} < m \leqq M < \frac{\pi}{2}, \quad m > 0 \quad \text{bzw.} \quad 0 \notin [m, M] \quad \text{ist. Im}$$

letzten Fall haben wir wegen $\dfrac{1}{t} \cdot t = 1$ für $m \leqq t \leqq M$

und wegen der Multiplikativität $\dfrac{1}{A} \cdot A = I$, d. h., es ist $\dfrac{1}{A} = A^{-1}$.

Gilt für zwei stetige Funktionen f, g im Spektralintervall von A stets $f(g(t)) = t$, so ist nach Satz 4 auch $f(g(A)) = A$. Mit diesem Prinzip beweisen wir den Satz von der *Existenz und Einzigkeit der Quadratwurzel.*

S a t z 5: *Zu jedem positiven Operator A gibt es genau einen positiven Operator B mit $B^2 = A$, nämlich den Operator $B := \sqrt{A}$.*

B e w e i s: Für $t \geqq 0$ sei $f(t) = \sqrt{t}$, $g(t) = t^2$. Dann ist $f(A) = \sqrt{A} \geqq 0$ wegen (12), und aus $g(f(t)) = t$ für $t \geqq 0$ folgt $\sqrt{A}^2 = g(f(A)) = A$. Ist $B \geqq 0$ und $B^2 = A$, so gilt wegen $f(g(t)) = t$ für $t \geqq 0$ umgekehrt $B = f(g(B)) = f(A) = \sqrt{A}$, und auch die Einzigkeit ist bewiesen.

Mit Hilfe der Existenz der Quadratwurzel kann eine weitere wichtige Eigenschaft der Halbordnungsrelation bewiesen werden.

S a t z 6: *Das Produkt zweier vertauschbarer positiver Operatoren $A, B \in L(\mathscr{H})$ ist positiv.*

B e w e i s: Wegen (14) ist $\sqrt{A}$ mit B vertauschbar, also $AB = \sqrt{A}\,B\sqrt{A} \geqq 0$ (vgl. 2.6., Satz 8 (d)), was zu zeigen war.

Ist $A \leq B$ und sind A, B mit einem positiven Operator C vertauschbar, so ist $(B - A)\,C \geq 0$ und folglich $AC \leq BC$.

Der Operator $|A|$ heißt der *Betrag* des selbstadjungierten Operators $A \in L(\mathscr{H})$. Aus $|t| = \sqrt{t^2}$ leiten wir die Darstellung

$$|A| = \sqrt{A^2}$$

ab. Als *positiven* bzw. *negativen Teil* von A bezeichnet man die Operatoren

$$A^+ := \frac{|A| + A}{2}, \qquad A^- := \frac{|A| - A}{2}. \qquad (17)$$

Wegen $0, \pm t \leq |t|$ ist $0, \pm A \leq |A|$, und folglich sind die Operatoren $|A|$, A^+, A^- positiv. Aus (17) folgt

$$A = A^+ - A^-, \quad |A| = A^+ + A^-. \qquad (18)$$

Auf Grund der Vertauschbarkeitsrelation (14) haben wir $(|A| + A)\,(|A| - A) = |A|^2 - A^2 = 0$, d. h., es ist

$$A^+A^- = 0. \qquad (19)$$

2.9. *Spektralzerlegung selbstadjungierter Operatoren*

Im vorigen Abschnitt hatten wir jeder stetigen reellen Funktion f und jedem selbstadjungierten Operator $A \in L(\mathscr{H})$ einen selbstadjungierten Operator $f(A)$ zugeordnet. Diese Abbildung kann auf eine wesentlich umfassendere Klasse von Funktionen ausgedehnt werden. Dies wird im dritten Kapitel in voller Allgemeinheit ausgeführt. Jetzt benötigen wir diese Verallgemeinerung nur für eine sehr einfache Funktionenklasse, nämlich für die Funktionen e_λ mit

$$e_\lambda(t) := \begin{cases} 1 & \text{für } t < \lambda, \\ 0 & \text{für } t \geq \lambda, \end{cases} \qquad (1)$$

also für die charakteristischen Funktionen des Intervalls $(-\infty, \lambda)$. Mit ihrer Hilfe kann das Spektralverhalten eines selbstadjungierten Operators vollständig charakterisiert werden. Die zugeordneten Operatoren werden wir mit $E_\lambda := e_\lambda(A)$ bezeichnen und die Abbildung $\lambda \mapsto E_\lambda$ von der Menge der reellen Zahlen in die Menge der Operatoren die *Spektralschar* des Operators A nennen. Zum besseren Verständnis wollen wir uns ihr Wirken am Beispiel des Diagonaloperators $A = [\lambda_0, \lambda_1, \ldots]$ mit einer beschränkten reellen Zahlenfolge (λ_n) klarmachen. Nur der besseren Übersichtlichkeit wegen soll die Folge (λ_n) als streng monoton wachsend vorausgesetzt werden. Da die Funktion e_λ nur die Werte 0 oder 1 annehmen kann, sind die Diagonaloperatoren $E_\lambda = e_\lambda(A) := [e_\lambda(\lambda_0), e_\lambda(\lambda_1), \ldots]$ sämtlich Projektoren. Die Zahlen λ_k sind Eigenwerte, und folglich ist $m \leqq \lambda_k \leqq M$. Für $\lambda \leqq m$ ist also stets $e_\lambda(\lambda_i) = 0$, und dies besagt

$$E_\lambda = 0 \qquad (\lambda \leqq m). \tag{2}$$

Für $\lambda > M$ ist dagegen stets $e_\lambda(\lambda_i) = 1$, also

$$E_\lambda = I \qquad (\lambda > M). \tag{3}$$

In unserem speziellen Beispiel ist sogar $E_\lambda = I$ für $\lambda = M$, doch ist diese Identität im allgemeinen Fall nur dann erfüllt, wenn M kein Eigenwert von A ist. Im Falle $m < \lambda < M$ gibt es in unserem Beispiel genau ein j mit $\lambda_j < \lambda \leqq \lambda_{j+1}$, und wir haben $e_\lambda(\lambda_k) = 1$ für $k \leqq j$ sowie $e_\lambda(\lambda_k) = 0$ für $k \geqq j + 1$. Somit gilt

$$AE_\lambda = [\lambda_0, \ldots, \lambda_j, 0, 0, \ldots],$$
$$(\lambda_j < \lambda \leqq \lambda_{j+1})$$
$$E_\lambda = [1, \ldots, 1, 0, 0, \ldots],$$

und es folgt $AE_\lambda \leqq \lambda E_\lambda$. Andererseits ist

$$A(I - E_\lambda) = [0, \ldots, 0, \lambda_{j+1}, \lambda_{j+2}, \ldots],$$
$$(\lambda_j < \lambda \leqq \lambda_{j+1})$$
$$I - E_\lambda = [0, \ldots, 0, 1, 1, \ldots],$$

also $A(I - E_\lambda) \geqq \lambda(I - E_\lambda)$. Es gelten somit die Ungleichungen

$$(A - \lambda I)\, E_\lambda \leq 0 \leq (A - \lambda I)\,(I - E_\lambda), \qquad (4)$$

die auch für $\lambda \leq m$ bzw. $\lambda \geq M$ bestehen bleiben. Mit wachsendem λ nimmt die Zahl der Einsen in der Hauptdiagonale von $e_\lambda(A)$ höchstens zu, und dies besagt

$$E_\lambda \leq E_\mu \qquad (\lambda \leq \mu). \qquad (5)$$

Ist $m < \lambda < \mu < M$ und liegt zwischen λ und μ wenigstens ein Eigenwert, so gibt es Indizes j, k mit $\lambda_j < \lambda \leq \lambda_{j+1} \leq \lambda_k < \mu \leq \lambda_{k+1}$, und es folgt

$$A(E_\mu - E_\lambda) = [0, \ldots, 0, \lambda_{j+1}, \ldots, \lambda_k, 0, 0, \ldots].$$

Hieraus lesen wir die Ungleichungen

$$\lambda(E_\mu - E_\lambda) \leq A(E_\mu - E_\lambda) \leq \mu(E_\mu - E_\lambda) \quad (\lambda \leq \mu) \qquad (6)$$

ab, die wiederum für $\lambda \leq m$ bzw. $\mu \geq M$ bestehen bleiben. Die Multiplikation mit $E_\mu - E_\lambda$ bewirkt also gewissermaßen eine „Ausblendung" des Teiles des Spektrums von A, der im Intervall $[\lambda, \mu)$ liegt. Alle Eigenvektoren, die zu Eigenwerten λ_i mit $\lambda \leq \lambda_i < \mu$ gehören, werden durch $E_\mu - E_\lambda$ reproduziert, alle anderen annulliert.

Ist $Ax = \lambda x$ und $x \neq 0$, so ist λ gleich einem Eigenwert λ_i, und wegen $e_\lambda(\lambda) = 0$ steht an der i-ten Stelle der Hauptdiagonale von $E_\lambda = e_\lambda(A)$ eine Null. Wegen $x = ce_i$ ist daher $E_\lambda x = 0$, d. h., wir haben

$$E_\lambda x = 0, \quad \text{falls} \quad Ax = \lambda x. \qquad (7)$$

Wir wollen nun zeigen, daß jedem selbstadjungierten Operator $A \in L(\mathscr{H})$ eine Spektralschar mit den Eigenschaften (2) bis (7) zugeordnet werden kann. Hierzu stellen wir die unstetige Funktion e_λ als Grenzwert einer monotonen Folge stetiger Funktionen $e_\lambda^{(n)}$ dar, und zwar setzen wir $e_\lambda^{(n)}(t) := 1$ bzw. 0 für $t < \lambda - \dfrac{1}{n}$ bzw. für $t > \lambda$ und

$$e_\lambda^{(n)}(t) := n(\lambda - t) \quad \text{für} \quad \lambda - \frac{1}{n} \leq t \leq \lambda$$

(Abb. 5). Man verifiziert ohne Mühe die Ungleichungen $0 \leq e_\lambda^{(n)} \leq e_\lambda^{(n+1)} \leq 1$ und $1 - e_\lambda^{(2n)} \leq (1 - e_\lambda^{(n)})^2 \leq 1 - e_\lambda^{(n)}$ sowie $e_\lambda^{(n)} \leq e_\mu^{(n)}$ für $\lambda \leq \mu$. Aus ihnen folgt

$$0 \leq e_\lambda^{(n)}(A) \leq e_\lambda^{(n+1)}(A) \leq I, \qquad (8)$$

$$I - e_\lambda^{(2n)}(A) \leq \big(I - e_\lambda^{(n)}(A)\big)^2 \leq I - e_\lambda^{(n)}(A), \qquad (9)$$

$$e_\lambda^{(n)}(A) \leq e_\mu^{(n)}(A) \qquad (\lambda \leq \mu). \qquad (10)$$

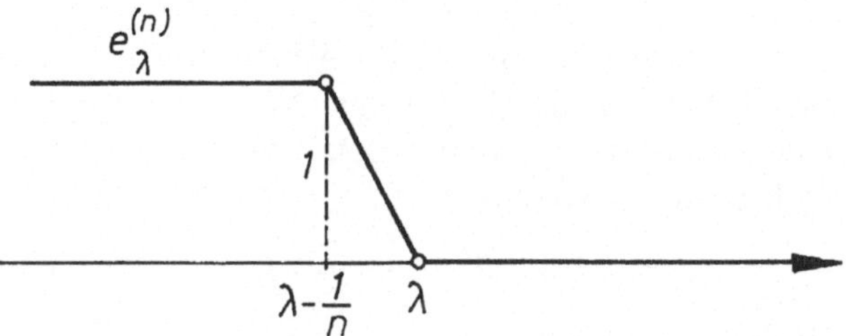

Abb. 5

Auf Grund von (8) existieren die Grenzwerte

$$E_\lambda = e_\lambda(A) := \lim_{n \to \infty} e_\lambda^{(n)}(A) \qquad (11)$$

im Sinne der punktweisen Konvergenz. Der Grenzübergang $n \to \infty$ in (9) zeigt $I - E_\lambda \leq (I - E_\lambda)^2 \leq I - E_\lambda$, und folglich sind $I - E_\lambda$ sowie $E_\lambda = I - (I - E_\lambda)$ Projektoren, die wegen (10) der Bedingung (5) genügen.

Ist $\lambda \leq m$, so ist $e_\lambda^{(n)}(t) = 0$ für $m \leq t \leq M$, und es folgt $e_\lambda^{(n)}(A) = 0$. Daher gilt (2). Ist aber $\lambda > M$, so gibt es ein n mit $e_\lambda^{(n)}(t) = 1$ für $m \leq t \leq M$, und von diesem n an ist $e_\lambda^{(n)}(A) = I$, woraus (3) folgt. Aus $Ax = \lambda x$ und 2.8., Satz 3, folgt $e_\lambda^{(n)}(A)\,x = e_\lambda^{(n)}(\lambda)\,x = 0$. Hieraus schließen wir auf (7). Den Nachweis der Eigenschaften (4) und (6) stützen wir auf

Satz 1: *Genügt eine im Spektralintervall eines selbstadjungierten Operators $A \in L(\mathcal{H})$ stetige Funktion f der Abschätzung*

$$a \leq f(t) \quad bzw. \quad f(t) \leq b \quad für \quad \lambda \leq t \leq \mu, \qquad (12)$$

so ist

$$a(E_\mu - E_\lambda) \leqq f(A)\,(E_\mu - E_\lambda) \quad bzw.$$
$$f(A)\,(E_\mu - E_\lambda) \leqq b(E_\mu - E_\lambda). \tag{13}$$

Beweis: Sind die Intervalle $[\lambda, \mu]$ und $[m, M]$ durchschnittsfremd, so ist entweder $E_\lambda = E_\mu = 0$ oder $E_\lambda = E_\mu = I$, und (13) ist trivial. Andernfalls betrachten wir die Funktion f im Intervall $\left[\lambda - \dfrac{1}{n}, \mu\right] \cap [m, M]$. Sie ist in diesem Intervall stetig und nimmt ihr Minimum in einem Punkt t_n dieses Intervalls an. Die Folge $\big(f(t_n)\big)$ ist monoton und beschränkt, konvergiert also gegen eine reelle Zahl c. Ist $t_n \in [\lambda, \mu]$ für ein n, so gilt $c \geq f(t_n) \geqq a$ wegen (12). Ist aber $\lambda - \dfrac{1}{n} \leq t_n < \lambda$ für alle n, so gilt $t_n \to \lambda$, und aus der Stetigkeit folgt $c = f(\lambda) \geqq a$.

Die Funktion $g_n := e_\mu^{(n)} - e_\lambda^{(n)}$ ist nichtnegativ und verschwindet außerhalb des Intervalls $\left[\lambda - \dfrac{1}{n}, \mu\right]$. Im ganzen Spektralintervall ist demzufolge $f(t)\,g_n(t) \geqq f(t_n)\,g_n(t)$, woraus $f(A)\,g_n(A) \geqq f(t_n)\,g_n(A)$ folgt. Der Grenzübergang $n \to \infty$ ergibt $f(A)\,(E_\mu - E_\lambda) \geqq c(E_\mu - E_\lambda) \geqq a(E_\mu - E_\lambda)$, und die erste Ungleichung (13) ist bewiesen. Analog verläuft der Beweis für die zweite Ungleichung.

Für die Funktion $f(t) := t$ ist (12) mit $a := \lambda$, $b := \mu$ erfüllt, und (13) geht in (6) über. Für hinreichend große μ bzw. hinreichend kleine λ ist $E_\mu = I$ bzw. $E_\lambda = 0$, und die erste bzw. zweite Ungleichung (6) lautet $\lambda(I - E_\lambda) \leqq A(I - E_\lambda)$ bzw. $AE_\mu \leqq \mu E_\mu$. Diese Ungleichungen sind aber mit (4) äquivalent.

Die durch (11) definierten Spektraloperatoren genügen also tatsächlich den Bedingungen (2) bis (7). Aus $(A)' \subseteq \big(e_\lambda^{(n)}(A)\big)'$ folgt weiterhin

$$(A)' \subseteqq (E_\lambda)' \qquad (\lambda \in \mathbf{R}). \tag{14}$$

Ist also $B \in L(\mathscr{H})$ mit A vertauschbar, so ist auch $E_\lambda B$

$= BE_\lambda$, woraus $B^*E_\lambda = E_\lambda B^*$ folgt. Dies besagt, daß jeder mit A vertauschbare Operator $B \in L(\mathscr{H})$ durch jeden der Unterräume $R(\dot{E}_\lambda)$ reduziert wird.

Wir wollen jetzt zeigen, daß die Projektoren E_λ bereits durch (4), (7) vollständig charakterisiert sind.

Satz 2: *Zu jedem selbstadjungierten Operator $A \in L(\mathscr{H})$ und zu jeder reellen Zahl λ gibt es genau einen Projektor E_λ, der den Bedingungen*

$$(A - \lambda I)\, E_\lambda \leqq 0 \leqq (A - \lambda I)\,(I - E_\lambda) \qquad (4)$$

$$E_\lambda x = 0\,, \quad falls \quad Ax = \lambda x\,, \qquad (7)$$

genügt, und es gelten die Identitäten

$$A(I - E_0) = A^+,\ AE_0 = -A^-, \qquad (15)$$
$$A(I - 2E_0) = |A|\,, \qquad A = |A|\,(I - 2E_0). \qquad (16)$$

Beweis: Die Existenz der Projektoren E_λ wurde bereits oben gezeigt. Den Beweis der Einzigkeit führen wir der besseren Übersichtlichkeit wegen nur für $\lambda = 0$. Zum Beweis des allgemeinen Falls brauchen wir in den folgenden Herleitungen nur überall A, E_0 durch $A - \lambda I$, E_λ zu ersetzen.

Die Operatoren $X := A(I - E_0)$, $Y := -AE_0$ sind wegen (4) positiv, und A ist mit E_0 vertauschbar. Da E_0 nach Voraussetzung ein Projektor ist, gilt $E_0(I - E_0) = 0$, woraus $XY = 0$ folgt. Dann ist aber $A^2 = (X - Y)^2$ $= X^2 + Y^2 = (X + Y)^2$ und zusammen mit $X + Y \geqq 0$ besagt dies $|A| = \sqrt{A^2} = X + Y$. Die Auflösung der Gleichungen $A = X - Y$, $|A| = X + Y$ ergibt $X = A^+$, $Y = A^-$, und (15) sowie die erste Gleichung (16) sind bewiesen. Die zweite Gleichung (16) ergibt sich, wenn wir die erste mit $I - 2E_0$ multiplizieren, denn es ist $(I - 2E_0)^2$ $= I - 4E_0 + 4E_0 = I$. Wir wollen jetzt zeigen, daß E_0 der Projektor auf den Abschluß des Wertebereichs von A^- und damit durch A eindeutig bestimmt ist. Ist $y \in R(A^-)^a$ so gibt es Elemente $z_n \in \mathscr{H}$ mit $A^- z_n \to y$, und wegen

$$E_0 A^- = -E_0 E_0 A = -E_0 A = A^- \text{ ist}$$

$$E_0 y = E_0 \lim_{n \to \infty} A^- z_n = \lim_{n \to \infty} A^- z_n = y.$$

Ist aber x zum Wertebereich von A^- orthogonal, so ist $A^- x = 0$, also auch $A E_0 x = 0$. Wegen (7) haben wir dann $E_0 x = E_0 E_0 x = 0$. Es gilt also tatsächlich $E_0 = P_{R(A^-)^a}$, und E_0 ist durch A eindeutig bestimmt. Damit ist Satz 2 bewiesen.

Wie bereits früher bemerkt, ist stets $\pm A \leq |A|$. Jetzt können wir darüber hinaus zeigen, daß $|A|$ unter allen mit A vertauschbaren selbstadjungierten Operatoren $B \in L(\mathcal{H})$ der kleinste ist, der die Bedingung $\pm A \leq B$ erfüllt. In der Tat ist B wegen (14) mit E_0 vertauschbar, und es folgt $A(I - E_0) \leq B(I - E_0)$ sowie $(-A) E_0 \leq B E_0$. Addition ergibt $|A| = A(I - 2E_0) \leq B$, was wir zeigen wollten.

Aus der Monotonie der Spektralschar allein lassen sich einige wichtige Schlußfolgerungen ziehen. Für eine beliebige Schar von Projektoren E_λ mit der Eigenschaft (5) kann man die *einseitigen Grenzwerte*

$$E_{\lambda-0} := \lim_{\mu \uparrow \lambda} E_\mu, \qquad E_{\lambda+0} := \lim_{\mu \downarrow \lambda} E_\mu,$$

$$E_{-\infty} := \lim_{\mu \to -\infty} E_\mu, \qquad E_\infty := \lim_{\mu \to \infty} E_\mu$$

definieren. Wählen wir nämlich zwei beliebige gegen λ konvergierende monotone Zahlenfolgen (μ_n), (ν_n) mit $\mu_n, \nu_n < \lambda$, so gibt es eine Teilfolge (ν_{k_n}) mit $\mu_n \leq \nu_{k_n}$ für alle n, und im Sinne der punktweisen Konvergenz ist

$$\lim_{n \to \infty} E_{\mu_n} \leq \lim_{n \to \infty} E_{\nu_{k_n}} = \lim_{n \to \infty} E_{\nu_n}.$$

Da die betrachteten Folgen gleichwertig sind, können wir $E_{\lambda-0}$ als den (eindeutig bestimmten) Grenzwert der Folge (E_{μ_n}) definieren, wobei (μ_n) eine beliebige monotone Folge mit $\mu_n < \lambda$ und $\mu_n \uparrow \lambda$ ist. Analoge Überlegungen stellen wir in den anderen Fällen an. Als Grenzwerte von punktweise konvergenten Folgen von Projektoren sind alle diese Operatoren wieder Projektoren, und wir haben

$$E_{\lambda-0} \leqq E_\lambda \leqq E_{\lambda+0}. \tag{17}$$

Es sei nun wieder E_λ durch (11) definiert. Ersetzen wir λ, μ in (6) durch die Glieder zweier Folgen $(\lambda_n), (\mu_n)$ mit $\lambda_n \uparrow \lambda, \mu_n \downarrow \lambda$, so ergibt der Grenzübergang

$$\lambda(E_{\lambda+0} - E_{\lambda-0}) \leqq A(E_{\lambda+0} - E_{\lambda-0}) \leqq \lambda(E_{\lambda+0} - E_{\lambda-0}),$$

d. h., es ist stets

$$(A - \lambda I)\, (E_{\lambda+0} - E_{\lambda-0})\, x = 0. \tag{18}$$

Wegen (7), (17) und 2.7., Satz 5, ist dann aber $(E_\lambda - E_{\lambda-0})\, x = E_\lambda(E_{\lambda+0} - E_{\lambda-0})\, x = 0$ für alle $x \in \mathscr{H}$, d. h., in Verschärfung von (17) haben wir die *linksseitige Stetigkeit*

$$E_{\lambda-0} = E_\lambda \leqq E_{\lambda+0} \tag{19}$$

der Abbildung $\lambda \mapsto E_\lambda$. Die Projektoren E_λ genügen somit der folgenden allgemeineren

Definition 1: Eine Abbildung $\lambda \mapsto E_\lambda$ von $\boldsymbol{R}$ in die Menge der Projektoren eines HILBERT-Raumes $\mathscr{H}$ heißt eine *Spektralschar*, wenn sie den Bedingungen

(a) $E_\lambda \leqq E_\mu$ für $\lambda \leqq \mu$,

(b) $E_{-\infty} = 0$,

(c) $E_\infty = I$

genügt. Die Spektralschar heißt *linksseitig stetig*, wenn stets

(d) $E_{\lambda-0} = E_\lambda$

ist.

Die durch (11) definierte Spektralschar des Operators A genügt in Verschärfung von (b), (c) sogar den Bedingungen (2), (3). Wie angekündigt wollen wir nun das Spektralverhalten von A mit Hilfe seiner Spektralschar charakterisieren.

Satz 3: *Für jede reelle Zahl λ ist $P_\lambda := E_{\lambda+0} - E_\lambda$ der Projektor auf den zu λ gehörenden Eigenraum.*

Beweis: Ist $x \in R(\dot P_\lambda)$, so ist

$$(A - \lambda I)\, x = (A - \lambda I)\,(E_{\lambda+0} - E_{\lambda-0})\, x = 0$$

wegen (18), d. h., es ist $\dot x \in N\,(A - \lambda I)$.

Es sei umgekehrt $(A - \lambda I)\, x = 0$. Dann ist $E_\lambda x = 0$ wegen (7). Für $\mu > \lambda$ ist, wenn wir (4) und $(A - \mu I)\, x = (\lambda - \mu)\, x$ beachten,

$$0 \leqq \big((A - \mu I)\,(I - E_\mu)\, x, x\big) = (\lambda - \mu)\,\big((I - E_\mu)\, x, x\big)$$
$$= (\lambda - \mu)\,\|(I - E_\mu)\, x\|^2 \leqq 0,$$

woraus $(I - E_\mu)\, x = 0$, also $(E_\mu - E_\lambda)\, x = E_\mu x = x$ folgt. Der Grenzübergang $\mu \downarrow \lambda$ ergibt $P_\lambda x = (E_{\lambda+0} - E_\lambda)\, x = x$, und Satz 3 ist bewiesen.

Die Menge der Eigenwerte eines selbstadjungierten Operators $A \in L(\mathcal{H})$ ist also identisch mit der Menge der Sprungstellen der Spektralschar, d. h. mit der Menge der reellen Zahlen λ, für die $E_{\lambda+0} \neq E_\lambda$ ist.

Für jede linksseitig stetige Spektralschar $\{E_\lambda\}$ kann die Bedingung (7) in Satz 2 aus der Bedingung (4) gefolgert werden. Ist nämlich $Ax = \lambda x$ und $\lambda > \mu$, so haben wir

$$0 \leqq (\lambda - \mu)\,(E_\mu x, x) = \big((A - \mu I)\, E_\mu x, x\big) \leqq 0,$$

d. h., es ist $E_\mu x = 0$, und der Grenzübergang $\mu \uparrow \lambda$ ergibt die Behauptung (7).

Satz 4: *Eine reelle Zahl λ ist ein regulärer Punkt eines selbstadjungierten Operators $A \in L(\mathcal{H})$ genau dann, wenn die Spektralschar von A in einer Umgebung von λ konstant ist.*

Beweis: Es sei λ ein regulärer Punkt. Dann ist $B := (A - \lambda I)^{-1} \in L(\mathcal{H})$, und es gibt ein $\varepsilon > 0$ mit $2\varepsilon^2 B^2 \leqq I$. Im Intervall $[\lambda - \varepsilon, \lambda + \varepsilon]$ ist $(t - \lambda)^2 \leqq \varepsilon^2$, und aus Satz 1 folgt

$$(A - \lambda I)^2\,(E_{\lambda+\varepsilon} - E_{\lambda-\varepsilon}) \leqq \varepsilon^2 (E_{\lambda+\varepsilon} - E_{\lambda-\varepsilon}).$$

Wenden wir hierauf den Operator $2B^2$ an, so erhalten wir

$$2(E_{\lambda+\varepsilon} - E_{\lambda-\varepsilon}) \leqq 2\varepsilon^2 B^2 (E_{\lambda+\varepsilon} - E_{\lambda-\varepsilon}) \leqq E_{\lambda+\varepsilon} - E_{\lambda-\varepsilon},$$

also $E_{\lambda+\varepsilon} \leqq E_{\lambda-\varepsilon}$. Wegen (5) ist die Spektralschar im Intervall $[\lambda - \varepsilon, \lambda + \varepsilon]$ konstant.

Es sei umgekehrt $\varepsilon > 0$ und $E_{\lambda+\varepsilon} = E_{\lambda-\varepsilon}$. Für $t \leqq \lambda - \varepsilon$ bzw. $t \geqq \lambda + \varepsilon$ ist $\varepsilon^2 \leqq (t - \lambda)^2$, und aus Satz 1 folgt

$$\varepsilon^2 E_{\lambda-\varepsilon} \leqq (A - \lambda I)^2 E_{\lambda-\varepsilon}$$

bzw.

$$\varepsilon^2 (I - E_{\lambda+\varepsilon}) \leqq (A - \lambda I)^2 E_{\lambda+\varepsilon}.$$

Addition ergibt $\varepsilon^2 I \leq (A - \lambda I)^2$, und nach 2.4., Satz 7, ist $A - \lambda I$ regulär.

Mit den jetzt zur Verfügung stehenden Hilfsmitteln könnten wir noch beweisen, daß für zwei stetige Funktionen f, g, die in allen Punkten des Spektrums von A gleiche Funktionswerte annehmen, stets $f(A) = g(A)$ ist. Wir wollen dies aber zurückstellen, da im dritten Kapitel ein noch allgemeinerer Satz bewiesen wird.

Wir hatten bereits darauf hingewiesen, daß die in Satz 3 und Satz 4 vorliegenden Fälle nicht alle Möglichkeiten erschöpfen. Wir sagen, eine Zahl λ sei ein Punkt des *rein kontinuierlichen Spektrums*, wenn λ weder Eigenwert noch regulärer Punkt von A ist. In diesem Fall ist also die Spektralschar in λ stetig, $E_{\lambda+0} = E_\lambda$, aber für jedes $\varepsilon > 0$ muß $E_{\lambda+\varepsilon} \neq E_{\lambda-\varepsilon}$ sein. Hierzu betrachten wir das folgende instruktive Beispiel. Es sei A der durch $Ax(t) := tx(t)$ definierte Multiplikationsoperator im HILBERT-Raum $L^2(-1, 1)$. Die Abschätzung

$$-\int_{-1}^{1} |x(t)|^2 \, \mathrm{d}t \leqq \int_{-1}^{1} t \, |x(t)|^2 \, \mathrm{d}t \leqq \int_{-1}^{1} |x(t)|^2 \, \mathrm{d}t$$

zeigt, daß stets $-(x, x) \leqq (Ax, x) \leqq (x, x)$ und damit $\sigma(A) \subseteq [-1, 1]$ ist. Für alle $n \in N$ ist $A^n x(t) = t^n x(t)$, woraus $p(A) \, x(t) = p(t) \, x(t)$ für alle reellen Polynome sowie $f(A) \, x(t) = f(t) \, x(t)$ für alle im Spektralintervall von A

stetigen reellen Funktionen folgt. Dann ist aber auch

$$E_\lambda x(t) = \lim_{n\to\infty} e_\lambda^{(n)}(A)\, x(t) = \lim_{n\to\infty} e_\lambda^{(n)}(t)\, x(t) = e_\lambda(t)\, x(t),$$

d. h., es ist

$$E_\lambda x(t) = \begin{cases} x(t) & \text{für}\quad t < \lambda, \\ 0 & \text{für}\quad t \geq \lambda. \end{cases}$$

Für $-1 \leq \lambda < \mu \leq 1$ ist hiernach $E_\mu - E_\lambda$ vom Nulloperator verschieden, und jeder Punkt des Intervalls $[-1, 1]$ gehört zum Spektrum. Der Operator A hat aber keine Eigenwerte, denn ist $Ax = \lambda x$, also $tx(t) = \lambda x(t)$ für alle $t \in [-1, 1]$, so haben wir $x(t) = 0$ für alle von λ verschiedenen Zahlen t. Somit ist $x = 0$ f. ü. in $[-1, 1]$, und dies besagt, daß x das Nullelement des Hilbert-Raumes $L^2(-1, 1)$ ist. Somit ist λ kein Eigenwert. Jeder Punkt des Spektralintervalls von A ist ein Punkt des rein kontinuierlichen Spektrums.

Satz 5: *Jeder selbstadjungierte Operator $A \in L(\mathscr{H})$ wird durch den von allen Eigenvektoren aufgespannten Unterraum U reduziert. Die Projektion $pr_U A$ von A auf U besitzt die gleichen Eigenvektoren wie A, während die Projektion $pr_{U^\perp} A$ von A auf das orthogonale Komplement von U keine Eigenwerte besitzt.*

Beweis: Es sei $x \in U$. Dann gibt es Elemente $x_n \in \mathscr{H}$, die Linearkombinationen von Eigenvektoren von A sind, mit $x_n \to x$. Die Elemente Ax_n liegen offensichtlich wieder in U, und wegen $Ax_n \to Ax$ haben wir auch $Ax \in U$. Somit ist U ein reduzierender Unterraum, und der Projektor $P = P_U$ ist mit A vertauschbar. Es sei $x \in \mathscr{H}$ und $Ax = \lambda x$. Dann ist $x \in U$ und $(pr_U A)\, x = PAx = APx = Ax = \lambda x$. Ist umgekehrt $x \in U$ und $(pr_U A)\, x = \lambda x$, so haben wir $Ax = APx = PAx = (pr_U A)\, x = \lambda x$. Somit haben A und $pr_U A$ die gleichen Eigenwerte und Eigenvektoren. Ist aber $x \in U^\perp$ und $(pr_{U^\perp} A)\, x = \lambda x$, so folgt $Ax = A(I - P)\, x = (I - P)\, Ax = (pr_{U^\perp} A)\, x = \lambda x$ und damit $x \in U \cap U^\perp = \{0\}$. Somit besitzt die Projektion von A auf $U^\perp$ keine Eigenwerte.

Wir gehen nun auf die *Integraldarstellung* beschränkter selbstadjungierter Operatoren und ihrer Funktionen ein. Gegeben sei eine linksseitig stetige Spektralschar $\{E_\lambda\}$ gemäß Definition 1. Wir betrachten eine Zerlegung

$$Z: a = \lambda_0 < \lambda_1 < \cdots < \lambda_n = b \tag{20}$$

des Intervalls $[a, b)$ mit dem *Durchmesser*

$$d(Z) := \max_{k=1,\ldots,n} (\lambda_k - \lambda_{k-1}). \tag{21}$$

Ferner wählen wir in jedem der Intervalle $[\lambda_{k-1}, \lambda_k)$ einen Punkt μ_k. Für jede auf dem Intervall $[a, b)$ definierte Funktion f heißt der selbstadjungierte Operator

$$S(Z) := \sum_{k=1}^{n} f(\mu_k)\,(E_{\lambda_k} - E_{\lambda_{k-1}}) \tag{22}$$

eine zur Zerlegung Z gehörende *Zwischensumme*.

Definition 2: Eine Funktion f heißt bezüglich einer Spektralschar über das Intervall $[a, b)$ im RIEMANN-STIELTJESschen Sinn *integrierbar* (bzw. *gleichmäßig integrierbar*), wenn jede Folge von Zwischensummen $(S(Z_j))$ mit $d(Z_j) \to 0$ punktweise (bzw. gleichmäßig) konvergiert.

Ist diese Bedingung erfüllt, so hat natürlich jede Folge von Zwischensummen mit $d(Z_j) \to 0$ denselben Grenzwert, und wir setzen

$$\int\limits_a^{b-0} f(\lambda)\,\mathrm{d}E_\lambda := \lim_{j\to\infty} S(Z_j) \qquad \bigl(d(Z_j) \to 0\bigr) \tag{23}$$

im Sinne der punktweisen bzw. gleichmäßigen Operatorenkonvergenz. Die Bezeichnung der oberen Grenze mit $b - 0$ statt b soll hervorheben, daß jede Zwischensumme und damit auch das Integral alle zum Punkt $\lambda = b$ gehörenden Eigenvektoren annullieren. In der Tat folgt aus $Ax = bx$ stets $E_\lambda x = 0$ für $\lambda \le b$ und damit $S(Z)\,x = 0$. Wollen wir die zum Eigenwert b gehörenden Eigenvektoren mit erfassen, so betrachten wir das durch

$$\int\limits_{a}^{b} f(\lambda)\, \mathrm{d}E_\lambda := \int\limits_{a}^{b-0} f(\lambda)\, \mathrm{d}E_\lambda + f(b)\,(E_{b+0} - E_b) \qquad (24)$$

definierte Integral über das abgeschlossene Intervall $[a, b]$.

Satz 6: *Ist $\{E_\lambda\}$ eine linksseitig stetige Spektralschar, so ist jede auf dem Intervall $[a, b]$ stetige Funktion über $[a, b)$ gleichmäßig integrierbar.*

Beweis: Für jedes Intervall $\Delta := [\lambda, \mu)$ sei $E(\Delta) := E_\mu - E_\lambda$ und

$$\underline{f}(\Delta) := \inf_{t \in \Delta} f(t), \qquad \bar{f}(\Delta) := \sup_{t \in \Delta} f(t).$$

Für die Zerlegung (20) sei ferner $\Delta_k := [\lambda_{k-1}, \lambda_k)$ und

$$\varepsilon(Z) := \max_{k=1,\ldots,n} \big(\bar{f}(\Delta_k) - \underline{f}(\Delta_k)\big).$$

Die zur Zerlegung Z gehörende Untersumme $\underline{S}(Z)$ bzw. Obersumme $\bar{S}(Z)$ definieren wir durch

$$\underline{S}(Z) := \sum_{k=1}^{n} \underline{f}(\Delta_k)\, E(\Delta_k), \qquad \bar{S}(Z) := \sum_{k=1}^{n} \bar{f}(\Delta_k)\, E(\Delta_k).$$

Wenn wir die Zwischensumme wieder durch (22) definieren, gilt

$$0 \leq S(Z) - \underline{S}(Z) \leq \bar{S}(Z) - \underline{S}(Z) \leq \varepsilon(Z) \sum_{k=1}^{n} E(\Delta_k)$$

$$= \varepsilon(Z)\,(E_b - E_a).$$

Entsteht $Z \cup Z'$ durch „Übereinanderlegen" der Zerlegungen Z und Z', so ist $\underline{S}(Z) \leq \underline{S}(Z \cup Z') \leq \bar{S}(Z \cup Z') \leq \bar{S}(Z')$. Es sei nun (Z_j) eine Folge von Zerlegungen mit $d(Z_j) \to 0$. Da f auf $[a, b]$ sogar gleichmäßig stetig ist, gilt auch $\varepsilon(Z_j) \to 0$. Für alle k, j mit $\varepsilon(Z_k), \varepsilon(Z_j) < \varepsilon$ ist

$$-\varepsilon(E_b - E_a) \leq \underline{S}(Z_k) - \bar{S}(Z_k) \leq \underline{S}(Z_k) - \underline{S}(Z_j)$$

$$\leq \bar{S}(Z_j) - \underline{S}(Z_j) \leq \varepsilon(E_b - E_a).$$

Die Folge $\big(\underline{S}(Z_j)\big)$ ist also gleichmäßig konvergent. Dasselbe gilt für die Folge $\big(\bar{S}(Z_j)\big)$, und wegen $\underline{S}(Z_j) \leqq S(Z_j) \leqq \bar{S}(Z_j)$ auch für die Folge der Zwischensummen, was wir zeigen wollten.

Mit der Abkürzung

$$J_a^{\,b}(f) := \int\limits_a^{b-0} f(\lambda)\, \mathrm{d}E_\lambda \tag{25}$$

gelten folgende Rechenregeln, wobei f, g auf $[a, b]$ stetige Funktionen sind:

$$J_a^{\,b}(f) = J_a^{\,c}(f) + J_c^{\,b}(f), \qquad (a < c < b), \tag{26}$$

$$J_a^{\,b}(f)\,(E_d - E_c) = J_c^{\,d}(f) \qquad (a \leqq c < d \leqq b), \tag{27}$$

$$J_a^{\,b}(\lambda f) = \lambda J_a^{\,b}(f) \qquad (\lambda \in \boldsymbol{R}), \tag{28}$$

$$J_a^{\,b}(f + g) = J_a^{\,b}(f) + J_a^{\,b}(g), \tag{29}$$

$$J_a^{\,b}(fg) = J_a^{\,b}(f)\, J_a^{\,b}(g), \tag{30}$$

$$J_a^{\,b}(f) \geqq 0 \qquad (f \geqq 0). \tag{31}$$

Die erste bzw. zweite Behauptung ergibt sich aus unseren Definitionen, wenn wir nur Zerlegungen betrachten, die den Teilpunkt c bzw. die Teilpunkte c, d enthalten. Die Behauptungen (28) und (29) können unmittelbar aus (22) abgelesen werden. Für $i \neq k$ ist $E(\Delta_i)\, E(\Delta_k) = 0$, denn für $a \leqq b \leqq c \leqq d$ ist z. B. $E_a(E_d - E_c) = 0 = E_b(E_d - E_c)$. Daher kann auch (30) aus (22) gefolgert werden. Offensichtlich ist auch (31) erfüllt.

Mit der Bezeichnung

$$\{E_\lambda\}' := \{T \in L(\mathscr{H}) : TE_\lambda = E_\lambda T \quad \text{für alle} \quad \lambda \in \boldsymbol{R}\} \tag{32}$$

gilt

$$\{E_\lambda\}' \subseteqq \{J_a^{\,b}(f)\}'. \tag{33}$$

Für jedes $x \in \mathscr{H}$ ist die durch

$$G_x(\lambda) := (E_\lambda x, x) = \|E_\lambda x\|^2 \tag{34}$$

definierte Funktion G_x monoton wachsend, und nach (22) ist

$$\big(S(Z)\, x, x\big) = \sum_{k=1}^n f(\mu_k) \big(G_x(\lambda_k) - G_x(\lambda_{k-1})\big).$$

Ersetzen wir hierin Z durch Z_j, wobei $d(Z_j) \to 0$ gilt, so strebt die rechte Seite gegen das STIELTJES-Integral der Funktion f über das Intervall $[a, b)$ bezüglich der monoton wachsenden Funktion G_x. Wegen (34) und $S(Z_j) \to J_a^b(f)$ ist also

$$\left(\int\limits_a^{b-0} f(\lambda)\ \mathrm{d}E_\lambda x, x\right) = \int\limits_a^{b-0} f(\lambda)\ \mathrm{d}(E_\lambda x, x) = \int\limits_a^{b-0} f(\lambda)\ \mathrm{d}\ \|E_\lambda x\|^2 \quad (35)$$

für jede auf $[a, b]$ stetige Funktion f.

Satz 7: *Ist das Spektralintervall $[m, M]$ eines selbstadjungierten Operators A im Intervall $[a, b)$ enthalten und $\{E_\lambda\}$ die Spektralschar von A, so ist*

$$f(A) = \int\limits_a^{b-0} f(\lambda)\ \mathrm{d}E_\lambda \qquad (a \leqq m \leqq M < b) \quad (36)$$

für jede auf $[a, b]$ stetige Funktion f. Ferner ist

$$(A)' = \{E_\lambda\}'. \quad (37)$$

Beweis: Auf Grund von Satz 1 und wegen $E_a = 0$, $E_b = I$ ist

$$\underline{S}(Z) = \sum_{k=1}^n \underline{f}(\Delta_k)\, E(\Delta_k) \leqq \sum_{k=1}^n f(A)\, E(\Delta_k) = f(A)\, (E_b - E_a)$$

$$= f(A).$$

Ebenso wird $f(A) \leqq \bar{S}(Z)$ bewiesen. Hieraus folgt sofort (36). Für $f(t) = t$ ergibt sich speziell

$$A = \int\limits_a^{b-0} \lambda\, \mathrm{d}E_\lambda. \qquad (a \leqq m \leqq M < b). \quad (38)$$

Nach (14) ist $(A)' \subseteqq \{E_\lambda\}'$, und aus (33) folgt $\{E_\lambda\}' \subseteqq (A)'$, womit der zentrale Satz der Spektraltheorie beschränkter selbstadjungierter Operatoren bewiesen ist.

2.10. *Isometrische und partiell isometrische Operatoren*

Ein linearer Operator $V: E \to F$ heißt *isometrisch*, wenn jedes Element $x \in E$ in ein Bild $Vx \in F$ von gleicher „Länge" überführt wird, d. h., wenn $\|Vx\| = \|x\|$ für alle $x \in E$ ist. Jeder isometrische Operator V ist also beschränkt. In HILBERT-Räumen ist $\|Vx\| = \|x\|$ genau dann, wenn $(V^*Vx, x) = \|Vx\|^2 = (x, x)$ ist. Ein Operator $V \in L(\mathcal{H})$ ist also isometrisch genau dann, wenn

$$V^*V = I \tag{1}$$

ist. Aus (1) folgt offensichtlich $R(V^*) = \mathcal{H}$ und damit $N(V) = \{0\}$, was natürlich auch aus $\|Vx\| = \|x\|$ abgelesen werden kann. Jeder isometrische Operator ist also injektiv. In endlich-dimensionalen HILBERT-Räumen $\mathcal{H}$ gilt $\dim R(V^*) = \dim R(V)$ (vgl. 2.4.), und folglich bildet jeder isometrische Operator den Raum $\mathcal{H}$ umkehrbar eindeutig auf sich ab. Jeder isometrische Operator in einem endlich-dimensionalen HILBERT-Raum $\mathcal{H}$ ist hiernach regulär. In unendlich-dimensionalen HILBERT-Räumen ist dies nicht notwendig der Fall. Dies zeigt das folgende Standardbeispiel für einen isometrischen nicht regulären Operator. Bezüglich eines vollständigen orthonormierten Systems $\{e_k\}$ sei V durch

$$Vx := \sum_{k=0}^{\infty} (x, e_k)\, e_{k+1} \qquad (x \in \mathcal{H}) \tag{2}$$

definiert. Auf Grund von 1.5. (3) ist dann stets $\|Vx\|^2 = \|x\|^2$, und V ist isometrisch. Speziell gilt $Ve_k = e_{k+1}$. Dies rechtfertigt es, den durch (2) definierten Operator als (einseitige) *Verschiebung* zu bezeichnen. Aus $(Ve_k, e_i) = 1$ bzw. 0 für $i = k + 1$ bzw. $i \neq k + 1$ ergeben sich die Koordinatenmatrizen

$$\begin{pmatrix} 0 & & & 0 \\ 1 & 0 & & \\ 0 & 1 & 0 & \\ & 0 & & \end{pmatrix}, \quad \begin{pmatrix} 0 & 1 & 0 & \\ & 0 & 1 & 0 \\ & & 0 & \\ & 0 & & \end{pmatrix}$$

für V, V^*. Es ist also

$$V^*x = \sum_{k=0}^{\infty} (x, e_{k+1})\, e_k, \qquad (3)$$

und speziell ist $V^*e_0 = 0$. Hieraus folgt, daß V und V^* nicht regulär sind.

Wir schwächen nun den Begriff des isometrischen Operators ab. Ein Operator $V \in L(\mathscr{H})$ heißt *partiell isometrisch*, wenn es einen Unterraum U von $\mathscr{H}$ mit

$$\|Vx\| = \begin{cases} \|x\| & \text{für } x \in U \\ 0 & \text{für } x \notin U \end{cases} \qquad (4)$$

gibt. Ist V isometrisch, so ist (4) mit $U = \mathscr{H}$ erfüllt.

Satz 1: *Für einen Operator $V \in L(\mathscr{H})$ sind folgende Aussagen äquivalent:*

(a) *V ist partiell isometrisch.*

(b) *$V = VV^*V$.*

(c) *V^*V ist ein Projektor.*

Beweis: (a) $\Rightarrow$ (b): Es sei Q der Projektor auf U gemäß (4) und $P := I - Q$. Dann ist $VP = 0$, $VQ = V$, und aus (4) folgt

$$(Qx, x) = \|Qx\|^2 = \|VQx\|^2 = \|Vx\|^2 = (V^*Vx, x),$$

d. h., es ist $Q = V^*V$ und $V = VQ = VV^*V$.

(b) $\Rightarrow$ (c): Mit $Q := V^*V$ ist $Q^* = Q$ und $Q^2 = V^*(VV^*V) = V^*V = Q$.

(c) $\Rightarrow$ (a): Wiederum sei $Q := V^*V$ und $U := R(Q)$. Dann ist $\|Vx\|^2 = (V^*Vx, x) = \|Qx\|^2$, und folglich ist $\|Vx\| = \|x\|$. für $x = Qx \in U$ und $Vx = 0$ für $Qx = 0$, d. h. für $x \notin U$.

Ein partiell isometrischer Operator wird also durch jede der drei Bedingungen vollständig charakterisiert. Aus (b) lesen wir sofort ab, daß mit V auch V^* partiell isometrisch ist. Aus dem Beweis des Satzes geht noch hervor, daß der in (4) auftretende Unterraum U der Wertebereich des Projektors $Q = V^*V$ ist. Wegen $Qx = V^*Vx \in R(V^*)$ und $V^*x = V^*VV^*x = QV^*x \in R(Q)$

ist $U = R(V^*)$. Der Wertebereich eines jeden partiell isometrischen Operators V ist also ein Unterraum, und V bildet $R(V^*)$ isometrisch auf $R(V)$ ab.

Die folgende *kanonische Zerlegung* oder auch *Polardarstellung* eines Operators $A \in L(\mathscr{H})$ ist für viele Anwendungen bedeutungsvoll.

Satz 2: *Zu jedem Operator $A \in L(\mathscr{H})$ gibt es genau einen Operator $V = V_A \in L(\mathscr{H})$ mit*

$$A = V \sqrt{A^*A}, \tag{5}$$

$$Vx = 0 \quad für \quad Ax = 0. \tag{6}$$

Der Operator V ist partiell isometrisch, es ist

$$\sqrt{A^*A} = V^*A, \tag{7}$$

und $I - V^*V$ ist der Projektor auf den Nullraum von A.

Beweis: Da $A^*A \geqq 0$ ist, existiert $B := \sqrt{A^*A}$, und es ist

$$\|Ax\|^2 = (A^*Ax, x) = \|Bx\|^2.$$

Folglich stimmen die Nullräume von A und B überein. Ist P der Projektor auf diesen Nullraum, so ist also $AP = BP = 0 = PB$ und mit $Q := I - P$ ist $BQ = QB = B$.

Es existiere nun zunächst ein Operator V mit den Eigenschaften (5), (6). Dann ist $A = VB$ und $VP = 0$, $VQ = V$. Da Q der Projektor auf $N(A)^\perp = N(B)^\perp = R(B)^a$ ist, gibt es zu $x \in \mathscr{H}$ Elemente $x_n \in \mathscr{H}$ mit $Bx_n \to Qx$. Es folgt

$$Vx = VQx = \lim_{n \to \infty} VBx_n = \lim_{n \to \infty} Ax_n,$$

und der Operator V ist durch A eindeutig bestimmt. Ferner ist

$$\|Vx\|^2 = \lim_{n \to \infty} \|Ax_n\|^2 = \lim_{n \to \infty} \|Bx_n\|^2 = \|Qx\|^2,$$

d. h., es ist $V^*V = Q$. Somit ist V partiell isometrisch, und $I - V^*V = I - Q = P$ ist der Projektor auf

$N(A)$. Ferner ist $V^*A = V^*VB = QB = B$, und auch (7) ist erfüllt.

Zum Beweis der Existenz definieren wir einen Operator $W_0\colon R(B) \to \mathscr{H}$ durch $W_0Bx := Ax$. Das ist möglich, weil aus $Bx = 0$ stets $Ax = 0$ folgt. Der Operator W_0 ist linear, aber auch beschränkt, denn es ist $\|W_0Bx\| = \|Ax\| = \|Bx\|$. Er kann somit nach 2.1., Satz 11, auf genau eine Weise zu einem beschränkten linearen Operator $W\colon R(B)^a \to \mathscr{H}$ fortgesetzt werden. Durch $V := WQ$ wird nun ein linearer Operator $V\colon \mathscr{H} \to \mathscr{H}$ definiert. Für ihn gilt $VBx = WQBx = WBx = W_0Bx = Ax$, d. h., (5) ist erfüllt. Es gilt aber auch (6), denn es ist $VPx = WQPx = 0$. Damit sind Existenz und Einzigkeit bewiesen.

Wir nennen den durch (5), (6) definierten Operator $V = V_A$ den *partiell isometrischen Teil* von A.

Satz 3: *Ist V der partiell isometrische Teil von $A \in L(\mathscr{H})$, so ist V^* der partiell isometrische Teil von A^*, und es ist*

$$\sqrt{AA^*} = V \sqrt{A^*A}\, V^*. \tag{8}$$

Beweis: Es sei $B := \sqrt{A^*A}$ und $C := \sqrt{AA^*}$. Aus

$$(VBV^*)^2 = (AV^*)^2 = AV^*AV^* = ABV^* = A(VB)^*$$
$$= AA^* = C^2$$

und $VBV^* \geqq 0$ folgt $C = VBV^*$, und (8) ist bewiesen. Weiterhin ist $V^*C = V^*VBV^* = BV^* = A^*$, was (5) entspricht. Aus $A^*x = 0$ folgt $AV^*x = VBV^*x = Cx = 0$, und wegen (6) ist dann $VV^*x = 0$. Das ist nur für $V^*x = 0$ möglich. Damit ist gezeigt, daß V^* der partiell isometrische Teil von A^* ist.

2.11. Normale und unitäre Operatoren

Für jeden Operator $A \in L(\mathscr{H})$ definieren wir einen *Realteil* $A_1 = \mathrm{Re}A$ und einen *Imaginärteil* $A_2 = \mathrm{Im}A$ durch

$$A_1 := \frac{A + A^*}{2}, \quad A_2 := \frac{A - A^*}{2i}. \tag{1}$$

Offensichtlich sind Real- und Imaginärteil eines jeden Operators $A \in L(\mathcal{H})$ beschränkte selbstadjungierte Operatoren, und es ist

$$A = A_1 + iA_2, \qquad A^* = A_1 - iA_2. \tag{2}$$

Diese Zerlegungen besitzen weitgehende Analogien mit der Zerlegung einer komplexen Zahl z und der konjugiert komplexen Zahl $z^* := \bar{z}$ in Real- und Imaginärteil. Im allgemeinen sind aber A_1 und A_2 oder, was gleichbedeutend ist, A und A^* nicht vertauschbar.

Definition 1: Ein Operator $A \in L(\mathcal{H})$ heißt *normal*, wenn er mit seinem adjungierten Operator A^* vertauschbar ist, wenn also

$$A^*A = AA^* \tag{3}$$

ist.

Aus (1), (2) leiten wir ab, daß (3) mit $A_1A_2 = A_2A_1$ äquivalent ist. Für normale Operatoren gilt demzufolge

$$A^*A = AA^* = (\mathrm{Re}A)^2 + (\mathrm{Im}A)^2. \tag{4}$$

Es ergeben sich zahlreiche Beispiele für normale Operatoren, wenn wir die Definition von Funktionen $f(A)$ eines selbstadjungierten Operators $A \in L(\mathcal{H})$ auf komplexwertige Funktionen einer reellen Veränderlichen übertragen. Ist $f = f_1 + if_2$, wobei f_1, f_2 im Spektralintervall von A stetige reelle Funktionen sind, so setzen wir

$$f(A) := f_1(A) + if_2(A) \qquad (f = f_1 + if_2). \tag{5}$$

Dann sind $f_1(A)$ bzw. $f_2(A)$ gerade der Real- bzw. Imaginärteil von $f(A)$, und da diese Operatoren vertauschbar sind, ist $f(A)$ normal. Für alle komplexen Zahlen λ und alle auf dem Spektralintervall von A stetigen komplexwertigen Funktionen f, g gelten die Rechenregeln

$$(f(A))^* = \bar{f}(A), \tag{6}$$

$$(\lambda f)(A) = \lambda f(A), \tag{7}$$

$$(f + g)(A) = f(A) + g(A), \tag{8}$$

$$(fg)(A) = f(A)\,g(A). \tag{9}$$

Sie ergeben sich auf Grund der Definition (5) durch Zurückführung auf den in 2.8 entwickelten Kalkül für reelle stetige Funktionen. Wiederum übertragen wir die Schreibweisen für elementare Funktionen auf die entsprechenden operatorwertigen Funktionen, setzen also z. B.

$$\mathrm{e}^{iA} := \cos A + i \sin A. \tag{10}$$

Der Operator $V := \mathrm{e}^{iA}$ genügt wegen (4) der Relation

$$V^*V = VV^* = \cos^2 A + \sin^2 A = I, \tag{11}$$

gehört also zur folgenden Klasse von Operatoren.

Definition 2: Ein Operator $V \in L(\mathcal{H})$ heißt *unitär*, wenn

$$V^*V = VV^* = I \tag{12}$$

ist.

Äquivalent hiermit sind folgende Aussagen:

(a) V und V^* sind isometrisch.

(b) V ist isometrisch und normal.

(c) $V^* = V^{-1}$.

(d) V ist isometrisch und bildet den Raum $\mathcal{H}$ auf sich ab.

Die ersten drei Aussagen sind offensichtlich. Die letzte ist erfüllt, wenn V unitär ist. Umgekehrt folgt aus (d), daß $R(V) = R(VV^*) = \mathcal{H}$ ist, d. h., VV^* ist der Projektor auf $\mathcal{H}$, und neben $V^*V = I$ gilt auch $VV^* = I$.

Ist $V = \mathrm{e}^{iA}$, so nennen wir den selbstadjungierten Operator $A \in L(\mathcal{H})$ ein *Argument* des unitären Operators V.

Wir wollen jetzt zeigen, daß jeder unitäre Operator V ein Argument besitzt, das durch zusätzliche Forderungen sogar eindeutig bestimmt ist.

Satz 1: *Zu jedem unitären Operator V gibt es genau ein Argument A, das der Bedingung*

$$-\pi I \leqq A \leqq \pi I \tag{13}$$

genügt und nicht den Eigenwert $-\pi$ besitzt.

Beweis: Wir erinnern zunächst an Satz 2 in 2.9., wonach der Operator $s(B) := I - 2e_0(B)$ für jeden selbstadjungierten Operator $B \in L(\mathcal{H})$ der Bedingung $B = s(B)\,|B|$ genügt. Ferner ist $s(B)^2 = I - 4e_0(B) + 4e_0(B) = I$, und $s(B)$ ist mit jedem Operator vertauschbar, der mit B vertauschbar ist. Aus $Bx = 0$ folgt bekanntlich $e_0(B)\,x = 0$ und damit $s(B)\,x = x$.

Es sei nun A ein Argument von $V = V_1 + iV_2$, das den Bedingungen des Satzes genügt. Wir führen den unitären Operator

$$W = W_1 + iW_2 := \mathrm{e}^{i\frac{A}{2}}$$

ein. Dann ist $W_1 = \cos\dfrac{A}{2}$, $W_2 = \sin\dfrac{A}{2}$. Im Intervall $-\pi \leqq t \leqq \pi$ ist $\cos\dfrac{t}{2} \geqq 0$ und $\sin\dfrac{t}{2}$ streng monoton. Daher ist $W_1 \geqq 0$ und

$$A = 2 \arcsin W_2. \tag{14}$$

Die Einzigkeit von A ist gezeigt, wenn W_2 durch V eindeutig bestimmt ist. Wir behaupten, daß

$$W_2 = s(V_2)\,\sqrt{\frac{I - V_1}{2}} \tag{15}$$

ist. Aus (9) folgt

$$V_1 + iV_2 = \mathrm{e}^{iA} = \left(\mathrm{e}^{i\frac{A}{2}}\right)^2 = (W_1 + iW_2)^2 = W_1{}^2 - W_2{}^2 + 2iW_1W_2,$$

d. h., es ist $V_1 = W_1{}^2 - W_2{}^2 = I - 2W_2{}^2$ und $V_2 = 2W_1W_2$. Hiernach ist

$$|W_2| = \sqrt{W_2{}^2} = \sqrt{\frac{I - V_1}{2}},$$

so daß wir noch $W_2 = s(V_2)\,|W_2|$ zu beweisen haben. Für $x := W_1 y$ ist

$$2W_2 x = 2W_1 W_2 y = V_2 y = s(V_2)\,|V_2|\,y = 2s(V_2)\,|W_2 W_1|\,y$$
$$= 2s(V_2)\,|W_2|\,W_1 y = 2s(V_2)\,|W_2|\,x.$$

Ist aber $x \perp R(W_1)$, also $W_1 x = 0$, so ist $(I + W_2)\,(I - W_2)\,x = (I - W_2{}^2)\,x = W_1{}^2 x = 0$. Der Operator W_2 hat nicht den Eigenwert -1, weil sonst $A = 2 \arcsin W_2$ nach 2.8., Satz 3, den Eigenwert $2 \arc \sin(-1) = -\pi$ hätte. Aus $0 = (I + W_2)(I - W_2)x$ folgt also $(I - W_2)x = 0$. Daher ist $W_2 x = x$ und $|W_2|x = x$. Schließlich folgt aus $V_2 x = 2W_2 W_1 x = 0$ noch $s(V_2)x = x$, und somit ist für $x \in R(W_1)$ ebenfalls $W_2 x = s(V_2)|W_2|x$. Damit ist (15) bewiesen, und A ist durch V eindeutig bestimmt.

Zum Beweis der Existenz sei V ein beliebiger unitärer Operator. Aus $V_1^2 \leqq V_1^2 + V_2^2 = I$ folgt $-I \leqq V_1 \leqq I$, also $0 \leqq \dfrac{I \pm V_1}{2} \leqq I$, so daß wir W_2 durch (15) definieren können. Die beiden Faktoren auf der rechten Seite von (15) sind vertauschbar, und es ist $W_2^2 = \dfrac{I - V_1}{2} \leqq I$, $-I \leqq W_2 \leqq I$. Somit kann A durch (14) definiert werden, und es gilt (13). Mit

$$W_1 := \cos \frac{A}{2} = \sqrt{I - \sin^2 \frac{A}{2}} = \sqrt{I - W_2^2} = \sqrt{\frac{I + V_1}{2}}$$

haben wir dann

$$W_1^2 - W_2^2 = \frac{I + V_1}{2} - \frac{I - V_1}{2} = V_1,$$

$$2 W_1 W_2 = 2s(V_2) \sqrt{\frac{I + V_1}{2}} \sqrt{\frac{I - V_1}{2}} = s(V_2) \sqrt{I - V_1^2}$$

$$= s(V_2)|V_2| = V_2,$$

d. h., es ist

$$e^{iA} = \left(e^{i\frac{A\cdot}{2}}\right)^2 = (W_1 + iW_2)^2 = V.$$

Aus $Ax = -\pi x$ folgt $W_2 x = \sin\left(-\dfrac{\pi}{2}\right)x = -x$ und $|W_2|x = x$ sowie $V_2 x = \sin(-\pi)x = 0$. Somit ist $-x = W_2 x = s(V_2)|W_2|x = s(V_2)x = x$, also $x = 0$, und A hat nicht den Eigenwert $-\pi$. Damit ist Satz 1 bewiesen.

Wir nennen den gemäß Satz 1 definierten Operator A das *Hauptargument* des unitären Operators A, in Zeichen

$$A := \operatorname{Arg} V \qquad (V^*V = VV^* = I). \tag{16}$$

Ist ein Operator $T \in L(\mathcal{H})$ mit V vertauschbar, d. h., gilt $VT = TV$, so folgt, wenn wir links und rechts mit V^* multiplizieren, $TV^* = V^*T$. Daher ist T auch mit V_1 und V_2 vertauschbar, und wegen (15), (14) ist T auch mit dem Hauptargument von V vertauschbar. In Ergänzung zu Satz 1 gilt also $(A)' = (V)'$.

Das Spektrum eines unitären Operators V kann mit Hilfe eines beliebigen Arguments A vollständig charakterisiert werden. Es ergibt sich, indem man das Spektrum von A auf den Einheitskreis „aufwickelt".

Satz 2: *Das Spektrum eines unitären Operators $V = \mathrm{e}^{iA}$ liegt auf dem Einheitskreis, und zwar ist*

$$\sigma(V) = \{\mathrm{e}^{i\alpha}\colon \alpha \in \sigma(A)\}. \tag{17}$$

Beweis: Ein normaler Operator B ist wegen $\|Bx\|^2 = \|B^*x\|^2$ genau dann regulär, wenn es ein $\varepsilon > 0$ mit $\|Bx\| \geq \varepsilon \|x\|$ für alle $x \in \mathscr{H}$ gibt. Ist $|\lambda| \neq 1$, so gilt $\|(V - \lambda I)\, x\| = \|Vx - \lambda x\|$ $\geq \big|\|Vx\| - |\lambda|\, \|x\|\big| = \big|1 - |\lambda|\big|\, \|x\|$, und folglich ist $V - \lambda I$ regulär. Daher liegt $\sigma(V)$ auf dem Einheitskreis.

Zu jedem Punkt λ des Einheitskreises gibt es ein α mit $\lambda = \mathrm{e}^{i\alpha}$. Ist $\{E_\lambda\}$ die Spektralschar von A und $0 < \varepsilon < \pi$, so setzen wir

$$P_{k,\varepsilon} := E_{2k\pi+\alpha+\varepsilon} - E_{2k\pi+\alpha-\varepsilon}, \qquad P_\varepsilon := \sum_{k=-\infty}^{\infty} P_{k,\varepsilon}.$$

Offensichtlich sind nur höchstens endlich viele Summanden $P_{k,\varepsilon}$ von Null verschieden. Wir führen die Funktionen $f(t) := \mathrm{e}^{it} - \mathrm{e}^{i\alpha}$ und

$$g(t) := |f(t)|^2 = (\mathrm{e}^{-it} - \mathrm{e}^{-i\alpha})\, (\mathrm{e}^{it} - \mathrm{e}^{i\alpha}) = 2 - (\mathrm{e}^{i(t-\alpha)} + \mathrm{e}^{i(\alpha-t)})$$

$$= 2(1 - \cos(t - \alpha)) = 4\sin^2 \frac{t - \alpha}{2}$$

ein. Dann ist $f(A) = V - \lambda I$ und $g(A) = f(A)^* f(A)$. Aus dem Verlauf der Funktion $g(t)$ folgt, wenn wir 2.9., Satz 1, auf jeden Summanden $P_{k,\varepsilon}$ anwenden und dann summieren,

$$g(A)\, P_\varepsilon \leq \left(4\sin^2 \frac{\varepsilon}{2}\right) P_\varepsilon,$$

$$g(A)\, (I - P_\varepsilon) \geq \left(4\sin^2 \frac{\varepsilon}{2}\right) (I - P_\varepsilon).$$

Es liege nun $\lambda = \mathrm{e}^{i\alpha}$ im Spektrum von V. Dann gibt es Einheitsvektoren e_n mit

$$0 = \lim_{n\to\infty} \|Ve_n - \lambda e_n\|^2 = \lim_{n\to\infty} (f(A)^* \, f(A) \, e_n, e_n)$$

$$= \lim_{n\to\infty} (g(A) \, e_n, e_n) \geqq \lim_{n\to\infty} (g(A) \, (I - P_\varepsilon) \, e_n, e_n)$$

$$\geqq 4\sin^2 \frac{\varepsilon}{2} \lim_{n\to\infty} ((e_n, e_n) - (P_\varepsilon e_n, e_n)).$$

Für alle $\varepsilon > 0$ haben wir also $\|P_\varepsilon e_n\| \to 1$, und folglich ist $P_\varepsilon \neq 0$ für alle $\varepsilon > 0$. Für wenigstens ein k ist also $P_{k,\varepsilon} \neq 0$ für alle $\varepsilon > 0$. Dann liegt aber $\alpha' := 2k\pi + \alpha$ im Spektrum von A, und es ist $\lambda = e^{i\alpha'}$.

Ist umgekehrt $\alpha \in \sigma(A)$, so ist $P_\varepsilon \neq 0$ für alle $\varepsilon > 0$, und es gibt Einheitsvektoren e_n mit $e_n = P_{1/n} e_n$. Es folgt

$$\|Ve_n - \lambda e_n\|^2 = (g(A) \, e_n, e_n) = (g(A) \, P_{1/n} \, e_n, e_n)$$

$$\leqq 4\sin^2 \frac{1}{2n} \, (P_{1/n} e_n, e_n) \leqq 4\sin^2 \frac{1}{2n},$$

und folglich gilt $(V - \lambda I) \, e_n \to 0$, d. h., es ist $\lambda = e^{i\alpha} \in \sigma(V)$. Damit ist Satz 2 bewiesen.

Die kanonische Darstellung eines normalen Operators $A \in L(\mathscr{H})$ kann so variiert werden, daß sie zur Polardarstellung $z = re^{i\varphi}$ komplexer Zahlen völlig analog ist.

Satz 3: *Zu jedem normalen Operator $A \in L(\mathscr{H})$ gibt es einen mit A (und A^*) vertauschbaren unitären Operator V mit*

$$A = V \sqrt{A^*A}. \tag{18}$$

Beweis: Es sei W der partiell isometrische Teil von A. Da die Operatoren A, A^* und $B := \sqrt{A^*A} = \sqrt{AA^*}$ denselben Nullraum haben und $I - W^*W$ bzw. $I - WW^*$ der Projektor auf den Nullraum von A bzw. A^* ist, gilt $W^*W = WW^*$. Der Operator $V := W + (I - W^*W)$ ist also normal, und wegen $(I - W^*W) \, W = W(I - W^*W) = 0$ ist

$$VV^* = V^*V = \big(W^* + (I - W^*W)\big) \, \big(W + (I - W^*W)\big)$$
$$= W^*W + (I - W^*W) = I.$$

Somit ist V unitär. Ferner ist $VB = WB = A$ und $V*B = V*\sqrt{AA*} = A*$, also $BV = A = VB$. Dann ist aber auch $AV = VBV = VA$. Wir hatten bereits oben gesehen, daß für unitäre Operatoren V aus $AV = VA$ stets $V*A = AV*$ folgt, und Satz 3 ist bewiesen.

Ist der normale Operator A injektiv, d. h., folgt aus $Ax = 0$ stets $x = 0$, so ist der unitäre Operator V durch die Bedingung $A = V\sqrt{A*A}$ bereits eindeutig bestimmt, und zwar ist V in diesem Fall der partiell isometrische Teil von A. Andernfalls liegt in der Definition von V auf dem Nullraum von A eine Willkür. Man hat nur darauf zu achten, daß die Einschränkung von V auf $N(A)$ ein unitärer Operator im HILBERT-Raum $N(A)$ ist.

2.12. *Kompakte Operatoren*

Eine Folge (x_n) in einem normierten Raum heißt bekanntlich *präkompakt*, wenn sie eine konvergente Teilfolge besitzt.

Definition: Ein linearer Operator A in $\mathscr{H}$ heißt *kompakt*, wenn er jede beschränkte Folge (x_n) in eine präkompakte Folge (Ax_n) überführt.

Jeder kompakte Operator ist beschränkt, denn andernfalls gäbe es eine Folge von Einheitsvektoren e_n mit $\|Ae_n\| \to \infty$, und die Folge (Ae_n) wäre nicht präkompakt.

Satz 1: *Jeder ausgeartete Operator* $A \in L(\mathscr{H})$ *ist kompakt.*

Beweis: Für jede beschränkte Folge (x_n) ist die Folge (Ax_n) beschränkt und besitzt nach dem Satz von BOLZANO-WEIERSTRASS eine koordinatenweise konvergente Teilfolge. Wegen $\|\xi_1 e_1 + \cdots + \xi_p e_p\| \leqq |\xi_1| + \cdots + |\xi_p|$ ist diese Teilfolge aber auch in der Norm konvergent.

Satz 2: *Sind* $A, B \in L(\mathscr{H})$ *kompakte Operatoren und ist* C *ein beliebiger Operator aus* $L(\mathscr{H})$, *so sind* λA, $A + B$, AC, CA, $\sqrt{A*A}$ *und* $A*$ *kompakte Operatoren.*

Beweis: Es sei (x_n) eine beliebige beschränkte Folge in $\mathscr{H}$. Durch dreifachen Übergang zu Teilfolgen können wir eine Teilfolge (x_n') von (x_n) finden, für die zunächst (Ax_n'), dann auch (Bx_n') und schließlich (ACx_n') konvergent sind. Dann sind die Folgen $((A + B)\,x_n')$, (CAx_n') und (ACx_n') konvergent, und folglich sind die Operatoren $A + B$, CA und AC kompakt. Wählen wir speziell $C := \lambda I$, so erkennen wir, daß auch λA kompakt ist. Ist V der partiell isometrische Teil von A, so folgt aus $\sqrt{A^*A} = V^*A$ und aus $A^* = \sqrt{A^*A}\,V^*$ mit Hilfe des bereits Bewiesenen, daß auch $\sqrt{A^*A}$ und A^* kompakt sind.

Der folgende Satz zeigt zusammen mit Satz 2, daß die Menge aller kompakten Operatoren einen Unterraum des BANACH-Raumes $L(\mathcal{H})$ bildet.

Satz 3: *Der Grenzwert A einer jeden gleichmäßig konvergenten Folge kompakter Operatoren $A_n \in L(\mathcal{H})$ ist kompakt.*

Beweis: Es sei (x_n) eine Folge in $\mathcal{H}$ mit $\|x_n\| \leq K < \infty$. Wir wählen eine Teilfolge (x_{0n}) von (x_n) mit

$$\|A_0 x_{0n} - A_0 x_{00}\| < 1 \qquad (n \in \mathbf{N}),$$

was wegen der Kompaktheit von A_0 möglich ist. Ist für $k - 1 \in \mathbf{N}$ die Teilfolge $(x_{k-1,n})$ von (x_n) bereits definiert, so wählen wir eine Teilfolge (x_{kn}) von $(x_{k-1,n+1})$ mit

$$\|A_k x_{kn} - A_k x_{k0}\| < \frac{1}{2^k} \qquad (n \in \mathbf{N}).$$

Da jede der so konstruierten Folgen $(x_{kn})_{n \in \mathbf{N}}$ eine Teilfolge aller vorangehenden Folgen ist, haben wir stets

$$\|A_k x_{m0} - A_k x_{k0}\| < \frac{1}{2^k} \qquad (m \geq k).$$

Für $m \geq k$ folgt

$$\|A x_{m0} - A x_{k0}\|$$
$$\leq \|A x_{m0} - A_k x_{m0}\| + \|A_k x_{m0} - A_k x_{k0}\| + \|A x_{k0} - A_k x_{k0}\|$$
$$\leq \|A - A_k\|\,\|x_{m0}\| + \frac{1}{2^k} + \|A - A_k\|\,\|x_{k0}\|$$
$$\leq 2K\,\|A - A_k\| + \frac{1}{2^k}.$$

Die rechte Seite strebt gegen Null für $k \to \infty$, und folglich ist (Ax_{k0}) eine Fundamentalfolge, also konvergent. Daher ist A kompakt, und Satz 3 ist bewiesen.

In der historischen Entwicklung hatte die Theorie der kompakten Operatoren ihren Ausgangspunkt in der Behandlung von Integralgleichungen der Form

$$\int\limits_{\boldsymbol{R}^p} k(s,\,t)\, x(t)\, \mathrm{d}t - \lambda x(t) = y(t), \tag{1}$$

wobei der Kern k, die Funktion y und $\lambda \in \boldsymbol{C}$ gegeben sind.

Satz 4: *Jeder von einem quadratisch integrierbaren Kern $k(s,\,t) \in L^2(\boldsymbol{R}^{2p})$ erzeugte Integraloperator $K \in L\big(L^2(\boldsymbol{R}^p)\big)$ ist kompakt.*

Beweis: Wie wir im Beweis von Satz 2 in 1.7. gesehen hatten, gibt es zu jedem Kern $k(s,\,t) \in L^2(\boldsymbol{R}^{2p})$ und zu jedem $n \in \boldsymbol{N}$ eine Funktion k_n der Form

$$k_n(s,\,t) = \sum_{i=0}^{n} c_i \chi_{Q_i}(s,\,t) \tag{2}$$

mit Würfeln $Q_i \subset \boldsymbol{R}^{2p}$ und mit $\|k - k_n\|_{L^2(\boldsymbol{R}^{2p})} < \dfrac{1}{2^n}$. Nach

2.1. (25) ist dann $\|K - K_n\| < \dfrac{1}{2^n}$. Die Funktionen (2) sind aber vom Typ 2.4. (10), denn jeder Würfel $Q \subset \boldsymbol{R}^{2p} = \boldsymbol{R}^p \times \boldsymbol{R}^p$ kann in der Form $Q = Q' \times Q''$ mit Würfeln Q', Q'' aus $\boldsymbol{R}^p$ dargestellt werden, woraus $\chi_Q(s,\,t) = \chi_{Q'}(s)\, \chi_{Q''}(t)$ folgt. Die Operatoren K_n sind somit ausgeartet, und die Behauptung folgt aus Satz 1 und Satz 3.

Die Integralgleichung (1) ist also vom Typ

$$(A - \lambda I)\, x = y \tag{3}$$

wobei $A \in L(\mathcal{H})$ ein kompakter Operator ist. Für die Frage der Lösbarkeit dieser Gleichung ist die Untersuchung des Spektrums von A von großer Bedeutung. Bereits in 2.4., Satz 5, hatten wir hervorgehoben, welche Bedeutung der Abgeschlossenheit des Wertebereichs eines Operators zukommt.

Satz 5: *Für alle kompakten Operatoren A und alle von Null verschiedenen komplexen Zahlen λ ist der Wertebereich von $A - \lambda I$ abgeschlossen.*

Beweis: Zu $y \in R(A - \lambda I)^a$ gibt es $x_n \in \mathscr{H}$ mit $(A - \lambda I)\, x_n \to y$. Durch Übergang zu einer Teilfolge können wir erreichen, daß die Folge (Ax_n) konvergiert. Wegen $\lambda x_n = Ax_n - (A - \lambda I)\, x_n$ konvergiert dann auch die Folge (x_n) gegen ein Element $x \in \mathscr{H}$, und wir haben

$$y = \lim_{n \to \infty} (A - \lambda I)\, x_n = (A - \lambda I)\, x \in R(A - \lambda I),$$

womit Satz 5 bewiesen ist.

Auf Grund des oben genannten Satzes ist also die Gleichung (3) für $\lambda \neq 0$ genau dann lösbar, wenn y zu allen Lösungen z der Gleichung

$$(A^* - \bar{\lambda} I)\, z = 0 \tag{4}$$

orthogonal ist. Ist $\bar{\lambda}$ kein Eigenwert von A^*, so ist die Gleichung (3) stets lösbar. Andernfalls muß $(y, z) = 0$ für alle Eigenvektoren z von A^* zu $\bar{\lambda}$ sein.

Der folgende Hilfssatz unterstreicht die bereits in Satz 5 zutage getretene Sonderstellung der Zahl Null für das Spektralverhalten kompakter Operatoren. Die Prämissen sind jeweils nur in unendlich-dimensionalen Räumen realisierbar.

Satz 6: *Jeder kompakte Operator $A \in L(\mathscr{H})$ besitzt folgende Eigenschaften:*

(a) *Ist die Vielfachheit eines Eigenwertes λ unendlich, so ist $\lambda = 0$.*

(b) *Besitzt die Menge der Eigenwerte einen Häufungspunkt λ, so ist $\lambda = 0$.*

(c) *Gibt es eine Folge (x_k) in $\mathscr{H}$ mit*

$$(A - \lambda I)\, x_0 = 0 \qquad (x_0 \neq 0), \tag{5}$$

$$(A - \lambda I)\, x_{k+1} = x_k \qquad (k \in \mathbf{N}), \tag{6}$$

so ist $\lambda = 0$.

B e w e i s : In allen drei Fällen konstruieren wir eine Zahlenfolge (λ_n) mit $\lambda_n \to \lambda$ und eine orthonormierte Folge (e_n) derart, daß die Vektoren $y_k := (A - \lambda_k I)\, e_k$ die Relation

$$(e_m, y_k) = 0 \qquad (m \geqq k) \tag{7}$$

erfüllen. Für $m > n$ folgt hieraus

$$\|Ae_m - Ae_n\|^2 = \|\lambda_m e_m + y_m - \lambda_n e_n - y_n\|^2$$
$$= \|\lambda_m e_m\|^2 + \|y_m - \lambda_n e_n - y_n\|^2 \geqq |\lambda_m|^2.$$

Da (Ae_n) eine konvergente Teilfolge (Ae_{n_k}) besitzt, kann die linke Seite mit n_k statt m beliebig klein gemacht werden, und es folgt

$$0 \geqq \lim_{k \to \infty} |\lambda_{n_k}|^2 = |\lambda|^2,$$

woraus sich die Behauptung $\lambda = 0$ ergibt.

Im Fall (a) wählen wir eine orthonormierte Folge von Eigenvektoren e_n zu $\lambda_n := \lambda$. Dann ist $y_n = 0$, und es gilt (7).

Im Fall (b) wählen wir eine Folge paarweise verschiedener Eigenwerte λ_n mit $\lambda_n \to \lambda$ und zugehörige Eigenvektoren x_n. Die Folge (x_n) ist nach 2.4., Satz 3, linear unabhängig und kann mit Hilfe des SCHMIDTschen Orthogonalisierungsverfahrens in eine orthonormierte Folge (e_n) überführt werden. Die Vektoren e_n sind dann Linearkombinationen von $x_0, \ldots, x_n$, und wegen $Ax_i = \lambda_i x_i$ ist $y_n := (A - \lambda I)\, e_n$ eine Linearkombination von $x_0, \ldots, x_{n-1}$, also auch von $e_0, \ldots, e_{n-1}$. Damit ist (7) erfüllt.

Im Fall (c) sei $\lambda_k := \lambda$. Aus den Voraussetzungen folgt $(A - \lambda I)^k x_{k+1} = x_0 \neq 0$, $(A - \lambda I)^{k+1} x_{k+1} = 0$. Der Nullraum von $(A - \lambda I)^k$ ist also echt im Nullraum von $(A - \lambda I)^{k+1}$ enthalten, und folglich sind die Unterräume

$$U_k := N\big((A - \lambda I)^{k+1}\big) \ominus N\big((A - \lambda I)^k\big)$$

vom Nullraum verschieden. Nach Konstruktion sind sie paarweise orthogonal. Wählen wir aus jedem U_k einen Einheitsvektor e_k, so ist (e_k) orthonormiert. Mit

$y_\kappa := (A - \lambda I)\, e_k$ haben wir $(A - \lambda I)^k\, y_k = (A - \lambda I)^{k+1} e_k$ $= 0$, d. h., es ist $y_k \in N\big((A - \lambda I)^k\big) = U_0 \oplus \cdots \oplus U_{k-1}$. Hieraus folgt (7), und Satz 6 ist vollständig bewiesen.

Mit seiner Hilfe können wir über das Spektrum kompakter Operatoren umfassende Aussagen machen.

Satz 7: *Jeder von Null verschiedene Eigenwert λ eines kompakten Operators $A \in L(\mathscr{H})$ besitzt eine endliche Vielfachheit, und $\bar{\lambda}$ ist ein Eigenwert von A^*. Das Spektrum von A besteht aus den Eigenwerten und — in unendlichdimensionalen Räumen — der Zahl Null, die aber auch Eigenwert sein kann. Die von Null verschiedenen Eigenwerte können in einer endlichen oder unendlichen Folge $\lambda_0, \lambda_1, \ldots$ angeordnet werden, und im zweiten Falle ist (λ_n) eine Nullfolge.*

Beweis: Die erste Behauptung folgt aus der Aussage (a) in Satz 6. Es sei λ Eigenwert von $A, \lambda \neq 0$. Wäre $\bar{\lambda}$ kein Eigenwert von A^*, so folgte $R(A - \lambda I)$ $= N(A^* - \lambda I)^\perp = \{0\}^\perp = \mathscr{H}$, und wir könnten eine Folge (x_n) mit den Eigenschaften (5), (6) konstruieren. Das ist ein Widerspruch zur Aussage (c) von Satz 6, und $\bar{\lambda}$ ist Eigenwert von A^*. Ist $\dim \mathscr{H} = \infty$, so gibt es eine orthonormierte Folge (e_n) in $\mathscr{H}$ und eine Teilfolge, für die (Ae_{n_k}) gegen ein Element $x \in \mathscr{H}$ konvergiert. Aus der BESSELschen Ungleichung folgt $(A^*x, e_{n_k}) \to 0$, und folglich ist

$$\|x\|^2 = \lim_{k \to \infty} (x, Ae_{n_k}) = 0, \qquad x = 0.$$

Aus $Ae_{n_k} \to 0$ können wir aber schließen, daß A nicht regulär ist, d. h., die Zahl Null gehört zum Spektrum von A.

Es sei nun $\lambda \neq 0$ und λ sei kein Eigenwert von A. Dann ist $\bar{\lambda}$ kein Eigenwert von A^*. Aus den Aussagen

$$N(A - \lambda I) = \{0\},$$
$$R(A - \lambda I) = N(A^* - \bar{\lambda} I)^\perp = \{0\}^\perp = \mathscr{H}$$

folgt aber, daß $A - \lambda I$ regulär ist. Außer den Eigenwerten liegt keine von Null verschiedene Zahl λ im Spektrum von A.

Da die Menge der Eigenwerte durch $\|A\|$ beschränkt ist und nach der Aussage (b) von Satz 6 höchstens den Nullpunkt als Häufungspunkt besitzen kann, gelten auch die letzten Behauptungen von Satz 7.

Zusammenfassend können wir die folgende *Fredholmsche Alternative* für die Lösbarkeit der Gleichung $Ax - \lambda x = y$ mit $\lambda \neq 0$ formulieren.

Entweder ist die Gleichung eindeutig lösbar (nämlich wenn λ nicht im Spektrum liegt, also kein Eigenwert von A ist), *oder* die Gleichung besitzt für $y = 0$ eine nichttriviale Lösung (nämlich wenn λ im Spektrum von A liegt, also Eigenwert von A ist).

Im zweiten Fall ist der Lösungsraum der Gleichung $Ax - \lambda x = 0$ endlich-dimensional, und die Gleichung $Ax - \lambda x = y$ ist genau dann lösbar, wenn y zu allen Lösungen z der adjungierten homogenen Gleichung $A^*z - \bar{\lambda}z = 0$ orthogonal ist.

Für selbstadjungierte kompakte Operatoren können noch weitergehende Aussagen bewiesen werden.

Der folgende Satz ist eine Verallgemeinerung des aus der linearen Algebra bekannten Satzes von der Hauptachsentransformation. Er zeigt, daß jeder kompakte selbstadjungierte Operator bezüglich einer geeigneten orthonormierten Basis als Diagonaloperator dargestellt werden kann.

Satz 8: *Zu jedem kompakten selbstadjungierten Operator $A \neq 0$ gibt es eine endliche Folge oder eine Nullfolge reeller Zahlen $\lambda_0, \lambda_1, \ldots$ mit $|\lambda_0| \geq |\lambda_1| \geq \cdots$ und eine orthonormierte Folge $e_0, e_1, \ldots$ mit*

$$Ax = \sum_k \lambda_k(x, e_k) \, e_k. \tag{8}$$

Beweis: In 2.6. haben wir bewiesen, daß die Grenzen des Operators A zum Spektrum gehören. Da $A \neq 0$ ist, muß wenigstens eine der beiden Grenzen von Null verschieden und damit Eigenwert sein. Die Menge der Eigenwerte von A sei zunächst unendlich. Wir bilden eine Folge (λ_k), in der jeder von Null verschiedene Eigenwert in unmittelbarer Aufeinanderfolge ebenso oft auftritt, wie seine Vielfachheit angibt. Da die Eigenwerte eine Nullfolge bilden, können wir $|\lambda_0| \geqq |\lambda_1| \geqq \cdots$ fordern. Hat nun der Eigenwert λ die Vielfachheit p, d. h., ist etwa $\lambda_k = \cdots = \lambda_{k+p-1} = \lambda$ und $\lambda_i \neq \lambda$ für $i \neq k, \ldots, k + p - 1$, so gibt es zu λ ein System von p linear unabhängigen Eigenvektoren von A, die wir in eine orthonormierte Folge $e_k, \ldots, e_{k+p-1}$ überführen können. Da Eigenvektoren zu verschiedenen Eigenwerten von selbst orthogonal sind, entsteht so eine orthonormierte Folge (e_k), und durch

$$Bx := \sum_{k=0}^{\infty} \lambda_k(x, e_k)\, e_k, \quad B_n x := \sum_{k=0}^{n} \lambda_k(x, e_k)\, e_k \qquad (9)$$

werden selbstadjungierte lineare Operatoren B, B_n definiert. Wegen $|\lambda_{n+1}| \geqq |\lambda_{n+2}| \geqq \cdots$ und Satz 8 in 2.1. ist $\|B - B_n\| = |\lambda_{n+1}|$, und die Folge der ausgearteten Operatoren B_n konvergiert gleichmäßig gegen B. Daher ist B kompakt. Wäre nun $A \neq B$, so hätte der kompakte selbstadjungierte Operator $A - B$ einen von Null verschiedenen Eigenwert μ und einen zugehörigen Eigenvektor $e \neq 0$. Aus $Be_k = \lambda_k e_k = Ae_k$ folgt aber

$$\mu(e, e_k) = \big((A - B)\, e, e_k\big) = \big(e, (A - B)\, e_k\big) = 0,$$

und e ist zu allen Vektoren e_k orthogonal. Aus (9) folgt $Be = 0$, also $Ae = \mu e$, und μ stimmt als Eigenwert von A mit einer der Zahlen $\lambda = \lambda_k$ überein. Das widerspricht der Feststellung, daß e zu allen Eigenvektoren von A zu λ orthogonal ist.

Sind nur endlich viele Eigenwerte vorhanden, so bricht unser Konstruktionsverfahren bei einer natürlichen Zahl n ab, weil keine weiteren von Null verschiedenen Eigenwerte vorhanden sind. In diesem Falle zeigt man wie oben, daß $A - B_n = 0$ ist, und Satz 8 ist bewiesen.

Definieren wir den Projektor P_k durch $P_k x := (x, e_k)\, e_k,$

so ist $P_i P_j = 0$ für $i \neq j$, und Gleichung (8) kann in der Form

$$A = \sum_k \lambda_k P_k \tag{10}$$

geschrieben werden. Im Falle unendlich vieler Eigenwerte liegt dabei gleichmäßige Konvergenz vor.

Jetzt können wir zeigen, daß auch die Umkehrung von Satz 3 erfüllt ist.

S a t z 9: *Ein linearer Operator A in $\mathscr{H}$ ist genau dann kompakt, wenn es eine Folge ausgearteter Operatoren gibt, die gleichmäßig gegen A konvergiert.*

B e w e i s : Es sei V der partiell isometrische Teil des kompakten Operators A. Ist $B := \sqrt{A^*A}$ ausgeartet, so gilt dies auch für $A = VB$. Andernfalls wählen wir gemäß (9) eine Folge ausgearteter Operatoren B_n, die gleichmäßig gegen B konvergiert. Dann ist auch VB_n ausgeartet, und wegen $\|A - VB_n\| = \|VB - VB_n\| \leq \|B - B_n\|$ konvergiert die Folge (VB_n) gleichmäßig gegen A. Zusammen mit Satz 3 ergibt sich hieraus die Behauptung.

Zum Schluß dieses Abschnittes wenden wir uns dem Problem der *Jordanschen Normalform* zu. Ein linearer Operator A in $\boldsymbol{R}^{n+1}$ heißt ein *Jordanscher Elementaroperator*, wenn es eine (nicht notwendig orthonormierte) Basis $\{x_0, \ldots, x_n\}$ des $\boldsymbol{R}^{n+1}$ mit

$$\begin{aligned}
Ax_0 &= \lambda x_0 \\
Ax_1 &= \lambda x_1 + x_0 \\
&\cdots\cdots\cdots \\
Ax_n &= \lambda x_n + x_{n-1}
\end{aligned} \tag{11}$$

gibt. Hiernach kann A bezüglich dieser schiefwinkligen Basis durch die Matrix

$$\begin{pmatrix} \lambda & 1 & 0 \\ & & \\ & & 1 \\ 0 & & \lambda \end{pmatrix} = \lambda \begin{pmatrix} 1 & & 0 \\ & & \\ & & \\ 0 & & 1 \end{pmatrix} + \begin{pmatrix} 0 & 1 & 0 \\ & & \\ & & 1 \\ 0 & & 0 \end{pmatrix} \tag{12}$$

charakterisiert werden. Im Falle $n = 0$ fordern wir nur, daß

$Ax_0 = \lambda x_0$ gilt, und die Matrix nimmt die einfache Form $A = (\lambda)$ an.

Wir verallgemeinern nun diese Begriffsbildung. Wir nennen $x_0, \ldots, x_n$ eine (JORDANsche) λ-Kette eines Operators $A \in L(\mathscr{H})$, wenn die Bedingungen (11) mit $x_0 \neq 0$ erfüllt sind.

Satz 10: *Zu jedem von Null verschiedenen Eigenwert λ eines kompakten Operators A gibt es eine λ-Kette $x_0, \ldots, x_n$ von A und eine $\bar{\lambda}$-Kette $y_0, \ldots, y_n$ von A^* mit*

$$(x_i, y_k) = \begin{cases} 1 & \text{für } i + k = n, \\ 0 & \text{für } i + k \neq n. \end{cases} \tag{13}$$

Beweis: Wir nennen eine λ-Kette $x_0, \ldots, x_n$ maximal, wenn x_n nicht im Wertebereich von $A - \lambda I$ liegt. Dann gibt es kein $x \in \mathscr{H}$ mit $(A - \lambda I) x = x_n$ oder $Ax = \lambda x + x_n$, und die Kette kann nicht verlängert werden. Auf Grund der Aussage (c) in Satz 6 gibt es eine maximale λ-Kette $x_0, \ldots, x_n$ von A. Nach (11) ist dann

$$(A - \lambda I) x_0 = 0 \qquad (x_0 \neq 0), \tag{14}$$
$$(A - \lambda I) x_k = x_{k-1} \qquad (k = 1, \ldots, n), \tag{15}$$

wobei im Fall $n = 0$ nur (14) besteht. Weiterhin ist

$$(A - \lambda I)^j x_k = \begin{cases} x_{k-j} & \text{für } j \leqq k, \\ 0 & \text{für } j > k. \end{cases} \tag{16}$$

Da λ Eigenwert von A ist, muß $\bar{\lambda}$ Eigenwert von A^* sein, und es gibt eine maximale $\bar{\lambda}$-Kette von A^*. Unter allen maximalen λ-Ketten von A und allen maximalen $\bar{\lambda}$-Ketten von A^* gibt es eine Kette kürzester Länge. Die minimale Länge werde etwa für die λ-Kette $x_0, \ldots, x_n$ von A angenommen. Da $x_n \notin R(A - \lambda I)$ $= R(A - \lambda I)^a$ ist, kann x_n nicht zum Nullraum von $A^* - \bar{\lambda} I$ orthogonal sein, d. h., es gibt ein $z_0 \in N(A^* - \bar{\lambda} I)$ mit $(x_n, z_0) \neq 0$. Auf Grund der Minimalität von n gibt es eine mit z_0 beginnende $\bar{\lambda}$-Kette $z_0, \ldots, z_m$ von A^* mit $m \geqq n$. Mit (16) folgt

$$(x_0, z_n) = ((A - \lambda I)^n x_n, z_n) = (x_n, (A^* - \bar{\lambda} I)^n z_n) = (x_n, z_0) \neq 0.$$

Somit ist z_n nicht zum Nullraum von $A - \lambda I$ orthogonal, d. h. es ist $z_n \notin R(A^* - \bar{\lambda} I)$. Dies besagt $m = n$, und es bedeutete keine Beschränkung der Allgemeinheit, wenn wir angenommen haben, daß die minimale Länge für eine λ-Kette von A (und nicht für eine $\bar{\lambda}$-Kette von $A*$) angenommen wird. Wir setzen

$$y_0 := c_0 z_0,$$
$$y_1 := c_0 z_1 + c_1 z_0,$$
$$\cdots\cdots\cdots\cdots\cdots$$
$$y_n := c_0 z_n + c_1 z_{n-1} + \cdots + c_n z_0$$

und bestimmen die Koeffizienten c_j so, daß

$$(x_n, y_j) = \begin{cases} 1 & \text{für} \quad j = 0, \\ 0 & \text{für} \quad j = 1, \ldots, n \end{cases} \tag{17}$$

ist. Das ist wegen $(x_n, z_0) \neq 0$ möglich. Aus der Definition von y_j folgt, daß mit $z_0, \ldots, z_n$ auch $y_0, \ldots, y_n$ eine $\bar{\lambda}$-Kette von $A*$ ist. Wir haben also

$$(x_i, y_k) = ((A - \lambda I)^{n-i} x_n, y_k) \doteq (x_n, (A* - \bar{\lambda} I)^{n-i} y_k)$$
$$= \begin{cases} (x_n, y_{k+i-n}) & \text{für} \quad n - i \leqq k, \\ 0 & \text{für} \quad n - i > k. \end{cases}$$

Zusammen mit (17) erhalten wir die Behauptung (13). Wir bemerken noch, daß die Systeme $\{x_0, \ldots, x_n\}$ und $\{y_0, \ldots, y_n\}$ linear unabhängig sind, denn aus $c_0 x_0 + \cdots + c_n x_n = 0$ folgt z. B., wenn wir skalar mit y_{n-i} multiplizieren, daß $c_i x_i = 0$, also $c_i = 0$ ist.

Mit Hilfe von Satz 10 konstruieren wir jetzt Operatoren S, T, die folgende Eigenschaften besitzen. Ein Operator $S \in L(\mathcal{H})$ heißt ein *Schrägprojektor*, wenn $S^2 = S$ ist. Ein Operator $T \in L(\mathcal{H})$ heißt zur n-ten Stufe *nilpotent*, wenn $T^n \neq 0$ und $T^{n+1} = 0$ ist. Mit S ist offensichtlich auch $I - S$ ein Schrägprojektor, und es ist

$$R(S) = N(I - S). \tag{18}$$

Für einen nilpotenten Operator T n-ter Stufe ist

$$(I - \lambda T)\,(I + \lambda T + \cdots + \lambda^n T^n) = I,$$

und folglich ist $I - \lambda T$ stets regulär. Für $\mu \neq 0$ ist dann aber auch $T - \mu I = -\mu(I - \mu^{-1}T)$ regulär, und das Spektrum eines nilpotenten Operators besteht genau aus dem Nullpunkt.

Sind nun für die λ-Kette $x_0, \ldots, x_n$ zu A und für die $\bar{\lambda}$-Kette $y_0, \ldots, y_n$ zu $A*$ die Biorthogonalitätsrelationen (13) erfüllt,

10*

so setzen wir

$$Sx := \sum_{k=0}^{n} (x, y_{n-k})\, x_k. \tag{19}$$

Dann ist $Sx_j = x_j$ für $j = 0, \ldots, n$, und es folgt $S^2 x = Sx$ für alle $x \in \mathscr{H}$. Somit ist S ein ausgearteter Schrägprojektor. Wir nennen jeden in dieser Weise mit Hilfe von Satz 10 definierten Operator S einen *Jordanschen Projektor* von A zum Eigenwert λ.

Den Operator T definieren wir durch $T := (A - \lambda I)\, S$. Im Fall $n = 0$ ist $T = 0$ und für $n > 0$ ist

$$Tx = \sum_{k=1}^{n} (x, y_{n-k})\, x_{k-1}. \tag{20}$$

Es ist stets

$$S(A - \lambda I)\, x = \sum_{k=0}^{n} \big((A - \lambda I)\, x, y_{n-k}\big) x_k$$

$$= \sum_{k=0}^{n} \big(x, (A^* - \bar{\lambda} I)\, y_{n-k}\big) x_k,$$

und im Falle $n = 0$ ist $S(A - \lambda I) = 0 = T = (A - \lambda I)\, S$. Für $n > 0$ ist

$$S(A - \lambda I)\, x = \sum_{k=0}^{n-1} (x, y_{n-k-1})\, x_k = Tx = (A - \lambda I)\, Sx.$$

Der Operator A ist also mit jedem JORDANschen Projektor S vertauschbar, und folglich sind $R(S)$ und $N(S) = R(I - S)$ invariante Unterräume von A. Auf dem Wertebereich von S wirkt der Operator T wegen

$$(A - \lambda I)\, S = T = TS \tag{21}$$

ebenso wie der Operator $A - \lambda I$, d. h., es ist

$$Tx_0 = 0, \quad Tx_k = x_{k-1} \qquad (k = 1, \ldots, n). \tag{22}$$

Es folgt $T^n x_n = x_0 \neq 0$, und wegen (20) ist $T^{n+1} x = 0$ für alle $x \in \mathscr{H}$. Somit ist T ein nilpotenter Operator n-ter Stufe.

Wir benötigen noch die Relation

$$Sx = (x, y_n)\, x_0, \quad \text{falls} \quad Ax = \lambda x. \tag{23}$$

In der Tat, aus $Ax = \lambda x$ folgt $Tx = S(A - \lambda I)\, x = 0$, und da $\{x_0, \ldots, x_n\}$ linear unabhängig ist, kann aus (20) auf $(x, y_{n-k}) = 0$

für $k = 1, \ldots, n$ geschlossen werden. Setzen wir dies in (19) ein, so erhalten wir (23).

Ist der Operator A normal oder sogar selbstadjungiert, so ist $\|(A - \lambda I) x\|^2 = ((A - \lambda I) x, (A - \lambda I) x) = ((A^* - \bar\lambda I) x, (A^* - \bar\lambda I) x) = \|(A^* - \bar\lambda I) x\|^2$, und folglich ist $N(A - \lambda I) = N(A^* - \bar\lambda I) = R(A - \lambda I)^\perp$. Das Element x_0 liegt also nicht im Wertebereich von $A - \lambda I$, und folglich ist $n = 0$. Für jeden normalen Operator ist demzufolge $T = 0$, d. h., es ist $AS = SA = \lambda S$, und $R(S)$ ist eindimensional. Im allgemeinen Fall kann das Wirken der Operatoren A bzw. A^* im Wertebereich von S bzw. S^* aus den Relationen

$$AS = \lambda S + T, \quad A^*S^* = \bar\lambda S^* + T^* \tag{24}$$

abgelesen werden, die als Verallgemeinerung von (12) aufzufassen sind.

Der folgende Satz ist wiederum eine Verallgemeinerung des Satzes von der Orthogonalität der Eigenvektoren eines selbstadjungierten Operators zu verschiedenen Eigenwerten.

Satz 11: *Sind S, S' Jordansche Projektoren von A zu verschiedenen Eigenwerten λ, λ', so ist $SS' = 0$. Ist $\lambda \neq 0$, so folgt aus $Ax = 0$ stets $Sx = 0$.*

Beweis: Es ist

$$0 = S'T^{n+1} = S'(A - \lambda I)^{n+1} S = (S'A - \lambda S')^{n+1} S$$
$$= (T' + \lambda'S' - \lambda S')^{n+1} S = (T' - (\lambda - \lambda') I)^{n+1} S'S,$$

und da $T' - (\lambda - \lambda') I$ regulär ist, folgt $S'S = 0$. Ist $Ax = 0$ und $\lambda \neq 0$, so ist $0 = T^{n+1}x = S(A - \lambda I)^{n+1} x = (-\lambda)^{n+1} Sx$, d. h., es ist $Sx = 0$, womit Satz 11 bewiesen ist.

Besitzt ein kompakter Operator $A \in L(\mathscr{H})$ einen von Null verschiedenen Eigenwert, so bilden wir die endliche oder unendliche Folge $\lambda_0, \lambda_1, \ldots$ in der Weise, daß jeder Eigenwert in unmittelbarer Aufeinanderfolge ebenso oft auftritt, wie seine Vielfachheit angibt. Zusätzlich fordern wir $|\lambda_0| \geq |\lambda_1| \geq \cdots$, was wegen Satz 7 möglich ist. Eine solche Folge wollen wir kurz eine *Normalfolge* von Eigenwerten nennen.

Satz 12: *Zu jeder Normalfolge $\lambda_0, \lambda_1, \ldots$ von Eigenwerten eines kompakten Operators $A \in L(\mathscr{H})$ gibt es eine Folge von Jordanschen Projektoren S_k zu λ_k mit $S_iS_j = 0$ für $i \neq j$. Die Vielfachheit eines Eigenwerts $\lambda \neq 0$ von A stimmt mit der Vielfachheit des Eigenwertes $\bar\lambda$ von A^* überein.*

Beweis: Auf Grund von Satz 10 gibt es zu λ_0 einen JORDAN-schen Projektor S_0. Die JORDANschen Projektoren $S_0, \ldots, S_n$ zu den Eigenwerten $\lambda_0, \ldots, \lambda_n$ seien konstruiert, und es sei $S_i S_j = 0$ für $i \neq j$ mit $i, j = 0, \ldots, n$. Enthält die Normalfolge noch einen weiteren Eigenwert λ_{n+1}, so unterscheiden wir zwei Fälle.

Fall 1: Es ist $\lambda_{n+1} \neq \lambda_n$. Nach Definition der Normalfolge ist dann $\lambda_0, \ldots, \lambda_n \neq \lambda_{n+1}$, und es gibt zu λ_{n+1} einen JORDANschen Projektor S_{n+1}, der nach Satz 11 der Bedingung $S_i S_{n+1} = S_{n+1} S_i = 0$ für $i = 0, \ldots, n$ genügt.

Fall 2: Es ist $\lambda_n = \lambda_{n+1}$. Dann gibt es eine kleinste Zahl $m \leq n$ mit $\lambda := \lambda_m = \cdots = \lambda_n = \lambda_{n+1}$. Nach Definition der JORDANschen Projektoren gibt es Eigenvektoren x_{i0} von A zu λ mit $S_i x_{i0} = x_{i0}$ für $i = m, \ldots, n$. Das System $\{x_{m0}, \ldots, x_{n0}\}$ ist linear unabhängig, denn aus $c_m x_{m0} + \cdots + c_n x_{n0} = 0$ folgt durch Anwendung von S_i stets $c_i S_i x_{i0} = 0$, also $c_i = 0$ für $i = m, \ldots, n$. Da der Eigenwert λ wegen $\lambda_n = \lambda_{n+1}$ in der Folge $\lambda_m, \ldots, \lambda_n$ noch nicht entsprechend seiner Vielfachheit auf-getreten ist, gibt es einen von $x_{m0}, \ldots, x_{n0}$ linear unabhängigen Eigenvektor x von A zu λ. Nach (23) ist $S_k x = c_k x_{k0}$ für $k = m, \ldots, n$, und der Vektor $x' := (I - S_m - \cdots - S_n)\, x = x - c_m x_{m0} - \cdots - c_n x_{n0}$ ist von Null verschieden. Der Operator $S' := S_m + \cdots + S_n$ ist ein Schrägprojektor, und mit $B := A(I - S') = (I - S')\,A$ gilt $Bx' = A(I - S')\,x = (I - S')\,Ax = \lambda(I - S')\,x = \lambda x'$. Wir konstruieren zum Eigenwert λ von B einen JORDANschen Projektor S. Für $i = m, \ldots, n$ ist $S' S_i = S_i$, also $B S_i = 0$, und aus der zweiten Behauptung von Satz 11 folgt $S S_i = 0$. Ebenso kann aus $B^* S_i^* = 0$ auf $S^* S_i^* = 0$, also $S_i S = 0$ geschlossen werden. Es folgt $S' S = S S' = 0$, und aus $AS = A(I - S')\,S = BS$, $A^* S^* = B^* S^*$ schließen wir, daß $S_{n+1} := S$ auch ein JORDANscher Projektor von A zum Eigenwert $\lambda_{n+1} = \lambda$ ist. Für $i = m, \ldots, n$ wurde bereits $S_i S_{n+1} = S_{n+1} S_i = 0$ nachgewiesen, und für $i < m$ ist $S_i S_{n+1} = S_{n+1} S_i = 0$, weil diese Projektoren zu verschie-denen Eigenvektoren gehören.

Damit ist die Existenz der JORDANschen Projektoren zur Normalfolge $\lambda_0, \lambda_1, \ldots$ durch vollständige Induktion bewiesen.

Hat der Eigenwert $\lambda \neq 0$ die Vielfachheit p und ist etwa $\lambda = \lambda_m = \cdots = \lambda_{m+p-1}$, so gibt es Eigenvektoren $y_{m0}, \ldots, y_{m+p-1,0}$ von A^* zu $\bar\lambda = \bar\lambda_m = \cdots = \bar\lambda_{m+p-1}$ mit $S_j^* y_{j0} = y_{j0}$. Diese bilden wegen $S_i^* S_j^* = 0$ für $i \neq j$ ein linear unabhängiges System und der Eigenwert $\bar\lambda$ von A^* hat mindestens die Vielfachheit p. Vertauschen wir in dieser Schlußweise A und A^*, so zeigt sich, daß die Vielfachheiten gleich sind, und Satz 12 ist bewiesen.

In Verallgemeinerung des letzten Resultats können wir aussagen, daß die Dimensionen der Wertebereiche von $S_m, \ldots, S_{m+p-1}$ mit denen von $S_m{}^*, \ldots, S^*{}_{m+p-1}$ übereinstimmen, und daß A bzw. A^* in den von diesen Wertebereichen aufgespannten Unterräumen eine völlig duale Struktur besitzen. Man kann zeigen, daß der Projektor $S^{(\lambda)} = S_m + \cdots + S_{m+p-1}$ im Gegensatz zu den einzelnen Summanden von der Art des Konstruktionsverfahrens unabhängig und durch A und λ eindeutig bestimmt ist.

Ist $\mathscr{H}$ endlich-dimensional, so hat das charakteristische Polynom von A mindestens eine Nullstelle, und folglich hat A einen Eigenwert λ. Wir setzen zuerst voraus, daß A regulär ist. Dann hat A nicht den Eigenwert Null. Sind $S_0, \ldots, S_m$ die zu einer Normalfolge $\lambda_0, \ldots, \lambda_m$ gehörenden JORDANschen Projektoren, so ist der Schrägprojektor $S' := S_0 + \cdots + S_m$ der Einheitsoperator I. Wäre nämlich $S' \neq I$, so hätte der Operator $B := A(I - S')$ einen Eigenwert λ, der wiederum ein Eigenwert von A sein müßte. Das widerspricht aber der Definition und den Eigenschaften der Normalfolge. Aus $A = AS'$ und $AS_k = \lambda_k S_k + T_k$ folgt

$$A = \sum_{k=0}^{m} (\lambda_k S_k + T_k). \tag{25}$$

Wegen $S_0 + \cdots + S_m = I$ ist allgemeiner

$$A - \lambda I = \sum_{k=0}^{m} \left((\lambda_k - \lambda) S_k + T_k \right) \qquad (\lambda \in C). \tag{26}$$

Diese Darstellung gilt aber auch, wenn A den Eigenwert Null besitzt. Wir brauchen ja nur ein λ zu wählen, das nicht Eigenwert von A ist und die Darstellung (25) für $A - \lambda I$ statt A zu bilden.

Im Falle eines unendlich-dimensionalen Raumes $\mathscr{H}$ bilden wir den von allen Elementen $S_k x$ mit $x \in \mathscr{H}$ und $k = 0, 1, \ldots$ aufgespannten Teilraum $\mathscr{H}_0$, so daß stets

$$x = \sum_k S_k x \qquad (x \in \mathscr{H}_0) \tag{27}$$

ist. Nach Definition von $\mathscr{H}_0$ sind höchstens endlich viele Summanden von Null verschieden. Auf Grund von (24) haben wir also

$$Ax = \sum_k (\lambda_k S_k + T_k)\, x \qquad (x \in \mathcal{H}_0), \qquad (28)$$

was als Verallgemeinerung von (10) betrachtet werden kann. Es bleibt allerdings offen, ob diese Darstellung auch für Elemente x aus dem Abschluß des Teilraumes $\mathcal{H}_0$ gültig ist und ob die in (27), (28) auftretenden Reihen in irgendeinem Sinn konvergent sind.

3. Spektralintegrale und Spektralmaße

3.1. Unbeschränkte Operatoren

Im ganzen dritten Kapitel legen wir einen festen HILBERT-Raum $\mathcal{H}$ zugrunde. In diesem Abschnitt stellen wir einige Rechenregeln für nicht notwendig beschränkte lineare Operatoren A aus $\mathcal{H}$ in $\mathcal{H}$ bereit. Der Definitionsbereich $D(A)$ und der Wertebereich $R(A)$ eines solchen Operators A sind stets Teilräume von $\mathcal{H}$.

Der Operator B heißt eine *Fortsetzung* des Operators A und A eine *Einschränkung* von B, in Zeichen $A \subseteq B$, wenn $D(A) \subseteq D(B)$ und $Ax = Bx$ für alle $x \in D(A)$ ist. Ist $A \subseteq B$ und $B \subseteq A$ (oder auch nur $D(B) \subseteq D(A)$), so ist $A = B$.

Für zwei lineare Operatoren A, B aus $\mathcal{H}$ in $\mathcal{H}$ und für $\lambda \in C$ $(\lambda \neq 0)$ setzt man $D(\lambda A) := D(A)$, $D(A + B)$ $:= D(A) \cap D(B)$ und definiert die offensichtlich wieder linearen Operatoren $\lambda A, A + B$ wie früher durch $(\lambda A)\, x := \lambda A x$ für $x \in D(A)$ bzw. $(A + B)\, x := Ax + Bx$ für $x \in D(A + B)$. Speziell ist hiernach stets $D(A - \lambda I)$ $= D(A)$. Die Menge aller $x \in D(B)$ mit $Bx \in D(A)$ wird mit $D(AB)$ bezeichnet und AB durch $(AB)\, x := A(Bx)$ für $x \in D(AB)$ definiert.

Für jede Folge von linearen Operatoren A_n aus $\mathcal{H}$ in $\mathcal{H}$ definiert man einen Grenzoperator $A := \lim_{n \to \infty} A_n$ wie folgt. Der Definitionsbereich $D(A)$ ist die Menge aller $x \in \mathcal{H}$, die im Definitionsbereich aller Operatoren A_n mit Ausnahme höchstens endlich vieler solcher Operatoren liegen und für die $(A_n x)$ eine Fundamentalfolge ist. Für diese Elemente setzt man

$$Ax := \lim_{n \to \infty} A_n x .$$

Man erkennt leicht, daß $D(A)$ ein Teilraum von $\mathscr{H}$ und A ein linearer Operator ist. Gilt hierbei $A, A_n \in L(\mathscr{H})$, so ist A offensichtlich der Grenzwert der Folge (A_n) im Sinne der punktweisen Operatorenkonvergenz.

Auch das Symbol $(A)'$ übertragen wir auf lineare Operatoren aus $\mathscr{H}$ in $\mathscr{H}$. Wir verstehen hierunter die Menge aller $T \in L(\mathscr{H})$, für die aus $x \in D(A)$ stets $Tx \in D(A)$ und $ATx = TAx$ folgt

$$(A)' := \{T \in L(\mathscr{H}): Tx \in D(A),\ ATx = TAx$$
$$\text{für}\ x \in D(A)\} . \qquad (1)$$

Der Begriff des adjungierten Operators wird nur dann definiert, wenn $D(A)$ dicht in $\mathscr{H}$ ist.

Satz 1: *Zu jedem linearen Operator A aus $\mathscr{H}$ in $\mathscr{H}$ mit in $\mathscr{H}$ dichtem Definitionsbereich $D(A)$ gibt es genau einen linearen Operator A^* aus $\mathscr{H}$ in $\mathscr{H}$ mit dem Definitionsbereich*

$$D(A^*) := \Big\{ y \in \mathscr{H}: \sup_{\substack{x \in D(A) \\ \|x\|=1}} |(Ax, y)| < \infty \Big\} \qquad (2)$$

und mit der Eigenschaft

$$(Ax, y) = (x, A^*y) \qquad (3)$$

für alle $x \in D(A)$ und alle $y \in D(A^*)$.

Beweis. Für $y \in D(A^*)$ wird durch

$$f_y(x) := (Ax, y) \qquad \big(x \in D(A)\big)$$

ein beschränktes lineares Funktional f_y in $D(A)$ definiert. Da $D(A)$ dicht in $\mathscr{H}$ ist, kann f_y auf genau eine Weise zu einem in ganz $\mathscr{H}$ definierten beschränkten linearen Funktional fortgesetzt werden. Zu y gibt es also genau ein Element $y^* \in \mathscr{H}$ mit $f_y(x) = (x, y^*)$ für alle $x \in D(A)$

Bezeichnen wir dieses Element mit A^*y, so gilt (3) für alle $x \in D(A)$ und alle $y \in D(A^*)$. Aus $|(Ax, \lambda y)| = |\lambda|\,|(Ax, y)|$ und $|(Ax, y_1 + y_2)| \leq |(Ax, y_1)| + |(Ax, y_2)|$ folgt, daß mit y, y_1, y_2 auch $\lambda y, y_1 + y_2$ in $D(A^*)$ liegen, d. h., $D(A^*)$ ist ein linearer Raum. Die Relation (3) lehrt nun in wohlbekannter Weise, daß A^* ein linearer Operator ist.

Ein Element $y \in \mathcal{H}$ liegt also genau dann im Definitionsbereich von A^*, wenn es ein Element $y^* \in \mathcal{H}$ mit $(Ax, y) = (x, y^*)$ für alle $x \in D(A)$ gibt, und in diesem Fall ist $y^* = A^*y$.

Im Falle eines Operators $A \in L(\mathcal{H})$ ist offensichtlich $D(A^*) = \mathcal{H}$, und die verallgemeinerte Definition ist mit der früher gegebenen verträglich.

Ist A eine Einschränkung von B mit in $\mathcal{H}$ dichtem Definitionsbereich, so liest man aus (2) sofort ab, daß $D(B^*) \subseteq D(A^*)$ ist. Für $x \in D(A) \subseteq D(B)$ und $y \in D(B^*) \subseteq D(A^*)$ ist $(x, B^*y) = (Bx, y) = (Ax, y) = (x, A^*y)$, und folglich ist $B^*y = A^*y$ für $y \in D(B^*)$. Dies besagt

$$B^* \subseteq A^* \quad \text{für} \quad A \subseteq B. \tag{4}$$

Wir übertragen die in 2.5. eingeführten Begriffsbildungen auf unbeschränkte Operatoren. Die Definitionen des Eigenwerts, Eigenvektoren und Eigenraumes können unverändert übernommen werden. Der Begriff des regulären Wertes muß aber allgemeiner gefaßt werden. Wiederum wird dieser Begriff ausschließlich für Operatoren mit in $\mathcal{H}$ dichtem Definitionsbereich definiert.

Definition 1: Eine komplexe Zahl λ heißt ein *regulärer Wert* eines linearen Operators A aus $\mathcal{H}$ in $\mathcal{H}$ mit in $\mathcal{H}$ dichtem Definitionsbereich, wenn es einen Operator

$$R_\lambda := (A - \lambda I)^{-1} \in L(\mathcal{H}), \tag{5}$$

die *Resolvente* von A zu λ, mit den Eigenschaften

$$R_\lambda(A - \lambda I)\, x = x \quad (x \in D(A)), \tag{6}$$

$$(A - \lambda I)\, R_\lambda = I \tag{7}$$

gibt.

Die Resolvente bildet also den Raum $\mathscr{H}$ umkehrbar eindeutig auf $D(A)$ ab. Insbesondere ist

$$D(A) = R\big((A - \lambda I)^{-1}\big). \tag{8}$$

Für jeden linearen Operator A mit in $\mathscr{H}$ dichtem Definitionsbereich bezeichnen wir nun wiederum die Menge aller regulären Werte $\lambda \in C$ als *Resolventenmenge* $\varrho(A)$ und deren Komplementärmenge als *Spektrum* $\sigma(A)$ des Operators A mit $D(A)^a = \mathscr{H}$.

Satz 2: *Die Resolventenmenge eines linearen Operators A aus $\mathscr{H}$ in $\mathscr{H}$ mit in $\mathscr{H}$ dichtem Definitionsbereich ist offen, und für alle $\lambda \in \varrho(A)$ ist*

$$(A)' = \big((A - \lambda I)^{-1}\big)'. \tag{9}$$

Beweis: Es sei $\lambda \in \varrho(A)$. Für alle $\mu \in C$ ist

$$\begin{aligned}
(A - \mu I)\, R_\lambda &= [(A - \lambda I) - (\mu - \lambda)\, I]\, R_\lambda \\
&= I - (\mu - \lambda)\, R_\lambda. \tag{10}
\end{aligned}$$

Ist nun $|\mu - \lambda| < \|R_\lambda\|^{-1}$, so ist der mit R_λ vertauschbare Operator $R_{\lambda\mu} := I - (\mu - \lambda)\, R_\lambda$ wegen $\|(\mu - \lambda)\, R_\lambda\| < 1$ regulär, und aus (10) folgt

$$(A - \mu I)\, R_\lambda R_{\lambda\mu}^{-1} = I.$$

Für $x \in D(A)$ ist andererseits

$$R_\lambda(A - \mu I)\, x = R_\lambda[(A - \lambda I) - (\mu - \lambda)\, I]\, x = R_{\lambda\mu}x,$$
$$R_\lambda R_{\lambda\mu}^{-1}(A - \mu I)\, x = R_{\lambda\mu}^{-1} R_\lambda(A - \mu I)\, x = x,$$

und μ ist regulär. Folglich ist $\varrho(A)$ offen.

Ist $T \in (A)'$ und $\lambda \in \varrho(A)$, so ist $(A - \lambda I)\, T R_\lambda = T(A - \lambda I)\, R_\lambda = T = (A - \lambda I)\, R_\lambda T$, also $T R_\lambda = R_\lambda T$. Umgekehrt folgt hieraus, falls $x \in D(A)$ ist, $R_\lambda T(A - \lambda I)\, x = T R_\lambda(A - \lambda I)\, x = Tx$, d. h., es ist $Tx \in R(R_\lambda) = D(A)$ und $T(A - \lambda I)\, x = (A - \lambda I)\, Tx$. Dann ist aber auch $T A x = A T x$, und Satz 2 ist bewiesen.

Aus (10) können wir noch eine weitere Folgerung ziehen. Ist hierin neben λ auch μ ein regulärer Wert, so ergibt sich durch Multiplikation mit R_μ von links die *Resolventengleichung*

$$R_\lambda - R_\mu = (\lambda - \mu)\, R_\mu R_\lambda. \tag{11}$$

Da hierin λ, μ vertauscht werden können, ist auch $R_\mu - R_\lambda = (\mu - \lambda)\, R_\lambda R_\mu$, also $R_\lambda - R_\mu = (\lambda - \mu) R_\lambda R_\mu$, und folglich sind je zwei Resolventen R_λ, R_μ eines Operators A miteinander vertauschbar.

3.2. Symmetrische und selbstadjungierte Operatoren

Ein linearer Operator A aus $\mathscr{H}$ in $\mathscr{H}$ heißt *symmetrisch*, wenn sein Definitionsbereich dicht in $\mathscr{H}$ und stets

$$(Ax, y) = (x, Ay) \qquad \big(x, y \in D(A)\big) \tag{1}$$

ist. Diese Definition kann auch anders formuliert werden.

Satz 1: *Für einen linearen Operator A aus $\mathscr{H}$ in $\mathscr{H}$ sind folgende Bedingungen äquivalent:*

(a) *A ist symmetrisch.*

(b) $A \subseteq A^*$.

(c) *$D(A)$ ist dicht in $\mathscr{H}$, und für alle $x \in D(A)$ ist (Ax, x) reell.*

Beweis: (a) $\Rightarrow$ (b): Aus (1) folgt $y \in D(A^*)$ und $A^*y = Ay$ für alle $y \in D(A)$, also $A \subseteq A^*$.
(b) $\Rightarrow$ (c): Die Existenz von A^* impliziert, daß $D(A)$ dicht in $\mathscr{H}$ ist. Für $x \in D(A) \subseteq D(A^*)$ ist $\overline{(Ax, x)} = (x, Ax)$ $= (A^*x, x) = (Ax, x)$, also $(Ax, x) \in \mathbf{R}$.
(c) $\Rightarrow$ (a): Aus Satz 4 in 2.2. folgt, daß die zur quadratischen Form $Q(x) := (Ax, x)$ in $D(A)$ gehörende Bilinearform $B(x, y) := (Ax, y)$ in $D(A)$ der Bedingung $B(x, y) = \overline{B(y, x)}$, also $(Ax, y) = \overline{(Ay, x)} = (x, Ay)$ genügt.
Auf die allgemeine Theorie der symmetrischen Operatoren können wir hier nicht näher eingehen. Wir beschränken uns auf eine wichtige Teilklasse. Wie in 2.6. nennen wir einen linearen Operator A aus $\mathscr{H}$ in $\mathscr{H}$ selbst-

adjungiert, wenn $A = A^*$ ist. Die Existenz von A^* impliziert dabei, daß der Definitionsbereich von A dicht in $\mathscr{H}$ ist. Auf Grund von Satz 1 ist A genau dann selbstadjungiert, wenn die Bedingungen

$$D(A)^a = \mathscr{H} \tag{2}$$

$$(Ax, x) \in \boldsymbol{R} \qquad \big(x \in D(A)\big) \tag{3}$$

$$D(A^*) \subseteq D(A) \tag{4}$$

erfüllt sind.

Satz 2: *Ist A selbstadjungiert, B symmetrisch und $A \subseteq B$, so ist $A = B$.*

Beweis: Aus $A \subseteq B$ folgt $B^* \subseteq A^* = A$, und da B symmetrisch ist, haben wir $B \subseteq B^* \subseteq A^* = A$.

Für einen überall definierten symmetrischen Operator A sind die Bedingungen (2), (3), (4) trivialerweise erfüllt, d. h., ein solcher Operator ist stets selbstadjungiert. Darüber hinaus gilt

Satz 3: *Jeder überall definierte symmetrische Operator ist beschränkt.*

Beweis: Die Voraussetzungen von Satz 8 in 2.4. sind mit $\mathscr{H}_0 := \mathscr{H}$, $B_0 := A$ erfüllt.

Satz 4: *Für jede linksseitig stetige Spektralschar $\{E_\lambda\}$ und jede stetige Funktion $f \colon \boldsymbol{R} \to \boldsymbol{R}$ wird durch*

$$J(f) = \int\limits_{-\infty}^{\infty} f(\lambda)\, \mathrm{d}E_\lambda := \lim_{n \to \infty} \int\limits_{-n}^{n-0} f(\lambda)\, \mathrm{d}E_\lambda \tag{5}$$

ein selbstadjungierter Operator A definiert. Mit f ist auch A beschränkt.

Beweis: Aus 2.9. (27) und der Definition (5) folgt

$$J(f)\,(E_b - E_a) = \int\limits_{a}^{b-0} f(\lambda)\, \mathrm{d}E_\lambda \qquad (a < b). \tag{6}$$

Daher liegen alle Elemente der Form $(E_b - E_a)\,x$ im Definitionsbereich des Operators $A := J(f)$, und da

$E_n - E_{-n}$ gegen I konvergiert, ist $D(A)$ dicht in $\mathscr{H}$. Die Operatoren $A(E_b - E_a)$ sind selbstadjungiert und beschränkt. Nach Definition (5) ist $(Ax, x) \in \mathbf{R}$ für $x \in D(A)$, und A ist symmetrisch. Es sei $y \in D(A^*)$. Für alle $x \in \mathscr{H}$ ist dann

$$\begin{aligned}
\big(x, (E_n - E_{-n})\, A^*y\big) &= \big((E_n - E_{-n})\, x, A^*y\big) \\
&= \big(A(E_n - E_{-n})\, x, y\big) \\
&= \big(x, A(E_n - E_{-n})\, y\big).
\end{aligned}$$

Es folgt $(E_n - E_{-n})\, A^*y = A(E_n - E_{-n})\, y$, also

$$\lim_{n \to \infty} \int_{-n}^{n-0} f(\lambda)\, \mathrm{d}E_\lambda y = \lim_{n \to \infty} A(E_n - E_{-n})\, y$$

$$= \lim_{n \to \infty} (E_n - E_{-n})\, A^*y = A^*y.\,.$$

Somit ist $y \in D(A)$. Daher ist A selbstadjungiert. Ist $|f(t)| \leq K$ für alle $t \in \mathbf{R}$, so ist $-K(E_n - E_{-n}) \leq A(E_n - E_{-n}) \leq K(E_n - E_{-n})$ wegen (6). Für $x \in D(A)$, $y \in \mathscr{H}$ folgt

$$|(Ax, y)| = \lim_{n \to \infty} |(A(E_n - E_{-n})\, x, y)| \leq K\, \|x\|\, \|y\| < \infty,$$

d. h., es ist $y \in D(A^*)$ für alle $y \in \mathscr{H}$. Somit ist $A = A^*$ überall definiert und damit beschränkt. Dies vollendet den Beweis von Satz 4. Aus den letzten Überlegungen ergibt sich noch die Ungleichung

$$-KI \leq J(f) \leq KI \qquad (|f| \leq K). \tag{7}$$

Auf Grund von 2.9. (27) bis (31) ergeben sich für beliebige beschränkte stetige Funktionen f, g die Rechenregeln

$$J(1) = I, \tag{8}$$
$$J(\lambda f) = \lambda J(f), \qquad (\lambda \in \mathbf{R}) \tag{9}$$
$$J(f + g) = J(f) + J(g), \tag{10}$$
$$J(fg) = J(f)\, J(g), \tag{11}$$
$$J(f) \geq 0, \qquad (f \geq 0) \tag{12}$$
$$\{E_\lambda\}' \subseteq \big(J(f)\big)'. \tag{13}$$

Für unbeschränkte stetige Funktionen gelten diese Formeln nur bedingt, da die Definitionsbereiche der auftretenden Operatoren im allgemeinen nicht übereinstimmen.

Satz 5: *Das Spektrum eines selbstadjungierten Operators A liegt auf der reellen Achse.*

Beweis: Ist x ein Eigenvektor von A zu λ, so ist $(Ax, x) = \lambda(x, x)$, und da (Ax, x) reell und $(x, x) > 0$ ist, folgt $\lambda \in \boldsymbol{R}$. Es sei nun $\lambda = \lambda_1 + i\lambda_2$ mit $\lambda_1, \lambda_2 \in \boldsymbol{R}$, $\lambda_2 \neq 0$. Ist y zum Wertebereich von $A - \lambda I$ orthogonal, so ist $0 = \big((A - \lambda I)\, x, y\big) = (Ax, y) - \lambda(x, y)$, also $(Ax, y) = (x, \bar{\lambda} y)$ für alle $x \in D(A)$. Dies besagt $y \in D(A^*) = D(A)$ und $Ay = \bar{\lambda} y$, was nur für $y = 0$ möglich ist. Daher ist der Wertebereich von $A - \lambda I$ dicht in $\mathscr{H}$. Für $x \in D(A)$ ist

$$\big((A - \lambda_1 I)\, x,\, i\lambda_2 x\big) + \big(i\lambda_2 x,\, (A - \lambda_1 I)\, x\big) = 0\,,$$

und demzufolge

$$\|(A - \lambda I)\, x\|^2 = \|(A - \lambda_1 I)\, x\|^2 + |\lambda_2|^2\, \|x\|^2\,. \quad (14)$$

Zu jedem Element y aus dem Abschluß des Wertebereichs von $A - \lambda I$ gibt es Elemente $x_n \in D(A)$ mit $y_n := (A - \lambda I)\, x_n \to y$. Wegen (14) ist

$$\|y_m - y_n\|^2 = \|(A - \lambda_1 I)\, (x_m - x_n)\|^2 + |\lambda_2|^2\, \|x_m - x_n\|^2,$$

und da $\lambda_2 \neq 0$ ist, sind mit (y_n) auch die Folgen (x_n), $\big((A - \lambda_1 I)\, x_n\big)$ sowie (Ax_n) Fundamentalfolgen. Es gelte $x_n \to x$, $Ax_n \to x'$. Für alle $z \in D(A)$ ist dann

$$(Az,\, x) = \lim_{n \to \infty} (Az,\, x_n) = \lim_{n \to \infty} (z,\, Ax_n) = (z,\, x')\,,$$

woraus wir auf $x \in D(A^*) = D(A)$ und $x' = A^*x = Ax$ schließen. Es folgt

$$y = \lim_{n \to \infty} (A - \lambda I)\, x_n = (A - \lambda I)\, x \in R(A - \lambda I)\,,$$

und folglich ist $R(A - \lambda I) = \mathscr{H}$. Aus (14) lesen wir ab, daß aus $x \in D(A)$ und $(A - \lambda I)\, x = 0$ stets $x = 0$ folgt.

Somit ist $A - \lambda I$ injektiv, und es gibt einen linearen Operator $R_\lambda \colon \mathscr{H} \to D(A)$ mit

$$(A - \lambda I)\, R_\lambda = I,$$
$$R_\lambda(A - \lambda I)\, x = x \qquad \bigl(x \in D(A)\bigr).$$

Setzen wir $x := R_\lambda y$ in (14), so folgt

$$\|y\|^2 = \|(A - \lambda I)\, R_\lambda y\|^2 \geqq |\lambda_2|^2 \, \|R_\lambda y\|^2$$

für alle $y \in \mathscr{H}$, und R_λ ist wegen $\lambda_2 \neq 0$ beschränkt. Somit ist $\lambda \in \varrho(A)$, und Satz 5 ist bewiesen.

Satz 6: *Die Resolventen eines selbstadjungierten Operators A sind normale Operatoren, und für $\lambda \in \boldsymbol{R}$ ist R_λ selbstadjungiert.*

Beweis: Für alle $\lambda \in \varrho(A)$ ist nach Satz 5 auch $\bar\lambda \in \varrho(A)$. Für $x, y \in \mathscr{H}$ ist

$$(x, R_{\bar\lambda} y) = \bigl((A - \lambda I)\, R_\lambda x, R_\lambda y\bigr) = \bigl(R_\lambda x, (A - \bar\lambda I)\, R_{\bar\lambda} y\bigr)$$
$$= (R_\lambda x, y) = (x, R_\lambda{}^* y)$$

d. h., es ist $R_{\bar\lambda} = R_\lambda{}^*$. Da aber R_λ und R_λ vertauschbar sind, ist R_λ normal. Für $\lambda \in \boldsymbol{R} \cap \varrho(A)$ ist $R_\lambda = R_{\bar\lambda} = R_\lambda{}^*$.

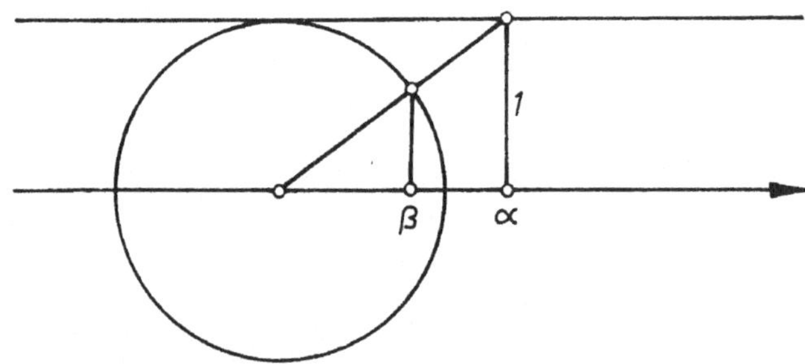

Abb. 6

In Abb. 6 gilt offensichtlich $\beta : 1 = \alpha : \sqrt{1 + \alpha^2}$, $\alpha : 1 = \beta : \sqrt{1 - \beta^2}$, und die streng monotonen Funktionen

$$v(\alpha) := \alpha \left(\sqrt{1 + \alpha^2}\right)^{-1} \qquad (\alpha \in \boldsymbol{R}) \tag{15}$$
$$w(\beta) := \beta \left(\sqrt{1 - \beta^2}\right)^{-1} \qquad \bigl(\beta \in (0, 1)\bigr) \tag{16}$$

sind zueinander invers. Ein ganz analoger Zusammenhang läßt sich zwischen Operatoren bzw. Spektralscharen realisieren. Damit ist es möglich, die Theorie der unbeschränkten selbstadjungierten Operatoren mit Hilfe beschränkter selbstadjungierter Operatoren zu beschreiben.

Satz 7: *Zu jedem selbstadjungierten Operator A gibt es genau eine linksseitig stetige Spektralschar $\{E_\lambda\}$ mit*

$$A = \int_{-\infty}^{\infty} \lambda\, dE_\lambda, \tag{17}$$

und es gilt

$$(A') = \{E_\lambda\}'. \tag{18}$$

Beweis: Es existiere zu A eine linksseitig stetige Spektralschar $\{E_\lambda\}$ mit der Eigenschaft (17). Dann wird durch

$$F_\mu := \begin{cases} 0 & \text{für} \quad \mu \le -1 \\ E_{w(\mu)} & \text{für} \quad -1 < \mu < 1 \\ I & \text{für} \quad \mu \ge 1 \end{cases}$$

wiederum eine linksseitig stetige Spektralschar definiert. Die durch (15) definierte Funktion v ist durch 1 beschränkt, und folglich ist

$$B := \int_{-\infty}^{\infty} v(\lambda)\, dE_\lambda = \int_{-\infty}^{\infty} \frac{\lambda}{\sqrt{1 + \lambda^2}}\, dE_\lambda$$

ein beschränkter selbstadjungierter Operator mit $-I \le B \le I$. Wir zeigen, daß $\{F_\mu\}$ die Spektralschar von B ist. In der Tat, für $-1 < \beta < 1$ und $\alpha := w(\beta)$ haben wir

$$(B - \beta I) F_\beta = (B - v(\alpha) I) E_\alpha = \int_{\infty}^{\alpha} \big(v(\lambda) - v(\alpha)\big) dE_\lambda \le 0,$$

$$(B - \beta I)(I - F_\beta) = (B - v(\alpha) I)(I - E_\alpha)$$

$$= \int_{\alpha}^{\infty} \big(v(\lambda) - v(\alpha)\big) dE_\lambda \ge 0,$$

denn aus $\lambda \leqq \alpha$ bzw. $\lambda \geqq \alpha$ folgt $v(\lambda) \leqq v(\alpha)$ bzw. $v(\lambda) \geqq v(\alpha)$. Für $-1 < \beta < 1$ ist also

$$(B - \beta I)\, F_\beta \leqq 0 \leqq (B - \beta I)\,(I - F_\beta),$$

und man erkennt leicht, daß diese Ungleichungen auch für $|\beta| \geqq 1$ erfüllt sind. Aus Satz 2 in 2.9. und der linksseitigen Stetigkeit von $\{F_\mu\}$ folgt nun, daß $\{F_\mu\}$ die Spektralschar von B ist. Wenn wir noch zeigen können, daß B durch A eindeutig bestimmt ist, ergibt sich aus $E_\alpha = F_{v(\alpha)}$, daß die Spektralschar $\{E_\lambda\}$ durch A eindeutig bestimmt ist.

Ist $u(t) := \left(\sqrt{1 + t^2}\right)^{-1}$, so ist auch

$$C := \int\limits_{-\infty}^{\infty} u(\lambda)\,\mathrm{d}E_\lambda = \int\limits_{-\infty}^{\infty} \frac{1}{\sqrt{1 + \lambda^2}}\,\mathrm{d}E_\lambda$$

ein beschränkter selbstadjungierter Operator. Wegen $v^2 + u^2 = 1$ ist $B^2 + C^2 = I$, und da $C \geqq 0$ ist, haben wir $C = \sqrt{I - B^2}$. Für $x \in D(A)$ und $y \in \mathscr{H}$ ist, wenn wir $tu(t) = v(t)$ beachten,

$$(Ax,\, Cy) = \lim_{n \to \infty} \left(\int\limits_{-n}^{n-0} \lambda\,\mathrm{d}E_\lambda x,\ \int\limits_{-n}^{n-0} u(\lambda)\,\mathrm{d}E_\lambda y \right)$$

$$= \lim_{n \to \infty} \left(x,\ \int\limits_{n}^{n-0} v(\lambda)\,\mathrm{d}E_\lambda y \right) = (x,\, By).$$

Somit ist $Cy \in D(A^*) = D(A)$ und $ACy = A^*Cy = By$ für alle $y \in \mathscr{H}$, d. h., es gilt

$$B = AC. \tag{19}$$

Dann ist aber

$$I = B^2 + C^2 = ACB + C^2 = ABC + C^2$$
$$= A^2 C^2 + C^2 = (A - iI)\,(A + iI)\,C^2.$$

Der Operator

$$T := R_i = (A - iI)^{-1} \tag{20}$$

ist normal, und es ist $T^* = R_{-i} = (A + iI)^{-1}$. Wenden wir auf die vorhergehende Relation links T^*T an, so erhalten wir $T^*T = C^2$, d. h., es ist

$$C = \sqrt{T^*T} \tag{21}$$

und $B = A \sqrt{(A + iI)^{-1}(A - iI)^{-1}}$. Damit ist die Einzigkeit der Spektralschar $\{E_\lambda\}$ bewiesen.

Zum Beweis der Existenz definieren wir C durch (20), (21). Nach Satz 3 in 2.11. gibt es einen unitären Operator V mit $T = VC = CV$. Daher ist $D(A) = R(R_i) = R(T) \subseteq R(C)$, und wegen $C = V^*T = TV^*$ ist auch $R(C) \subseteq R(T) = D(A)$, d. h., es gilt $D(A) = R(C)$. Definieren wir also B durch (19), so ist $D(B) = \mathscr{H}$. Aus

$$B + iC = (A + iI)\,C = (A + iI)\,T^*V = V,$$

$$B - iC = (A - iI)\,C = (A - iI)\,TV^* = V^*$$

schließen wir, daß B der Real- und C der Imaginärteil des unitären Operators V ist. Daher ist $B^2 + C^2 = I$, und da $C \geq 0$ ist, gilt $C = \sqrt{I - B^2}$. Der Operator B hat nicht die Eigenwerte ± 1, denn aus $Bx = \pm x$ folgt $B^2x = x$, $C^2x = 0$ und damit $x = (A - iI)\,Tx = (A - iI)\,VCx = 0$. Die Spektralschar $\{F_\mu\}$ von B ist also in den Punkten ± 1 stetig, und wegen $-I \leq B \leq I$ ist $F_{-1+0} = F_{-1} = 0$, $F_1 = F_{1+0} = I$. Durch

$$E_\lambda := F_{v(\lambda)} \qquad (\lambda \in \boldsymbol{R}) \tag{22}$$

wird eine linksseitig stetige Spektralschar definiert, denn es gilt

$$E_{-\infty} = \lim_{\lambda \downarrow -\infty} E_\lambda = \lim_{\mu \downarrow -1} F_\mu = F_{-1+0} = 0,$$

$$E_{\infty} = \lim_{\lambda \uparrow \infty} E_\lambda = \lim_{\mu \uparrow 1} F_\mu = F_1 = I.$$

Zu jeder Zerlegung

$$Z: -n = \lambda_0 < \lambda_1 < \cdots < \lambda_m = n$$

bilden wir die „assoziierte" Zerlegung

$$Z' : v(-n) = \mu_0 < \mu_1 < \cdots < \mu_m = v(n)$$

mit $\mu_k := v(\lambda_k)$, also $\lambda_k = w(\mu_k)$. Dann ist

$$\sum_{k=1}^{m} \lambda_{k-1}(E_{\lambda_k} - E_{\lambda_{k-1}}) = \sum_{k=1}^{m} w(\mu_{k-1})\,(F_{\mu_k} - F_{\mu_{k-1}}),$$

und da aus $d(Z_j) \to 0$ stets $d(Z_j') \to 0$ folgt, ergibt sich durch Grenzübergang

$$\int_{-n}^{n-0} \lambda\,\mathrm{d}E_\lambda = \int_{v(-n)}^{v(n)-0} w(\mu)\,\mathrm{d}F_\mu.$$

Zu $x \in D(A) = R(C) = R\big(\sqrt{I - B^2}\big)$ gibt es ein $y \in \mathscr{H}$ mit $x = \sqrt{I - B^2}\,y$, und es folgt

$$\int_{-n}^{n-0} \lambda\,\mathrm{d}E_\lambda x = \int_{v(-n)}^{v(n)-0} w(\mu)\,\mathrm{d}F_\mu \cdot \int_{-1}^{1} \sqrt{1 - \mu^2}\,\mathrm{d}F_\mu y$$

$$= \int_{v(-n)}^{v(n)-0} \mu\,\mathrm{d}F_\mu y = B(F_{v(n)} - F_{v(-n)})y = B(E_n - E_{-n})\,y.$$

Der Grenzübergang $n \to \infty$ ergibt

$$\int_{-\infty}^{\infty} \lambda\,\mathrm{d}E_\lambda x = By = ACy = Ax.$$

Der selbstadjungierte Operator $\int_{-\infty}^{\infty} \lambda\,\mathrm{d}E_\lambda$ ist also eine Fortsetzung von A, und aus Satz 2 folgt (17).

Es bleibt nur noch (18) zu beweisen. Aus $S \in (A)'$ $= (R_{\pm i})' = (T)' = (T^*)'$ folgt

$$SBx = SACx = AS\sqrt{T^*T}\,x = A\sqrt{T^*T}\,Sx = BSx,$$

d. h., es ist $S \in (B)' = \{F_\mu\}' = \{E_\lambda\}'$. Ist umgekehrt $S \in \{E_\lambda\}' = (B)'$, so ist S auch mit C und mit $T = VC$ $= BC + iC^2$ vertauschbar, d. h., es gilt $S \in (T)' = (A)'$ Damit ist Satz 7 vollständig bewiesen.

Auf Grund dieses wichtigen Ergebnisses können wir nun Funktionen eines beliebigen selbstadjungierten Operators A definieren. Ist $\{E_\lambda\}$ die Spektralschar von A gemäß Satz 7, so setzen wir

$$f(A) := \int\limits_{-\infty}^{\infty} f(\lambda)\, \mathrm{d}E_\lambda \tag{23}$$

für jede stetige reelle Funktion f. Für beschränkte stetige Funktionen können dann die Rechenregeln (8) — (13) sinngemäß übertragen werden.

3.3. *Spektralintegrale*

Ist X eine feste Grundmenge, so nennt man ein System $\mathscr{E}$ von Funktionen $f: X \to \boldsymbol{R}$ bzw. $f: X \to \boldsymbol{C}$ eine reelle bzw. komplexe *Funktionenalgebra* über X, wenn aus $f, g \in \mathscr{E}$ und $\lambda \in \boldsymbol{R}$ bzw. $\lambda \in \boldsymbol{C}$ stets λg, $f + g$, $fg \in \mathscr{E}$ folgt. So bildet z. B. die Menge $\mathscr{P}(\boldsymbol{R})$ aller Polynome bzw. die Menge $C(\boldsymbol{R})$ aller reellen stetigen Funktionen bzw. die Menge $C^b(\boldsymbol{R})$ aller beschränkten stetigen Funktionen $f: \boldsymbol{R} \to \boldsymbol{R}$ eine Funktionenalgebra. Diese Algebren enthalten die Funktion 1, d. h., die Funktion f mit $f(\xi) = 1$ für alle $\xi \in X$. Wir werden ausschließlich Algebren $\mathscr{E}$ mit $1 \in \mathscr{E}$ betrachten.

Komplexe Algebren werden erst in 3.10. auftreten. Bis dahin setzen wir stillschweigend voraus, daß $\mathscr{E}$ eine reelle Algebra ist. Mit $\mathscr{E}_+$ bezeichnen wir die Menge aller nichtnegativen Funktionen $f \in \mathscr{E}$.

Definition 1: Es sei $\mathscr{E}$ eine reelle Funktionenalgebra über der Grundmenge X. Ein Funktional

$$J: \mathscr{E} \to L(\mathscr{H})$$

heißt ein Spektralintegral auf $\mathscr{E}$, wenn folgende Bedingungen erfüllt sind:

(a) $J(1) = I$,

(b) J ist *linear*, d. h., aus $f, g \in \mathscr{E}$ und $\lambda \in \mathbf{R}$ folgt

$$J(\lambda f) = \lambda J(f), \quad J(f + g) = J(f) + J(g),$$

(c) J ist *multiplikativ*, d. h., aus $f, g \in \mathscr{E}$ folgt

$$J(fg) = J(f)\,J(g),$$

(d) J ist *symmetrisch*, d. h., aus $f \in \mathscr{E}$ folgt

$$J(f)^* = J(f),$$

(e) J ist *positiv*, d. h., aus $f \in \mathscr{E}_+$ folgt

$$J(f) \geqq 0.$$

Wir schreiben $f \leqq g$, wenn $f(\xi) \leqq g(\xi)$ für alle $\xi \in X$ ist. Dann ist

$$J(f) \leqq J(g) \qquad (f \leqq g), \tag{1}$$

denn es ist $J(g) - J(f) = J(g - f) \geqq 0$. Die Multiplikativität (c) ist bereits dann gesichert, wenn aus $f \in \mathscr{E}$ stets $J(f)^2 = J(f^2)$ folgt, denn dann ist

$$4J(fg) = J\big((f+g)^2\big) - J\big((f-g)^2\big) = J(f+g)^2 - J(f-g)^2$$
$$= \big(J(f)^2 + 2J(f)\,J(g) + J(g)^2\big)$$
$$- \big(J(f)^2 - 2J(f)\,J(g) + J(g)^2\big) = 4J(f)\,J(g).$$

Ebenso zeigt man, daß die Forderung $fg \in \mathscr{E}$ für $f, g \in \mathscr{E}$ in der Definition der Funktionenalgebra durch die schwächere Forderung $f^2 \in \mathscr{E}$ für $f \in \mathscr{E}$ ersetzt werden kann.

Mit $(J)'$ bezeichnen wir wieder die Menge aller Operatoren $T \in L(\mathscr{H})$, die mit allen Operatoren $J(f)$ vertauschbar sind, d. h. $(J)' := \{T \in L(\mathscr{H}): J(f)T = TJ(f)$ für alle $f \in \mathscr{E}\}$.

Dann ist natürlich stets $J(f) \in (J)'$.

Für jedes Spektralintegral J und vorgegebenes $x \in \mathscr{H}$ wird durch

$$J_x(f) := \big(J(f)\,x, x\big) \qquad (f \in \mathscr{E}) \tag{2}$$

ein reellwertiges positives lineares Funktional $J_x \colon \mathscr{E} \to \mathbf{R}$ definiert.

Bei allen folgenden abstrakt formulierten Begriffsbildungen und Sätzen orientieren wir uns an dem speziellen Spektralintegral, das für einen gegebenen selbstadjungierten Operator A mit der Spektralschar $\{E_\lambda\}$ auf der Algebra der beschränkten stetigen reellen Funktionen durch

$$J^A(f) := f(A) = \int_{-\infty}^{\infty} f(\lambda)\, \mathrm{d}E_\lambda \qquad (f \in C^b(\mathbf{R})) \tag{3}$$

definiert ist. Hier ist also $X = \mathbf{R}$ und $\mathscr{E} = C^b(\mathbf{R})$. Ist $e_\lambda^{(n)}$ gemäß Abb. 5 (Seite 112) definiert, so haben wir

$$E_{\lambda-\frac{1}{n}} \leqq \int_{-\infty}^{\infty} e_\lambda^{(n)}\, \mathrm{d}E_\lambda \leqq E_\lambda,$$

und es folgt

$$E_\lambda = \lim_{n\to\infty} J^A(e_\lambda^{(n)}). \tag{4}$$

Die Spektralschar $\{E_\lambda\}$ und damit auch der Operator A sind also durch J^A eindeutig bestimmt.[1])

Wir benötigen noch eine gewisse Stetigkeitseigenschaft von Spektralintegralen. Eine Folge von Funktionen $f_n \in \mathscr{E}$ heißt *isoton* bzw. *antiton*, wenn stets $f_n \leqq f_{n+1}$ bzw. $f_n \geqq f_{n+1}$ ist. Für jede solche Folge existiert, falls wir die Funktionswerte $\pm\infty$ zulassen, der Grenzwert $F(\xi)$ der Folge $\big(f_n(\xi)\big)$, was wir durch $f_n \uparrow F$ bzw. $f_n \downarrow F$ ausdrücken.

Definition 2: Ein Spektralintegral J auf $\mathscr{E}$ heißt *σ-positiv*, wenn aus $f_n \in \mathscr{E}$, $f_n \uparrow F$ und $F \geqq 0$ stets folgt

$$\lim_{n\to\infty} \big(J(f_n)\, x,\, x\big) \geqq 0 \qquad (x \in \mathscr{H}).$$

Das wichtigste Hilfsmittel für den Nachweis der σ-Positivität ist der Satz von DINI.

Satz 1: *Es sei X ein kompakter Raum und (f_n) sei eine Folge stetiger Funktionen $f_n \colon X \to \mathbf{R}$ mit $f_n \uparrow F$, $F \geqq 0$. Mit*

$$a_n := \inf_{n\to\infty} f_n(\xi) \tag{5}$$

---

[1]) Ein noch einfacheres Beispiel für ein Spektralintegral kann im Hilbert-Raum $L^2(\mathbf{R}^p)$ angegeben werden. Ist $\mathscr{E}$ die Algebra aller beschränkten reellen meßbaren (oder auch stetigen) Funktionen, so wird durch $J(f) := A_f$ (vgl. 2.1., Satz 9) ein Spektralintegral definiert.

gilt dann

$$\lim_{n\to\infty} a_n \geqq 0. \tag{6}$$

Beweis: Wäre stets $a_n < a < 0$, so gäbe es einen Punkt $\xi_n \in X$ mit $f_n(\xi_n) < a$. Die Folge (ξ_n) besitzt einen Häufungspunkt $\xi^* \in X$. Wegen $f_n(\xi^*) \uparrow F(\xi^*) \geqq 0$ gibt es ein k mit $f_k(\xi^*) > a$ und eine Umgebung U von ξ^* mit $f_k(\xi) > a$ für alle $\xi \in U$. Da ξ^* ein Häufungspunkt von (ξ_n) ist, gibt es ein $m \geqq k$ mit $\xi_m \in U$, und es folgt $f_m(\xi_m) \geqq f_k(\xi_m) > a$. Das widerspricht der Konstruktion von ξ_m, denn hiernach ist $f_m(\xi_m) < a$. Somit gilt (6).

Satz 2: *Für jeden selbstadjungierten Operator A ist das Spektralintegral J^A σ-positiv.*

Beweis: Für $f_n \in C^b(\boldsymbol{R})$ gelte $f_n \uparrow F$ und $F \geqq 0$. Für festes k sei a_n das Minimum von $f_n(t)$ für $-k \leqq t \leqq k$. Nach Satz 1 gilt $\lim\limits_{n\to\infty} a_n \geqq 0$. Wegen $f_n(t) \geqq a_n$ für $-k \leqq t \leqq k$ ist, wenn wir $P_k := E_k - E_{-k}$ setzen,

$$f_n(A)\, P_k = \int\limits_{-k}^{k-0} f_n(\lambda)\, \mathrm{d}E_\lambda \geqq a_n \int\limits_{-k}^{k-0} \mathrm{d}E_\lambda = a_n P_k,$$

woraus

$$f_n(A) = f_n(A)\, P_k + f_n(A)\, (I - P_k)$$
$$\geqq a_n P_k + f_0(A)\, (I - P_k),$$
$$\lim_{n\to\infty} \big(f_n(A)\, x, x\big) \geqq \big(f_0(A)\, (I - P_k)\, x, x\big)$$

folgt. Der Grenzübergang $k \to \infty$ ergibt wegen $P_k \uparrow I$ die Behauptung.

Wie wir später sehen werden, gibt es umgekehrt zu jedem σ-positiven Spektralintegral J auf der Algebra $C^b(\boldsymbol{R})$ genau einen selbstadjungierten Operator A mit $J = J^A$.

In den folgenden Abschnitten wollen wir ein gegebenes Spektralintegral auf eine umfassendere Funktionenalgebra mit zusätzlichen Eigenschaften fortsetzen. Der nächste Abschnitt bereitet dies einerseits vor, wird aber auch für spätere Anwendungen benötigt.

3.4. *Spektralintegrale unbeschränkter nichtnegativer Funktionen*

In diesem Abschnitt sei J ein σ-positives Spektralintegral auf einer Funktionenalgebra $\mathscr{E}$ über X.

Für jede Funktionenalgebra $\mathscr{E}$ bezeichneten wir die Menge aller nichtnegativen Funktionen $f \in \mathscr{E}$ mit $\mathscr{E}_+$. Demgegenüber sei $\mathscr{E}^+$ die Menge aller Funktionen $F: X \to \boldsymbol{R}_+{}^a = \boldsymbol{R}_+ \cup \{\infty\}$, zu denen Funktionen $f_n \in \mathscr{E}_+$ mit $f_n \uparrow F$ existieren. Diese Funktionen liegen also im allgemeinen nicht mehr in $\mathscr{E}$. Eine Funktion F liegt genau dann in $\mathscr{E}^+$, wenn es Funktionen $g_n \in \mathscr{E}_+$ mit

$$F = \sum_{k=0}^{\infty} g_k$$

gibt. Wir brauchen ja nur $g_0 := f_0$, $g_{n+1} := f_{n+1} - f_n$ bzw. $f_n := g_0 + \cdots + g_n$ zu setzen. Selbstverständlich haben wir $\mathscr{E}_+ \subset \mathscr{E}^+$.

Wir werden ein Funktional J^+ einführen, das jeder Funktion $F \in \mathscr{E}^+$ einen linearen Operator $J^+(F)$ aus $\mathscr{H}$ in $\mathscr{H}$ zuordnet, und das der Bedingung

$$J^+(f) = J(f) \qquad (f \in \mathscr{E}_+) \tag{1}$$

genügt. Die Grundlage hierfür bildet

S a t z 1: *Für zwei isotone Folgen von Funktionen* $f_n, g_n \in \mathscr{E}$ *mit*

$$\lim_{n \to \infty} f_n \leq \lim_{n \to \infty} g_n \tag{2}$$

ist

$$\lim_{n \to \infty} \big(J(f_n)\, x,\, x\big) \leq \lim_{n \to \infty} \big(J(g_n)\, x,\, x\big) \tag{3}$$

für alle $x \in \mathscr{H}$.

B e w e i s: Für festes k ist

$$\lim_{n \to \infty} (g_n - f_k) \geq 0,$$

und da J σ-positiv ist, folgt

$$\lim_{n \to \infty} \big(J(g_n - f_k)\, x,\, x\big) \geq 0,$$

also

$$\big(J(f_k)\, x,\, x\big) \leqq \lim_{n\to\infty} \big(J(g_n)\, x,\, x\big).$$

Der Grenzübergang $k \to \infty$ ergibt die Behauptung.

Das Gleichheitszeichen in (2) zieht offensichtlich auch das Gleichheitszeichen in (3) nach sich, da $f_n,\ g_n$ die Rollen tauschen dürfen.

Der bewiesene Satz gibt uns die Möglichkeit, das für festes $x \in \mathscr{H}$ gemäß 3.3. (2) definierte Funktional J_x auch für Funktionen $F \in \mathscr{E}^+$ zu definieren, und zwar durch

$$J_x{}^+(F) := \lim_{n\to\infty} \big(J(f_n)\, x,\, x\big) \qquad (f_n \in \mathscr{E}_+,\, f_n \uparrow F). \tag{4}$$

Wegen $\big(J(f_n{}^2)\, x,\, x\big) = \|J(f_n)\, x\|^2$ und $f_n{}^2 \uparrow F^2$ gilt dann

$$J_x{}^+(F^2) = \lim_{n\to\infty} \|J(f_n)\, x\|^2 \qquad (f_n \in \mathscr{E}_+,\, f_n \uparrow F). \tag{5}$$

Wir erinnern daran, daß für jede Folge von Elementen $f_n \in \mathscr{E}$ ein linearer Operator $A := \lim_{n\to\infty} J(f_n)$ definiert ist. Sein Definitionsbereich ist die Menge aller Elemente $x \in \mathscr{H}$, für die $\big(J(f_n)\, x\big)$ eine Fundamentalfolge ist, und Ax ist der Grenzwert dieser Folge. Wenn wir für (f_n) eine isotone Folge nichtnegativer Funktionen aus $\mathscr{E}$ wählen, hängt dieser Operator nur von der Grenzfunktion $F \in \mathscr{E}^+$ ab, denn es gilt

Satz 2: *Für jede Funktion $F \in \mathscr{E}^+$ ist die Definition*

$$J^+(F) := \lim_{n\to\infty} J(f_n) \qquad (f_n \in \mathscr{E}_+,\, f_n \uparrow F) \tag{6}$$

unabhängig von der Wahl der Folge f_n, und ein Element $x \in \mathscr{H}$ liegt genau dann im Definitionsbereich von $J^+(F)$, wenn die Folge $(\|J(f_n)\, x\|)$ beschränkt ist. Somit ist

$$D\big(J^+(F)\big) = \{x \in H \colon J_x{}^+(F^2) < \infty\}. \tag{7}$$

Ferner gilt

$$(J)' \subseteqq \big(J^+(F)\big)' \qquad (F \in \mathscr{E}^+). \tag{8}$$

Beweis: Ist die Folge $\big(J(f_n)\,x\big)$ für $f_n \uparrow F$ konvergent, so ist auch $(\|J(f_n)\,x\|)$ konvergent und damit beschränkt.

Ist umgekehrt $(\|J(f_n)\,x\|)$ beschränkt, so besitzt diese monotone Zahlenfolge einen endlichen Grenzwert. Aus $(f_{n+k} - f_n)^2 \leqq (f_{n+k} + f_n)\,(f_{n+k} - f_n) = f_{n+k}^2 - f_n^2$ folgt

$$\|J(f_{n+k})\,x - J(f_n)\,x\|^2 \leqq \|J(f_{n+k})\,x\|^2 - \|J(f_n)\,x\|^2.$$

Da die rechte Seite für $n \to \infty$ gegen Null strebt, ist $\big(J(f_n)\,x\big)$ eine Fundamentalfolge.

Gilt auch $g_n \in \mathscr{E}_+$ und $g_n \uparrow F$, so ist

$$\|J(g_n)\,x\|^2 \leqq \lim_{n\to\infty} \|J(g_n)\,x\|^2 = \lim_{n\to\infty} \|J(f_n)\,x\|^2 < \infty,$$

und folglich ist mit $\big(J(f_n)\,x\big)$ auch $\big(J(g_n)\,x\big)$ eine Fundamentalfolge. Aus

$$\|J(f_n)\,x - J(g_n)\,x\|^2 = \big(J(f_n^2 + g_n^2)\,x,\,x\big) - \big(J(2f_n g_n)\,x,\,x\big)$$

und aus $f_n^2 + g_n^2 \uparrow 2F^2$ und $2f_n g_n \uparrow 2F^2$ schließen wir, daß die rechte Seite für $n \to \infty$ gegen Null strebt. Die beiden Folgen $\big(J(f_n)\,x\big)$ und $\big(J(g_n)\,x\big)$ haben also denselben Grenzwert. Es sei $T \in (J)'$. Für alle $x \in D(J^+(F))$ ist dann $\|J(f_n)\,Tx\|^2 \leqq \|T\|^2\,\|J(f_n)\,x\|^2 \leqq \|T\|^2\,J_x(F^2) < \infty,$ also $Tx \in D\big(J^+(F)\big)$ und

$$J^+(F)\,Tx = \lim_{n\to\infty} J(f_n)\,Tx = TJ^+(F)\,x.$$

Damit ist auch die letzte Behauptung (8) bewiesen.

Satz 3: *Jedes σ-positive Spektralintegral ist stetig von unten (bzw. von oben), d. h., aus $f,\,f_n \in \mathscr{E}$ und $f_n \uparrow f$ (bzw. $f_n \downarrow f$) folgt*

$$J(f) = \lim_{n\to\infty} J(f_n). \tag{9}$$

Beweis: Im Falle $f_n \uparrow f$ gilt $f_n - f_0 \in \mathscr{E}_+$ und $f_n - f_0 \uparrow f - f_0$, woraus

$$J(f - f_0) = \lim_{n\to\infty} J(f_n - f_0)$$

folgt. Addieren wir $J(f_0)$, so erhalten wir die Behauptung. Im Falle $f_n \downarrow f$ verläuft der Beweis analog.

Auf Grund von Satz 1 und Satz 2 ist für $F \leqq G$ stets $D\big(J^+(G)\big) \subseteqq D\big(J^+(F)\big)$, und für $x \in D\big(J^+(G)\big)$ gilt

$$\left.\begin{aligned}
\big(J^+(F)\,x,\,x\big) &\leqq \big(J^+(G)\,x,\,x\big), \\
J_x{}^+(F^2) = \|J^+(F)\,x\|^2 &\leqq \|J^+(G)\,x\|^2 = J_x{}^+(G^2).
\end{aligned}\right\}(F \leqq G) \quad\begin{aligned}(10)\\(11)\end{aligned}$$

Auch die Relation

$$J^+(tF) = t\,J^+(F) \qquad (F \in \mathscr{E}^+, t > 0) \tag{12}$$

ist offensichtlich erfüllt. Wir zeigen, daß auch

$$J^+(F + G) = J^+(F) + J^+(G) \qquad (F, G \in \mathscr{E}^+) \tag{13}$$

ist. Liegt nämlich x im Definitionsbereich des Operators $J^+(F + G)$, so auch im Definitionsbereich von $J^+(F)$, $J^+(G)$ wegen $F, G \leqq F + G$. Ist umgekehrt $x \in D\big(J^+(F)\big) \cap D\big(J^+(G)\big)$, so sind $\big(J(f_n)\,x\big)$, $\big(J(g_n)\,x\big)$ für $f_n, g_n \in \mathscr{E}_+$ mit $f_n \uparrow F$ und $g_n \uparrow G$ Fundamentalfolgen, und dasselbe gilt für $\big(J(f_n + g_n)\,x\big)$. Die Gleichung (13) ergibt sich nun durch Grenzübergang. Etwas eingehendere Erörterung erfordert

Satz 4: *Es sei $F, G \in \mathscr{E}^+$ und $x \in D\big(J^+(G)\big)$. Dann ist*

$$J_x{}^+(F^2 G^2) = J_y{}^+(F^2) \qquad \big(y := J^+(G)\,x\big) \tag{14}$$

und, falls dies endlich ist,

$$J^+(FG)\,x = J^+(F)\,J^+(G)\,x. \tag{15}$$

Beweis: Für $m \leqq n$ ist

$$\|J(f_m g_m)\,x\| \leqq \|J(f_m)\,J(g_n)\,x\| \leqq \|J(f_n g_n)\,x\|,$$

und die Grenzübergänge $n \to \infty$, $m \to \infty$ ergeben

$$\|J(f_m g_m)\,x\| \leqq \|J(f_m)\,J^+(G)\,x\| \leqq \lim_{n \to \infty} \|J(f_n g_n)\,x\|,$$

$$J_x{}^+(F^2 G^2) \leqq J_y{}^+(F^2) \leqq J_x{}^+(F^2 G^2),$$

womit (14) bewiesen ist. Im Falle der Endlichkeit ist für $m \leq n$ stets $(f_n g_n - f_m g_n)^2 \leq (f_n g_n)^2 - (f_m g_n)^2 \leq (f_n g_n)^2 - (f_m g_m)^2$, also

$$\|J(f_n g_n)\, x - J(f_m)\, J(g_n)\, x\|^2 \leq \|J(f_n g_n)\, x\|^2 - \|J(f_m g_m)\, \dot{x}\|^2\,.$$

Lassen wir erst n, dann m gegen ∞ gehen, so erhalten wir

$$\|J^+(FG)\, x - J(f_m)\, J^+(G)\, x\|^2 \leq \|J^+(FG)\, x\|^2 - \|J(f_m g_m)\, x\|,$$
$$\|J^+(FG)\, x - J^+(F)\, J^+(G)\, x\|^2 \leq 0\,,$$

und (15) ist bewiesen.

Satz 5: *Die Summe F von abzählbar vielen Funktionen $F_k \in \mathscr{E}^+$ liegt wieder in $\mathscr{E}^+$ und aus*

$$\left\| \sum_{k=0}^{n} J^+(F_k)\, x \right\| \leq K < \infty \qquad (n \in \mathbf{N}) \tag{12}$$

folgt

$$J^+(F)\, x = \sum_{k=0}^{\infty} J^+(F_k)\, x\,. \tag{13}$$

Beweis: Wir wählen $g_{kn} \in \mathscr{E}_+$ mit

$$F_k = \sum_{n=0}^{\infty} g_{kn}$$

und setzen

$$f_{pq} := \sum_{k=0}^{p} \sum_{n=0}^{q} g_{kn}\,.$$

Dann gilt $f_{pp} \uparrow F$, also $F \in \mathscr{E}^+$. Da $f_{pp} \leq F_0 + \cdots + F_p$ ist, haben wir $\|J(f_{pp})\, x\| \leq K < \infty$, also $x \in D\big(J^+(F)\big)$. Für $q \geq p$ ist $(f_{pq} - f_{pp})^2 \leq f_{qq}{}^2 - f_{pp}{}^2$, und es folgt

$$\|J(f_{pq})\, x - J(f_{pp})\, x\|^2 \leq \|J(f_{qq})\, x\|^2 - \|J(f_{pp})\, x\|^2\,.$$

Der Grenzübergang $q \to \infty$ ergibt

$$\left\| \sum_{k=0}^{p} J^+(F_k)\, x - J(f_{pp})\, x \right\|^2 \leq \|J^+(F)\, x\|^2 - \|J(f_{pp})\, x\|^2\,.$$

Für $p \to \infty$ erhalten wir die Behauptung.

3.5. *Funktionenalgebren und meßbare Funktionen*

Die Theorie der meßbaren Funktionen steht in engem Zusammenhang mit Funktionenalgebren, die einige zusätzliche Eigenschaften besitzen. Eine Algebra $\mathscr{E}$ heißt eine *Verbandsalgebra*, wenn aus $f \in \mathscr{E}$ stets $|f| \in \mathscr{E}$ folgt. So bildet z. B. die Algebra $C(\boldsymbol{R})$ oder auch $C^b(\boldsymbol{R})$ eine Verbandsalgebra.

In einer Verbandsalgebra $\mathscr{E}$ liegen mit f, g auch die Funktionen

$$f \cup g := \frac{1}{2}\,(f + g + |f - g|), \qquad (1)$$

$$f \cap g := \frac{1}{2}\,(f + g - |f - g|). \qquad (2)$$

Die erste bzw. zweite dieser Funktionen nimmt an jeder Stelle $\xi \in X$ den größeren bzw. kleineren der beiden Funktionswerte $f(\xi)$, $g(\xi)$ an. Speziell liegen mit einer Funktion $f \in \mathscr{E}$ ihr *positiver Teil* $f^+ := f \cup 0$ und ihr *negativer Teil* $f^- := (-f)^+ = -(f \cap 0)$ in $\mathscr{E}$. Jede Funktion f aus einer Verbandsalgebra $\mathscr{E}$ kann also in der Form $f = f^+ - f^-$ zerlegt werden, und es ist $|f| = f^+ + f^-$.

Die zweite wichtige Eigenschaft von Funktionenalgebren ist die folgende: Eine Algebra $\mathscr{E}$ heißt *monoton*, wenn aus $f_n \in \mathscr{E}_+$ und $f_n \downarrow f$ stets $f \in \mathscr{E}_+$ folgt.

In einer monotonen Algebra liegt mit jeder isotonen bzw. antitonen Folge von Funktionen $f_n \in \mathscr{E}$, die durch eine Funktion $g \in \mathscr{E}$ nach oben bzw. unten beschränkt ist, auch deren Grenzfunktion f in $\mathscr{E}$. Aus $f_n \uparrow f$ folgt z. B. $g - f_n \in \mathscr{E}_+$ und $g - f_n \downarrow g - f$, woraus wir auf $g - f \in \mathscr{E}_+$ und $f = g - (g - f) \in \mathscr{E}$ schließen.

Satz 1: *In einer Algebra $\mathscr{E}$ gibt es zu jeder beschränkten Funktion $f \in \mathscr{E}_+$ Folgen von Funktionen $f_n, g_n \in \mathscr{E}_+$ mit $f_n \uparrow \sqrt{f},\ g_n \downarrow \sqrt{f}$.*

Beweis: Ist $0 \leq \sqrt{f} \leq K$, so erfüllen die durch

$$f_0 := 0, \qquad f_{n+1} := f_n - \frac{f_n^2 - f}{2K},$$

$$g_0 := K, \qquad g_{n+1} := g_n - \frac{g_n^2 - f}{2K}$$

induktiv definierten Folgen die genannten Bedingungen.

Zum Beweis der Behauptung betrachten wir die Funktion

$$\Phi(t) := t - \frac{t^2 - a}{2K} \qquad (0 \leq t \leq K)$$

mit festem a, $0 \leq \sqrt{a} \leq K$. Wegen $\Phi'(t) = 1 - \dfrac{t}{K} > 0$ für $0 \leq t < K$ ist Φ streng monoton wachsend, und es ist $0 \leq \Phi(0) \leq \Phi(K) \leq K$. Wegen

$$\Phi(t) - \sqrt{a} = \left(t - \sqrt{a}\right)\left(1 - \frac{t + \sqrt{a}}{2K}\right)$$

und $0 \leq \dfrac{t + \sqrt{a}}{2K} \leq 1$ haben $\Phi(t) - \sqrt{a}$ und $t - \sqrt{a}$, also auch $\Phi(t)^2 - a$ und $t^2 - a$ stets dasselbe Vorzeichen. Wegen $0^2 - a \leq 0$ und $K^2 - a \geq 0$ sind deshalb die induktiv definierten Folgen

$$a_0 := 0, \quad a_{n+1} := \Phi(a_n)$$
$$b_0 := K, \quad b_{n+1} := \Phi(b_n)$$

monoton wachsend bzw. fallend, und es ist stets $a_n \leq b_n$. Aus $a_n \uparrow c$ folgt aber

$$c = \lim_{n \to \infty} a_{n+1} = \lim_{n \to \infty} \Phi(a_n) = \Phi(c),$$

also $c^2 - a = 0$, d. h., es gilt $a_n \uparrow \sqrt{a}$. Ebenso ergibt sich $b_n \downarrow \sqrt{a}$.

Satz 2: *Ist $\mathscr{E}$ eine monotone Verbandsalgebra, so folgt aus $f \in \mathscr{E}_+$ stets $\sqrt{f} \in \mathscr{E}_+$.*

Beweis: Auf Grund von Satz 1 ist $\sqrt{\overline{f \cap n}} \in \mathscr{E}_+$, und aus $\sqrt{\overline{f \cap n}} \leqq f + 1$ und $\sqrt{\overline{f \cap n}} \uparrow \sqrt{f}$ folgt die Behauptung.

Ein System $\mathfrak{A}$ von Teilmengen einer Grundmenge X heißt bekanntlich eine *Mengen-σ-Algebra* in X, wenn $\mathfrak{A}$ folgende Eigenschaften besitzt:

(a) $\emptyset \in \mathfrak{A}$.

(b) Aus $M \in \mathfrak{A}$ folgt $\overline{M} := X \setminus M \in \mathfrak{A}$.

(c) Aus $M_k \in \mathfrak{A} \ (k \in \mathbf{N})$ folgt $\bigcup\limits_{k=0}^{\infty} M_k \in \mathfrak{A}$.

Offensichtlich kann an Stelle der letzten Bedingung auch gefordert werden, daß der Durchschnitt von abzählbar vielen Mengen aus $\mathfrak{A}$ wieder in $\mathfrak{A}$ liegt, denn es ist

$$\bigcup_{k=0}^{\infty} M_k = \overline{\bigcap_{k=0}^{\infty} \overline{M}_k}.$$

Jede σ-Algebra $\mathfrak{A}$ enthält mit zwei Mengen M, N auch die Mengen $M \cup N$, $M \cap N$ und $M \setminus N = M \cap \overline{N}$.

Wir setzen $\mathbf{R}^a := \mathbf{R} \cup \{\infty, -\infty\}$ und $\mathbf{R}_+^a := \mathbf{R}_+ \cup \{\infty\}$ $= \{t \in \mathbf{R}^a : 0 \leq t \leq \infty\}$. Eine Funktion $f : X \to \mathbf{R}^a$ heißt $\mathfrak{A}$-*meßbar*, wenn die Menge

$$\{f > a\} := \{\xi \in X : f(\xi) > a\} \tag{3}$$

für alle $a \in \mathbf{R}$ in der σ-Algebra $\mathfrak{A}$ liegt. Hiermit ist gleichwertig, daß die Mengen $\{f \geqq a\}$ bzw. $\{f < a\}$ bzw. $\{f \leqq a\}$ für alle $a \in \mathbf{R}$ in $\mathfrak{A}$ liegen. Eine Funktion f ist genau dann $\mathfrak{A}$-meßbar, wenn ihr positiver und ihr negativer Teil $\mathfrak{A}$-meßbar sind. Wie üblich sei χ_M die durch

$$\chi_M(\xi) := \begin{cases} 1 & \text{für} \quad \xi \in M \\ 0 & \text{für} \quad \xi \notin M \end{cases}$$

definierte *charakteristische Funktion* der Menge $M \subseteq X$.

Satz 3: *Für jede monotone Verbandsalgebra $\mathscr{E}$ über X bildet das System*

$$\mathfrak{A} = \mathfrak{A}(\mathscr{E}) := \{M \subseteq X : \chi_M \in \mathscr{E}\} \tag{4}$$

eine σ-Algebra in X. Eine Funktion $f: X \to \mathbf{R}^a$ ist $\mathfrak{A}$-meßbar genau dann, wenn ihr positiver und ihr negativer Teil in $\mathscr{E}^+$ liegen.

Beweis: Es ist $\chi_\emptyset = 0$, und folglich ist $\emptyset \in \mathfrak{A}$. Aus $M \in \mathfrak{A}$ folgt $\chi_{\overline{M}} = 1 - \chi_M \in \mathscr{E}$, also $\overline{M} \in A$. Ist M der Durchschnitt von abzählbar vielen Mengen $M_k \in \mathfrak{A}$, so ist $f_n := \chi_{M_0 \cap \ldots \cap M_n} \in \mathscr{E}$, und wegen $f_n \downarrow \chi_M$ ist $\chi_M \in \mathscr{E}$ und $M \in \mathfrak{A}$. Somit ist $\mathfrak{A}$ eine σ-Algebra.

Ist $f \in \mathscr{E}$ beschränkt, so gibt es ein $K > 0$ mit $|f(\xi)| \leq K$ für alle $\xi \in X$. Für alle $a \in \mathbf{R}$ liegt die Funktion $g := \dfrac{(f - a)^+}{K + |a|}$ in $\mathscr{E}_+$, und es ist $g(\xi) = 0$ für $f(\xi) \leq a$ sowie $0 < g(\xi) \leq 1$ für $f(\xi) > a$. Die Folge der in $\mathscr{E}_+$ liegenden Funktionen $\sqrt[2^n]{g}$ strebt isoton gegen $\chi_{\{f > a\}}$, und folglich ist jede beschränkte Funktion $f \in \mathscr{E}$ auch $\mathfrak{A}$-meßbar. Zu $F \in \mathscr{E}^+$ gibt es $f_n \in \mathscr{E}_+$ mit $f_n \uparrow F$. Dann gilt auch $f_n \cap n \uparrow F$, und folglich können wir f_n beschränkt und damit auch $\mathfrak{A}$-meßbar voraussetzen. Wegen

$$\{F > a\} = \bigcup_{n=0}^{\infty} \{f_n > a\}$$

ist F $\mathfrak{A}$-meßbar. Liegen also f^+ und f^- für eine Funktion $f: X \to \mathbf{R}^a$ in $\mathscr{E}^+$, so ist f $\mathfrak{A}$-meßbar.

Es sei f umgekehrt $\mathfrak{A}$-meßbar. Nach Definition von $\mathfrak{A}$ liegen die Funktionen

$$f_n := n\chi_{\{f > n\}} + \sum_{k=1}^{n2^n} \frac{k-1}{2^n} \cdot \chi_{\left\{\frac{k-1}{2^n} \leq f < \frac{k}{2^n}\right\}} \tag{5}$$

in $\mathscr{E}_+$. Wie aus der Maßtheorie bekannt und auch leicht einzusehen ist, gilt $f_n \uparrow f^+$, woraus $f^+ \in \mathscr{E}^+$ folgt. Ersetzen wir f in (5) durch $-f$, so erhalten wir ebenso $f^- \in \mathscr{E}^+$, und Satz 3 ist bewiesen.

Zu jeder Funktionenalgebra $\mathscr{E}$ gibt es eine kleinste monotone Verbandsalgebra $m(\mathscr{E})$, die $\mathscr{E}$ umfaßt. Wir nennen $m(\mathscr{E})$ die von $\mathscr{E}$ *erzeugte Borelsche Funktionenalgebra*. Die von $C(\mathbf{R})$ bzw. $C^b(\mathbf{R})$ erzeugte Borelsche

Funktionenalgebra ist die Algebra $\mathscr{B}(\boldsymbol{R})$ bzw. $\mathscr{B}^b(\boldsymbol{R})$ aller bzw. aller beschränkten *Borel-meßbaren* Funktionen $f\colon \boldsymbol{R} \to \boldsymbol{R}$. Die zugehörige Mengen-$\sigma$-Algebra ist in beiden Fällen die σ-Algebra $\mathfrak{B}(\boldsymbol{R})$ der BOREL-meßbaren Mengen, und zwar ist $\mathfrak{B}(\boldsymbol{R})$ die kleinste σ-Algebra, die alle Intervalle $[a, b)$ umfaßt.

3.6. *Lebesguesche Fortsetzung eines Spektralintegrals*

In diesem Abschnitt wollen wir u. a. zeigen, daß zu jedem selbstadjungierten Operator A ein Spektralintegral existiert, das auf einer Algebra definiert ist, die alle beschränkten BOREL-meßbaren Funktionen umfaßt und für beschränkte stetige Funktionen f durch $f(A)$ gegeben ist.

Die Konstruktion führen wir im Hinblick auf spätere Anwendungen für beliebige Spektralintegrale durch.

Definition 1: Ein σ-positives Spektralintegral auf einer monotonen Verbandsalgebra heißt ein *Lebesguesches Spektralintegral.*

Gegeben sei ein festes σ-positives Spektralintegral J auf einer beliebigen Algebra $\mathscr{E}$ über X. Falls $\mathscr{E}$ keine Verbandsalgebra ist, wollen wir wenigstens voraussetzen, daß alle Funktionen $f \in \mathscr{E}$ beschränkt sind. Wir werden nun nachweisen, daß J stets zu einem LEBESGUEschen Spektralintegral fortgesetzt werden kann, und zwar auf einem Vektorverband, dessen Elemente wir sofort charakterisieren können.

Definition 2: Eine Funktion $\varphi\colon X \to \boldsymbol{R}$ heißt LEBESGUE-integrierbar (bezüglich J), wenn es zu jedem Element $x \in \mathscr{H}$ isotone Folgen von Funktionen $f_n, g_n \in \mathscr{E}_+$ mit

$$\varphi + \lim_{n\to\infty} g_n = \lim_{n\to\infty} f_n \tag{1}$$

und

$$\lim_{n\to\infty} \|J(f_n + g_n)\,x\| < \infty \tag{2}$$

gibt.

Mit $L(X, \mathscr{E}, J)$ bezeichnen wir das System aller bezüglich J Lebesgue-integrierbaren Funktionen. Zur Abkürzung setzen wir $\tilde{\mathscr{E}} := L(X, \mathscr{E}, J)$.

Theorem: *Das System $\tilde{\mathscr{E}}$ bildet eine $\mathscr{E}$ umfassende monotone Verbandsalgebra, und zu jeder Algebra $\hat{\mathscr{E}}$ mit $\mathscr{E} \subseteq \hat{\mathscr{E}} \subseteq \tilde{\mathscr{E}}$ gibt es genau eine Fortsetzung von J zu einem σ-positiven Spektralintegral $\hat{J}$ auf $\hat{\mathscr{E}}$. Erfüllen x, f_n, g_n die Voraussetzungen von Definition 1, so ist*

$$\hat{J}(\varphi)\, x = \lim_{n \to \infty} J(f_n - g_n)\, x, \tag{3}$$

und es gilt

$$(J)' = (\hat{J})'. \tag{4}$$

Auf Grund dieses Theorems gibt es insbesondere genau eine Fortsetzung $\tilde{J}$ von J zu einem Lebesgueschen Spektralintegral auf $\tilde{\mathscr{E}} = L(X, \mathscr{E}, J)$. Wir nennen $\tilde{J}$ die *Lebesguesche Fortsetzung* des Spektralintegrals J. Außerdem gibt es nach unserem Theorem genau eine Fortsetzung $\hat{J}$ auf die kleinste monotone Verbandsalgebra $\hat{\mathscr{E}} := m(\mathscr{E})$ mit $\mathscr{E} \subseteq \hat{\mathscr{E}}$. Das hierdurch fixierte Spektralintegral $\hat{J}$ nennen wir die *Borelsche Fortsetzung* von J.

Durch jeden selbstadjungierten Operator A sind also zwei Lebesguesche Spektralintegrale definiert, nämlich die Borelsche Fortsetzung $\hat{J}^A$ und die Lebesguesche Fortsetzung $\tilde{J}^A$ von J^A. Die Borelsche Fortsetzung ist für alle selbstadjungierten Operatoren A einheitlich auf der Algebra $\mathfrak{B}^b(\boldsymbol{R})$ der beschränkten Borel-meßbaren Funktionen definiert. Die verhältnismäßig schwierig zu überblickende Algebra $L\big(\boldsymbol{R}, C^b(\boldsymbol{R}), J^A\big)$ hängt dagegen von der Wahl des Operators A ab. Wir werden uns deshalb fast durchgängig mit der Borelschen Fortsetzung begnügen.

Der Rest dieses Abschnitts ist dem Beweis unseres Theorems gewidmet. Er kann ohne Gefahr für das Verständnis der folgenden Abschnitte übergangen werden.

Wir beweisen zuerst die Einzigkeitsaussage.

Satz 1: *Auf jedem Vektorverband $\hat{\mathscr{E}}$ mit $\mathscr{E} \subseteq \hat{\mathscr{E}} \subseteq \tilde{\mathscr{E}}$ gibt es höchstens ein σ-positives Spektralintegral $\hat{J}$ mit $\hat{J}(f) = J(f)$ für $f \in \mathscr{E}$, und für ein solches Spektralintegral gilt* (4).

Beweis: Zu $\varphi \in \hat{\mathscr{E}} \subseteq \tilde{\mathscr{E}}$ und $x \in \mathscr{H}$ gibt es Folgen von Funktionen $f_n, g_n \in \mathscr{E}_+$ mit (1), (2). Erfüllt $\hat{J}$ die Voraussetzungen, so folgt aus (1), wenn wir Satz 1 in 3.4. auf $\hat{J}$ anwenden,

$$(\hat{J}(\varphi)\, x, x) + \lim_{n\to\infty} (J(g_n)\, x, x) = \lim_{n\to\infty} (\hat{J}(\varphi + g_n)\, x, x)$$
$$= \lim_{n\to\infty} (\hat{J}(f_n)\, x, x) = \lim_{n\to\infty} (J(f_n)\, x, x).$$

Der Operator $\hat{J}(\varphi)$ ist demnach durch J eindeutig bestimmt, und zwar gilt (3). Aus $T \in (\hat{J})'$ folgt trivialerweise $T \in (J)'$. Ist umgekehrt $T \in (J)'$, so folgt aus (2) stets $\|J(f_n + g_n)\, Tx\| \leqq \|T\|\, \|J(f_n + g_n)\, x\| \leqq K\, \|T\|$ also

$$\hat{J}(\varphi)\, Tx = \lim_{n\to\infty} J(f_n - g_n)\, Tx = T\hat{J}(\varphi)\, x,$$

d. h., es ist $T \in (\hat{J}(\varphi))'$ für alle $\varphi \in \hat{\mathscr{E}}$ und damit $T \in (\hat{J})'$. Damit ist Satz 1 bewiesen.

Wir benötigen einen technischen Hilfssatz, der für den Fall einer Verbandsalgebra $\mathscr{E}$ nahezu trivial ist.

Satz 2: *Zu $x_1, x_2 \in \mathscr{H}$ und zu jeder Funktion H der Form $H = F \cap F'$ bzw. $H = F - f$ mit $F, F' \in \mathscr{E}^+$, $f \in \mathscr{E}$ und $f \leqq F$ gibt es eine Funktion $G \in \mathscr{E}_+$ mit $x_i \in D(J^+(G))$ und $H + G \in \mathscr{E}^+$. Für vorgegebenes $\varepsilon > 0$ kann dabei $\|J^+(G)\, x_i\| \leqq \varepsilon\, \|x_i\|$ gefordert werden.*

Beweis: Wir wählen $f_n, f_n' \in \mathscr{E}_+$ mit $f_n \uparrow F$, $f_n' \uparrow F'$. Mit $h_n := f_n \cap f_n'$ bzw. $h_n := f_n \cup f - f$ gilt $h_n \uparrow H$. Ist also $\mathscr{E}$ bereits eine Verbandsalgebra, so ist $h_n \in \mathscr{E}_+$ und damit $H \in \mathscr{E}^+$. Die Behauptung gilt also mit $G := 0$.

Ist $\mathscr{E}$ keine Verbandsalgebra, so sind alle Funktionen $f \in \mathscr{E}$ beschränkt. Mit $\varphi_0 := h_0$, $\varphi_{n+1} := h_{n+1} - h_n$ ist $H = \sum\limits_{k=0}^{\infty} \varphi_k$, und die nichtnegativen Funktionen φ_k sind auf Grund von 3.5. (1), (2) vom Typ $h + |h'| - |h''|$ mit $h, h', h'' \in \mathscr{E}$. Nach Satz 1 in 3.5. gibt es demzufolge für jedes k Funktionen $f_{kn}, g_{kn} \in \mathscr{E}$ mit $f_{kn} \uparrow \varphi_k, g_{kn} \downarrow \varphi_k$. Aus $\varphi_k \geqq 0$ folgt somit $g_{kn} \in \mathscr{E}_+$. Wegen $g_{kn} - f_{kn} \downarrow 0$ gilt auch $J(g_{kn} - f_{kn}) \downarrow 0$, und wir können voraussetzen, daß bereits die Anfangsglieder der Folgen die Bedingung

$$\|J(g_{k0} - f_{k0})\, x_i\| \leqq \frac{\varepsilon}{2^{k+1}}\, \|x_i\| \qquad (i = 1, 2)$$

erfüllen. Die Funktion

$$G := \sum_{k=0}^{\infty} (g_{k0} - f_{k0})$$

liegt in $\mathscr{E}^+$, und es ist

$$\|J^+(G)\,x_i\| \leq \sum_{k=0}^{\infty} \|J(g_{k0} - f_{k0})\,x_i\| \leq \sum_{k=0}^{\infty} \frac{\varepsilon}{2^{k+1}} \|x_i\| = \varepsilon\|x_i\|.$$

Ferner gilt

$$H + G = \sum_{k=0}^{\infty} (\varphi_k + g_{k0} - f_{k0}) = \sum_{k=0}^{\infty} \left(\lim_{n\to\infty} (f_{kn} - f_{k0}) + g_{k0}\right)$$

$$= \sum_{k=0}^{\infty} \left(g_{k0} + \sum_{n=0}^{\infty} (f_{k,n+1} - f_{kn})\right)$$

$$= \lim_{p\to\infty} \sum_{k=0}^{p} \left(g_{k0} + \sum_{k=0}^{p} (f_{k,n+1} - f_{kn})\right) \in \mathscr{E}^+,$$

und Satz 2 ist bewiesen.

Auf Grund der Begriffsbildungen aus 3.4. gilt $\varphi \in \tilde{\mathscr{E}}$ genau dann, wenn es zu jedem $x \in \mathscr{H}$ Funktionen $F, G \in \mathscr{E}^+$ mit

$$\varphi + G = F, \qquad x \in D(J^+(F + G)) \tag{5}$$

gibt. Wir dürfen nicht $\varphi = F - G$ schreiben, weil $F(\xi) = G(\xi) = \infty$ für gewisse $\xi \in X$ sein kann. Durch

$$\tilde{J}(\varphi)\,x := J^+(F)\,x - J^+(G)\,x \tag{6}$$

wird nun unter den Voraussetzungen (5) ein Operator $\tilde{J}(\varphi)$: $\mathscr{H} \to \mathscr{H}$ definiert. Die Definition (6) ist unabhängig von der Wahl der Funktionen $F, G \in \mathscr{E}^+$ mit den Eigenschaften (5). Ist nämlich auch $\varphi + G' = F'$ und $x \in D(J^+(F' + G'))$, so folgt $F + G' = \varphi + G + G' = F' + G$, also $J^+(F)\,x + J^+(G')\,x = J^+(F + G')\,x = J^+(F')\,x + J^+(G)\,x$ und damit $J^+(F)\,x - J^+(G)\,x = J^+(F')\,x - J^+(G')\,x$.

Satz 3: *Für alle $\varphi \in \tilde{\mathscr{E}}$ ist $\tilde{J}(\varphi)$ ein beschränkter selbstadjungierter Operator.*

Beweis: Wir zeigen zuerst, daß zu zwei Elementen $x_1, x_2 \in \mathscr{H}$ Funktionen $F, G \in \mathscr{E}^+$ mit $x_1, x_2 \in D(J^+(F + G))$ und $\varphi + G = F$ existieren. Hierzu wählen wir $F_i, G_i \in \mathscr{E}^+$ mit $x_i \in D(J^+(F_i + G_i))$ und $\varphi + G_i = F_i$. Dann bestimmen wir F_0, G_0 gemäß Satz 2 mit $F_1 \cap F_2 + F_0,\ G_1 \cap G_2 + G_0 \in \mathscr{E}^+$ und $x_1, x_2 \in$

$D(J^+(F_0 + G_0))$. Die Funktionen $F := F_1 \cap F_2 + F_0 + G_0$, $G := G_1 \cap G_2 + F_0 + G_0$ erfüllen dann die obigen Forderungen, denn wegen $F \leq F_i + F_0 + G_0$, $G \leq G_i + F_0 + G_0$ $(i = 1, 2)$ ist $x_i \in D(J^+(F + G))$, und es ist $\varphi + G = (\varphi + G_1) \cap (\varphi + G_2) + F_0 + G_0 = F$. Dann ist aber $x_1 + x_2 \in D(J^+(F + G))$ und

$$\begin{aligned}
\tilde{J}(\varphi)\,(x_1 + x_2) &= J^+(F)\,(x_1 + x_2) - J^+(G)\,(x_1 + x_2) \\
&= J^+(F)\,x_1 - J^+(G)\,x_1 + J^+(F)\,x_2 - J^+(G)\,x_2 \\
&= \tilde{J}(\varphi)x_1 + \tilde{J}(\varphi)\,x_2.
\end{aligned}$$

Mit $x = x_1$, $\lambda \in C$ ist ferner

$$\tilde{J}(\varphi)\,(\lambda x) = J^+(F)\,(\lambda x) - J^+(G)\,(\lambda x) = \lambda \tilde{J}(\varphi)\,x$$

sowie $\big(\tilde{J}(\varphi)\,x,\,x\big) = (J^+(F)\,x,\,x) - (J^+(G)\,x,\,x) \in \boldsymbol{R}$, und $\tilde{J}(\varphi)$ ist symmetrisch. Da $\tilde{J}(\varphi)$ überall definiert ist, muß dieser Operator beschränkt, also selbstadjungiert sein.

Satz 4: *Das Funktionensystem $\tilde{\mathscr{E}} = L(X, \mathscr{E}, J)$ ist eine Verbandsalgebra, und $\tilde{J}$ ist eine Fortsetzung von J zu einem Spektralintegral auf $\tilde{\mathscr{E}}$.*

Beweis: Zu $\varphi, \psi \in \tilde{\mathscr{E}}$ und zu $x \in \mathscr{H}$ wählen wir $F, G, F', G' \in \mathscr{E}^+$ mit $x \in D(J^+(F + G + F' + G'))$, $\varphi + G = F$ und $\psi + G' = F'$. Dann ist $-\varphi + F = G$, $\varphi + \psi + (G + G') = F + F'$ und $t\varphi + tG = tF$ $(t \geq 0)$, woraus $-\varphi, \varphi + \psi, t\varphi \in \tilde{\mathscr{E}}$ und

$$\tilde{J}(-\varphi)\,x = J^+(G)\,x - J^+(F)\,x = -\tilde{J}(\varphi)\,x,$$

$$\begin{aligned}
\tilde{J}(\varphi + \psi)\,x &= J^+(F + F')\,x - J^+(G + G')\,x \\
&= J^+(F)\,x - J^+(G)\,x + J^+(F')\,x - J^+(G')\,x \\
&= \tilde{J}(\varphi)\,x + \tilde{J}(\psi)\,x,
\end{aligned}$$

$$\tilde{J}(t\varphi)\,x = J^+(tF)\,x - J^+(tG)\,x = t\tilde{J}(\varphi)\,x$$

folgt. Aus $\varphi \geq 0$ folgt $F = \varphi + G \geq G$, also $\big(\tilde{J}(\varphi)\,x,\,x\big) = (J^+(F)\,x,\,x) - (J^+(G)\,x,\,x) \geq 0$.

Zum Beweis der Multiplikativität ersetzen wir F', G' durch $F' + 1$, $G' + 1$ und wählen neue Funktionen F, G mit $J^+(F')\,x$, $J^+(G')\,x \in D(J^+(F + G))$ und $\varphi + G = F$, was nach dem ersten Beweisteil von Satz 3 möglich ist. Wiederum können wir F, G durch $F + 1$, $G + 1$ ersetzen. Wir überzeugen uns von der Richtigkeit der Relation

$$\varphi\psi + FG' + GF' = FF' + GG'. \tag{7}$$

Da in den Produkten der Funktionen F, G mit F', G' niemals der Funktionswert Null angenommen werden kann, ist die Gleichung sicherlich erfüllt, wenn eine der Funktionen an einer Stelle $\xi \in X$ den Wert ∞ annimmt. Andernfalls ist $\varphi(\xi) = F(\xi) - G(\xi)$ und $\psi(\xi) = F'(\xi) - G'(\xi)$, und (7) wird durch elementare Rechnung verifiziert. Aus $x \in D(J^+(F' + G'))$ und $J^+(F')\,x$, $J^+(G')\,x \in D(J^+(F + G))$ folgt, wenn wir Satz 4 in 3.4. heranziehen, $x \in D(J^+(FF' + GG' + FG' + GF'))$, also $\varphi\psi \in \tilde{\mathscr{E}}$ und

$$\tilde{J}(\varphi\psi)\,x = J^+(FF' + GG')\,x - J^+(FG' + GF')\,x$$
$$= J^+(F)\,(J^+(F')\,x - J^+(G')\,x) - J^+(G)\,(J^+(F')\,x - J^+(G')\,x)$$
$$= \tilde{J}(\varphi)\,\tilde{J}(\psi)\,x.$$

Somit ist J ein Spektralintegral auf $\tilde{\mathscr{E}}$.

Nach Satz 2 gibt es zu F, $G \in \mathscr{E}^+$ mit $x \in D(J^+(F + G))$ und $\varphi + G = F$ ein $G_0 \in \mathscr{E}^+$ mit $x \in D(J^+(G_0))$ und $F_0 := F \cap G + G_0 \in \mathscr{E}^+$. Wegen $F_0 \leqq F + G_0$ ist $x \in D(J^+(F_0 + G + G_0))$, und es ist $\varphi \cap 0 + G + G_0 = (\varphi + G) \cap G + G_0 = F_0$, also $\varphi \cap 0 \in \tilde{\mathscr{E}}$. Dann liegt aber auch $\varphi^- = -(\varphi \cap 0)$ sowie $\varphi^+ = (-\varphi)^-$ und $|\varphi| = \varphi^+ + \varphi^-$ in $\tilde{\mathscr{E}}$ für alle $\varphi \in \tilde{\mathscr{E}}$, und $\tilde{\mathscr{E}}$ ist eine Verbandsalgebra.

Zu jeder Funktion $h \in \mathscr{E}$ gibt es eine Funktion $f \in \mathscr{E}_+$ mit $h \leqq f$; ist $\mathscr{E}$ eine Verbandsalgebra, so können wir $f := |h|$ setzen, und andernfalls gibt es eine Konstante K mit $f := K \geqq h$. Mit $g := f - h \in \mathscr{E}_+$ haben wir also $h + g = f$, und es ist $h \in \tilde{\mathscr{E}}$ sowie $\tilde{J}(h)\,x = J^+(f)\,x - J^+(g)\,x = J(h)\,x$ für alle $x \in \mathscr{H}$. Das Spektralintegral $\tilde{J}$ ist demzufolge eine Fortsetzung von J.

Der nachfolgende Satz entspricht dem aus der Integrationstheorie bekannten Satz von Beppo Levi.

Satz 5: *Gibt es zu einer isotonen Folge von Funktionen $\varphi_n \in \tilde{\mathscr{E}}$, die eine endliche Grenzfunktion φ besitzt, für jedes $x \in \mathscr{H}$ eine Zahl $K(x)$ mit $\|\tilde{J}(\varphi_n)\,x\| \leqq K(x)$, so ist $\varphi \in \tilde{\mathscr{E}}$ und*

$$\tilde{J}(\varphi) = \lim_{n \to \infty} \tilde{J}(\varphi_n) \tag{9}$$

im Sinne der punktweisen Konvergenz.

Beweis: Zunächst wollen wir zeigen, daß zu jeder Funktion $\varphi \in \tilde{\mathscr{E}}_+$, zu $\varepsilon > 0$ und zu $x \in \mathscr{H}$ Funktionen F, $G \in \mathscr{E}^+$ mit $x \in D(J^+(F + G))$, $\varphi + G = F$ und $\|J^+(G)\,x\| \leqq \varepsilon\|x\|$ existieren. Hierzu wählen wir F', $G' \in \mathscr{E}_+$ mit $x \in D(J^+(F' + G'))$ und

$\varphi + G' = F'$ sowie Funktionen $g_n' \in \mathscr{E}_+$ mit $g_n' \uparrow G'$. Wir können m so groß wählen, daß die Funktion $g := g_m'$ der Bedingung $\|J^+(G' - g)\,x\| = \|J^+(G')\,x - J(g)\,x\| \leqq \dfrac{\varepsilon}{2}\,\|x\|$ genügt. Die Funktion $G_1 := G' - g$ liegt wegen $g_{m+n} - g \uparrow G_1$ in $\mathscr{E}^+$, und es ist $F' - g = \varphi + G_1 \geqq 0$. Nach Satz 2 gibt es eine Funktion $G_2 \in \mathscr{E}^+$ mit $\|J^+(G_2)\,x\| \leqq \dfrac{\varepsilon}{2}\,\|x\|$ und $F := F' - g + G_2 \in \mathscr{E}^+$. Es ist $F \leqq F' + G_2$, und folglich erfüllen F und $G := G_1 + G_2$ die genannten Forderungen.

Sind nun die Voraussetzungen unseres Satzes erfüllt, so können wir auf Grund unseres Zwischenergebnisses für jedes k Funktionen $F_k, G_k \in \mathscr{E}^+$ mit $x \in D(J^+(F_k + G_k))$, $(\varphi_{k+1} - \varphi_k) + G_k = F_k$ und mit

$$\|J^+(G_k)\,x\| \leqq \frac{1}{2^{k+1}}\,\|x\|$$

finden. Die Funktionen

$$F := \sum_{k=0}^{\infty} F_k, \qquad G := \sum_{k=0}^{\infty} G_k$$

liegen in $\mathscr{E}^+$, und es ist

$$\left\| \sum_{k=0}^{n} J^+(G_k)\,x \right\| \leqq \sum_{k=0}^{n} \frac{1}{2^{k+1}}\,\|x\| \leqq \|x\|,$$

$$\left\| \sum_{k=0}^{n} J^+(F_k)\,x \right\| = \left\| \sum_{k=0}^{n} \left(\tilde{J}(\varphi_{k+1} - \varphi_k) + J(G_k) \right) x \right\|$$

$$= \left\| \tilde{J}(\varphi_{n+1})\,x - \tilde{J}(\varphi_0)\,x + \sum_{k=0}^{n} \tilde{J}(G_k)\,x \right\|$$

$$\leqq \|\tilde{J}(\varphi_{n+1})\,x\| + \|\tilde{J}(\varphi_0)\,x\| + \|x\|$$

$$\leqq (K + 1)\,\|x\| + \|\tilde{J}(\varphi_0)\,x\|.$$

Aus Satz 5 in **3.4.** schließen wir, daß $x \in D(J^+(F + G))$ ist. Wegen

$$(\varphi - \varphi_0) + G = \sum_{k=0}^{\infty} \left((\varphi_{k+1} - \varphi_k) + G_k \right) = \sum_{k=0}^{\infty} F_k = F$$

ist $\varphi - \varphi_0 \in \tilde{\mathscr{E}}$, also auch $\varphi = (\varphi - \varphi_0) + \varphi_0 \in \tilde{\mathscr{E}}$ und

$$\tilde{J}(\varphi)\, x - \tilde{J}(\varphi_0)\, x = \tilde{J}(\varphi - \varphi_0)\, x = J^+(F)\, x - J^+(G)\, x$$

$$= \sum_{k=0}^{\infty} \left(J^+(F_k)\, x - J^+(G_k)\, x \right)$$

$$= \sum_{k=0}^{\infty} \tilde{J}(\varphi_{k+1} - \varphi_k)\, x$$

$$= \lim_{n \to \infty} \tilde{J}(\varphi_n)\, x - \tilde{J}(\varphi_0)\, x.$$

Damit ist Satz 5 bewiesen.

Satz 6: *Die Verbandsalgebra $\tilde{\mathscr{E}}$ ist monoton, und $\tilde{J}$ ist σ-positiv.*

Beweis: Aus $\varphi_n \in \tilde{\mathscr{E}}_+$ und $\varphi_n \downarrow \varphi$ folgt $\varphi_0 - \varphi_n \uparrow \varphi_0 - \varphi$, und wegen $\varphi_0 - \varphi_n \leq \varphi_0$ gilt $\tilde{J}(\varphi_0 - \varphi_n) \leq \tilde{J}(\varphi_0)$. Aus Satz 5 folgt $\varphi_0 - \varphi \in \tilde{\mathscr{E}}$, also auch $\varphi = \varphi_0 - (\varphi_0 - \varphi) \in \tilde{\mathscr{E}}$, d. h., die Algebra $\tilde{\mathscr{E}}$ ist monoton. Aus $\varphi_n \uparrow \varPhi$ und $\varPhi \geq 0$ folgt $\varphi_n \cap 0 \uparrow 0$, und mit Satz 5 erhalten wir

$$\lim_{n \to \infty} \left(\tilde{J}(\varphi_n)\, x, x \right) \geq \lim_{n \to \infty} \left(\tilde{J}(\varphi_n \cap 0)\, x, x \right) = 0.$$

Damit sind Satz 6 und unser Theorem vollständig bewiesen.

3.7. *Spektralmaße*

In diesem Abschnitt sei J zunächst ein beliebiges Lebesguesches Spektralintegral auf einer Algebra $\mathscr{E}$ über X, und $\mathfrak{A}$ sei die σ-Algebra der Mengen $M \subseteq X$ mit $\chi_M \in \mathscr{E}$. Der Einfachheit halber setzen wir voraus, daß $\mathscr{E}$ nur aus den beschränkten $\mathfrak{A}$-meßbaren Funktionen besteht. Durch

$$E(M) = E^J(M) := J(\chi_M) \qquad (M \in \mathfrak{A}) \tag{1}$$

definieren wir eine Abbildung E von der σ-Algebra $\mathfrak{A}$ in die Menge $L(\mathscr{H})$. Da alle Operatoren $J(f)$ selbstadjungiert sind, ist auch

$$E(M)^* = E(M) \qquad (M \in \mathfrak{A}). \tag{2}$$

Wegen der Multiplikativität des Spektralintegrals und $\chi_M \chi_N = \chi_{M \cap N}$ ist

$$E(M \cap N) = E(M)\, E(N) \qquad (M, N \in \mathfrak{A}). \tag{3}$$

Für $M = N$ folgt hieraus $E(M) = E(M)^2$, d. h., alle Operatoren $E(M)$ sind Projektoren. Die charakteristische Funktion der Grundmenge ist 1 und dies besagt

$$E(X) = I. \tag{4}$$

Ist M die Vereinigung von abzählbar vielen paarweise disjunkten Mengen M_k, so ist χ_M die Summe der Funktionen χ_{M_k}, und aus Satz 5 in 3.4. schließen wir auf

$$E\left(\bigcup_{k=0}^{\infty} M_k\right) = \sum_{k=0}^{\infty} E(M_k)$$
$$(M_k \in \mathfrak{A},\ M_i \cap M_j = \emptyset \quad \text{für} \quad i \neq j) \tag{5}$$

im Sinne der punktweisen Konvergenz.

Jede Abbildung $E\colon \mathfrak{A} \to L(\mathscr{H})$ mit den Eigenschaften (2) bis (5) heißt ein *Spektralmaß* auf $\mathfrak{A}$. Da in (5) alle bzw. fast alle $M_k = \emptyset$ gewählt werden können, ist $E(\emptyset) = 0$ bzw. $E(M \cup N) = E(M) + E(N)$ für $M \cap N = \emptyset$. Dann ist aber

$$E(M \setminus N) + E(M \cap N) = E(N), \tag{6}$$
$$E(M \setminus N) = E(M)\bigl(I - E(N)\bigr), \tag{7}$$

und für die Komplementärmenge $\overline{M} = X \setminus M$ gilt

$$E(\overline{M}) = I - E(M). \tag{8}$$

Jedes Spektralmaß ist stetig von unten bzw. oben, d. h., es ist

$$E\left(\bigcup_{k=0}^{\infty} M_k\right) = \lim_{k \to \infty} E(M_k) \qquad (M_k \subseteq M_{k+1}) \tag{9}$$

bzw.

$$E\left(\bigcap_{k=0}^{\infty} M_k\right) = \lim_{k \to 0} E(M_k) \qquad (M_k \supseteq M_{k+1}). \tag{10}$$

In der Tat, im ersten Fall setzen wir $N_0 := M_0$ und

$N_{k+1} := M_{k+1} \setminus M_k$ und erhalten

$$E\left(\bigcup_{k=0}^{\infty} M_k\right) = E\left(\bigcup_{k=0}^{\infty} N_k\right) = \sum_{k=0}^{\infty} E(N_k) = \lim_{n\to\infty} \sum_{k=0}^{n} E(N_k)$$
$$= \lim_{n\to\infty} E(M_n),$$

und die zweite Behauptung kann durch Übergang zu den Komplementärmengen bewiesen werden.

Eine Menge $M \in \mathfrak{A}$ heißt eine *Menge vom* (Spektral-) *Maße Null*, wenn $E(M) = 0$ ist.

Wir erinnern an einige elementare Aussagen der Maß- und Integrationstheorie. Ein Funktional $\mu\colon \mathfrak{A} \to \boldsymbol{R}$ heißt ein (positives) endliches *Maß* auf $\mathfrak{A}$, wenn $\mu(\emptyset) = 0$ und stets

$$\mu\left(\bigcup_{k=0}^{\infty} M_k\right) = \sum_{k=0}^{\infty} \mu(M_k) \quad (M_k \in A,\, M_i \cap M_j = \emptyset \text{ für } i \neq j)$$

ist. Für jedes endliche Maß μ auf $\mathfrak{A}$ wird nun wie folgt ein Integral auf $\mathscr{E}$ definiert. Für jede Treppenfunktion

$$f = \sum_{k=0}^{n} c_k \chi_{M_k} \qquad (c_k \in \boldsymbol{R},\, M_k \in \mathfrak{A}) \tag{11}$$

setzt man

$$\int f(\xi)\, \mathrm{d}\mu(\xi) := \sum_{k=0}^{n} c_k \mu(M_k). \tag{12}$$

Zu jeder Funktion $f \in \mathscr{E}_+$ gibt es nichtnegative Treppenfunktionen f_n mit $f_n \uparrow f$ und das Integral von f ist der Grenzwert der Folge der Integrale der Funktionen f_n[1]). Schließlich ist das Integral einer Funktion $f \in \mathscr{E}$ die Differenz der Integrale der Funktionen f^+ und f^-.

In genau derselben Weise kann unser Spektralintegral J, mit Hilfe dessen wir gemäß (1) zum Spektralmaß E gelangten, aus E zurückgewonnen werden. In der Tat,

---

[1]) Das Integral ist endlich, weil alle Funktionen aus $\mathscr{E}$ nach Voraussetzung beschränkt sind.

aus (1) folgt, wenn f durch (11) gegeben ist

$$J(f) = \sum_{k=0}^{n} c_k E(M_k).$$

Für Treppenfunktionen $f_n \geqq 0$ mit $f_n \uparrow f$ und $f \in \mathscr{E}_+$ gilt $J(f_n) \to J(f)$, und für $f \in \mathscr{E}$ ist auch $J(f) = J(f^+) - J(f^-)$. Es ist daher naheliegend, auch das Spektralintegral mit

$$\int f(\xi)\, \mathrm{d}E(\xi) := J(f) \qquad (f \in \mathscr{E}) \tag{13}$$

zu bezeichnen, womit zum Ausdruck gebracht wird, daß J durch das Spektralmaß E eindeutig bestimmt ist. Allgemeiner schreiben wir, wie dies in der Integrationstheorie üblich ist,

$$\int_M f(\xi)\, \mathrm{d}E(\xi) := J(f\chi_M) \qquad (f \in \mathscr{E},\, M \in \mathfrak{A}). \tag{14}$$

Nun wird für jedes Spektralmaß E auf $\mathfrak{A}$ auf Grund von (5) durch

$$\mu_x(M) := \big(E(M)\, x,\, x\big) = \|E(M)\, x\|^2 \qquad (M \in \mathfrak{A}) \tag{15}$$

ein positives endliches Maß auf $\mathfrak{A}$ definiert, zu dem wiederum ein gewöhnliches Integral gebildet werden kann. Auf Grund von (15) verwenden wir hierfür die Schreibweisen

$$\int f(\xi)\, \mathrm{d}\mu_x(\xi) = \int f(\xi)\, \mathrm{d}\big(E(\xi)\, x,\, x\big) = \int f(\xi)\, \mathrm{d}\, \|E(\xi)\, x\|^2.$$

Es gilt dann

$$\Big(\int f(\xi)\, \mathrm{d}E(\xi)\, x,\, x\Big) = \int f(\xi)\, \mathrm{d}\, \|E(\xi)\, x\|^2 \quad (f \in \mathscr{E}), \tag{16}$$

denn für die Funktion (11) ist

$$(J(f)\, x,\, x) = \sum_{k=0}^{n} c_k\big(E(M)\, x,\, x\big) = \int f(\xi)\, \mathrm{d}\mu_x(\xi)$$
$$= \int f(\xi)\, \mathrm{d}\, \|E(\xi)\, x\|^2,$$

und der oben geschilderte Prozeß zeigt, daß die Behauptung (16) für alle Funktionen $f \in \mathscr{E}$ erfüllt ist. Auf Grund der Relation $\|J(f)\,x\|^2 = \big(J(f^2)\,x,\,x\big)$ kann aus (16) noch

$$\left\|\int f(\xi)\,\mathrm{d}E(\xi)\,x\right\|^2 = \int f(\xi)^2\,\mathrm{d}\,\|E(\xi)\,x\|^2 \qquad (f \in \mathscr{E}) \qquad (17)$$

gefolgert werden.

Wir wenden nun die allgemeine Theorie auf die BOREL-sche Fortsetzung $\hat{J}^A$ des für einen selbstadjungierten Operator A definierten Spektralintegrals J^A an. Für beschränkte stetige Funktionen f war $J^A(f)$ mit Hilfe der Spektralschar $\{E_\lambda\}$ von A gemäß 3.2. durch

$$J^A(f) = f(A) = \int\limits_{-\infty}^{\infty} f(\lambda)\,\mathrm{d}E_\lambda \qquad (18)$$

gegeben. Die Algebra $\mathscr{E}$ ist jetzt die Menge $\mathscr{B}^b(\boldsymbol{R})$ aller beschränkten BOREL-meßbaren Funktionen und $\mathfrak{A}$ die σ-Algebra $\mathfrak{B}(\boldsymbol{R})$. Statt $\hat{J}^A$ schreiben wir jetzt einfach J^A und übertragen auch die anderen Schreibweisen (18) auf beliebige beschränkte BOREL-meßbare Funktionen. Das zugehörige Spektralmaß $E = E^A$ ist durch

$$E(M) = E^A(M) = J^A(\chi_M) = \chi_M(A) \quad \big(M \in \mathfrak{B}(\boldsymbol{R})\big) \qquad (19)$$

gegeben. Die Integralschreibweise in (18) drückt aus, daß das Spektralintegral durch die Spektralschar $\{E_\lambda\}$ eindeutig fixiert ist. Die aus (13) resultierende Schreibweise

$$J^A(f) = \int f(\lambda)\,\mathrm{d}E(\lambda) = \int\limits_{\boldsymbol{R}} f(\lambda)\,\mathrm{d}E^A(\lambda)$$

besagt demgegenüber, daß auch das Spektralmaß unser Integral festlegt. Wir decken die Zusammenhänge zwischen Spektralschar und Spektralmaß auf. Der Grenzwert der isotonen Folge $(e_\lambda^{(n)})$ ist die Funktion $e_\lambda = \chi_{(-\infty,\lambda)}$, und aus 3.3. (4) folgt

$$e_\lambda(A) = J^A(e_\lambda) = \lim_{n\to\infty} J^A(e_\lambda^{(n)}) = E_\lambda.$$

Dies bedeutet, daß der Spektralprojektor E_λ gerade das Spektralmaß des Intervalls $(-\infty, \lambda)$ ist. Wegen $\chi_{[a,b)} = e_b - e_a$ und $\chi_{[a,\infty)} = 1 - e_a$ ist ferner $E([a, b))$

$= E_b - E_a$, $E\big([a, \infty)\big) = I - E_a$, was bereits mit früher verwendeten Schreibweisen im Einklang steht. Aus $\chi_{\left[a,\,a+\frac{1}{n}\right)} \downarrow \chi_{\{a\}}$ schließen wir noch auf

$$E(\{a\}) = E_{a+0} - E_a, \tag{20}$$

und die Spektralschar ist im Punkt a genau dann stetig, wenn die Einermenge $\{a\}$ das Maß Null besitzt. Für einen beschränkten Operator A mit den Schranken m, M sind die Intervalle $(-\infty, m)$ und (M, ∞) stets Mengen vom Maße Null.

Wir führen wieder die Schreibweise

$$\int\limits_{a}^{b-0} f(\lambda)\, \mathrm{d}E_\lambda := J(f\chi_{[a,b)}) = f(A)\, \chi_{[a,b)}(A)$$
$$= f(A)\, (E_b - E_a) \tag{21}$$

ein, die im Falle einer stetigen Funktion $f: \boldsymbol{R} \to \boldsymbol{R}$ mit 3.2. (6) im Einklang steht.

Wie in 2.9. setzen wir

$$G_x(\lambda) := (E_\lambda x, x) = \|E_\lambda x\|^2. \tag{22}$$

Dann ist

$$\mu_x\big([a, b)\big) = \big(E([a, b))\, x, x\big) = \big((E_b - E_a)\, x, x\big)$$
$$= G_x(b) - G_x(a).$$

Die Funktion G_x ist linksseitig stetig und monoton wachsend. Zu jeder solchen Funktion G gibt es aber genau ein Maß m_G auf der σ-Algebra $\mathfrak{B}(\boldsymbol{R})$, das dem Intervall $[a, b)$ die Differenz der Funktionswerte in den Punkten b und a zuordnet. Das zum Maß m_G gehörende Integral, das LEBESGUE-STIELTJES-*Integral* bezüglich G wird mit

$$\int\limits_{-\infty}^{\infty} f(\lambda)\, \mathrm{d}G(\lambda) := \int f(\lambda)\, \mathrm{d}m_G(\lambda)$$

bezeichnet. Wegen (22) ist also

$$\left(\int\limits_{-\infty}^{\infty} f(\lambda)\, \mathrm{d}E_\lambda x, x \right) = \int\limits_{-\infty}^{\infty} f(\lambda)\, \|E_\lambda \mathrm{d}x\|^2 \tag{23}$$

für alle beschränkten BOREL-meßbaren Funktionen f.

Die durch $A \to J^A$ definierte Abbildung der Menge aller selbstadjungierten Operatoren in die Menge aller LEBESGUESchen Spektralintegrale auf $\mathscr{B}^b(\boldsymbol{R})$ ist sogar bijektiv.

Satz 1: *Zu jedem Lebesgueschen Spektralintegral J auf der Algebra der beschränkten Borel-meßbaren Funktionen gibt es genau einen selbstadjungierten Operator A mit $J = J^A$ bzw. mit*

$$J(e_\lambda) = e_\lambda(A) \qquad (\lambda \in \boldsymbol{R}). \tag{24}$$

Beweis: Es sei $E_\lambda := J(e_\lambda)$. Aus $\lambda \downarrow -\infty$ bzw. $\lambda \uparrow \infty$ bzw. $\lambda \uparrow \mu$ folgt $e_\lambda \downarrow 0$ bzw. $e_\lambda \uparrow 1$ bzw. $e_\lambda \uparrow e_\mu$ und wegen der Stetigkeit des Spektralintegrals von oben bzw. unten haben wir $E_\lambda \downarrow 0$ bzw. $E_\lambda \uparrow I$ bzw. $E_\lambda \uparrow E_\mu$. Somit ist $\{E_\lambda\}$ die Spektralschar eines wohlbestimmten selbstadjungierten Operators A, und es ist $e_\lambda(A) = E_\lambda = J(e_\lambda)$ für alle $\lambda \in \boldsymbol{R}$. Die Menge $\mathscr{E}_0$ aller Linearkombinationen von Funktionen e_λ mit $\lambda \in \boldsymbol{R}$ und der Funktion 1 bildet eine Funktionenalgebra, die unter anderem die Funktionen $\chi_{[a,b)} = e_b - e_a$ enthält. Die kleinste monotone Verbandsalgebra, die $\mathscr{E}_0$ enthält, ist demzufolge die Algebra der beschränkten BOREL-meßbaren Funktionen. Da J und $\hat{J}^A = J^A$ auf $\mathscr{E}_0$ übereinstimmen, folgt aus der Einzigkeitsaussage unseres Theorems, daß $J = J^A$ ist. Damit ist Satz 1 bewiesen.

3.8. *Spektralintegrale unbeschränkter Funktionen*

Im folgenden sei $\mathfrak{A}$ wieder eine σ-Algebra über X, $\mathscr{E}$ das System aller beschränkten $\mathfrak{A}$-meßbaren Funktionen, J ein LEBESGUESches Spektralintegral auf $\mathscr{E}$ und E das erzeugte Spektralmaß auf $\mathfrak{A}$. Die erzielten allgemeinen Aussagen interpretieren wir an geeigneten Stellen sofort für den gegenwärtig wichtigsten Spezialfall $J = J^A$. In diesem Fall ist also $\mathscr{E} = \mathscr{B}^b(\boldsymbol{R})$ und $\mathfrak{A} = \mathfrak{B}(\boldsymbol{R})$ zu setzen.

Wir stellen uns das Ziel, jeder $\mathfrak{A}$-meßbaren Funktion $f \colon X \to \boldsymbol{R}^a$ einen linearen Operator $J(f)$ zuzuordnen. Mit

$\mathcal{M}(\mathfrak{A})$ bzw. $\mathcal{M}_+(\mathfrak{A})$ bezeichnen wir das System aller bzw. aller nichtnegativen $\mathfrak{A}$-meßbaren Funktionen. In 3.5. hatten wir die Identität $\mathcal{M}_+(\mathfrak{A}) = \mathscr{E}^+$ nachgewiesen, und folglich ist jeder nichtnegativen $\mathfrak{A}$-meßbaren Funktion f ein linearer Operator $J^+(f)$ zugeordnet, den wir jetzt einfach mit $J(f)$ bezeichnen. Wir erinnern daran, daß durch

$$J_x(f) = \big(J(f)\,x,\,x\big) = \int f(\xi)\,\mathrm{d}\,\|E(\xi)\,x\|^2 \quad (f \in \mathscr{E}) \qquad (1)$$

ein Integral J_x auf $\mathscr{E}$ definiert ist. Wenn wir den Integralwert ∞ zulassen, kann gemäß 3.4. (4) allen nichtnegativen $\mathfrak{A}$-meßbaren Funktionen f der Grenzwert der Folge $J_x(f_n)$ mit $f_n \in \mathscr{E}_+$ und $f_n \uparrow f$ als Integralwert zugeordnet werden.

Wiederum schreiben wir einfach $J_x(f)$ statt $J_x^+(f)$, und wir haben

$$J_x(f) = \int f(\xi)\,\mathrm{d}\,\|E(\xi)\,x\|^2 \qquad \big(f \in \mathcal{M}_+(\mathfrak{A})\big). \qquad (2)$$

Es gilt dann stets

$$J_x(f) = \lim_{n \to \infty} J_x(f_n) \qquad \big(f_n \in \mathcal{M}_+(\mathfrak{A}),\, f_n \uparrow f\big), \qquad (3)$$

denn es ist $f_n \cap n \in \mathscr{E}_+$ und $f_n \cap n \leq f_n \leq f$, und aus $f_n \cap n \uparrow f$ folgt die Behauptung.

Es liegt nun nahe, jeder $\mathfrak{A}$-meßbaren Funktion f den linearen Operator

$$\int f(\xi)\,\mathrm{d}E(\xi) = J(f) := J(f^+) - J(f^-) \quad \big(f \in \mathcal{M}(\mathfrak{A})\big) \quad (4)$$

zuzuordnen.

Satz 1: *Für jede $\mathfrak{A}$-meßbare Funktion $f\colon X \to \boldsymbol{R}^a$ ist*

$$D\big(J(f)\big) = \Big\{x \in \mathscr{H}\colon \int f(\xi)^2\,\mathrm{d}\,\|E(\xi)\,x\|^2 < \infty\Big\}, \qquad (5)$$

und für alle $x \in D\big(J(f)\big)$ ist

$$\|J(f)\,x\|^2 = \int f(\xi)^2\,\mathrm{d}\,\|E(\xi)\,x\|^2. \qquad (6)$$

Für jede Folge von Funktionen $f_n \in \mathscr{E}$ mit $f_n^+ \uparrow f^+$ und

$f_n{}^- \uparrow f^-$ ist

$$J(f) = \lim_{n\to\infty} J(f_n).\tag{7}$$

Beweis: Auf Grund der Definition (4) ist der Definitionsbereich von $J(f)$ der Durchschnitt der Definitionsbereiche von $J(f^+)$ und $J(f^-)$, also die Menge aller $x \in \mathscr{H}$ mit $J_x\big((f^+)^2 + (f^-)^2\big) < \infty$. Aus $f^+f^- = 0$ folgt aber $f^2 = (f^+)^2 + (f^-)^2$ und $J_x(f^2) = J_x\big((f^+)^2 + (f^-)^2\big)$, d. h., es gilt (5). Erfüllt die Folge (f_n) die genannten Voraussetzungen, so gilt für $x \in D\big(J(f)\big)$ stets

$$J(f)\,x = \lim_{n\to\infty} J(f_n{}^+)\,x - \lim_{n\to\infty} J(f_n{}^-)\,x = \lim_{n\to\infty} J(f_n)\,x.$$

Ist umgekehrt die Folge $\big(J(f_n)\,x\big)$ konvergent, so gilt dies auch für die Folge der Elemente $E(\{f \geqq 0\})\,J(f_n)\,x = J(\chi_{\{f \geqq 0\}}f_n)\,x = J(f_n{}^+)\,x$, die gegen $J(f^+)\,x$ strebt. Desgleichen konvergiert $\big(J(f_n{}^-)\,x\big)$ gegen $J(f^-)\,x$, und folglich gilt $x \in D\big(J(f)\big)$. Wegen $f_n{}^2 \uparrow f^2$ ist

$$\|J(f)\,x\|^2 = \lim_{n\to\infty} \|J(f_n)\,x\|^2 = \lim_{n\to\infty} J_x(f_n{}^2) = J_x(f^2),$$

und auch (6) ist bewiesen.

Aus unserer Definition (4) und der entsprechenden Aussage in 3.4. ergibt sich die Relation

$$(J)' \subseteqq \big(J(f)\big)' \qquad \big(f \in \mathscr{M}(\mathfrak{A})\big).\tag{8}$$

Ist A ein selbstadjungierter Operator, so ist nun für jede Borel-meßbare Funktion f der lineare Operator

$$J^A(f) = f(A) = \int\limits_{-\infty}^{\infty} f(\lambda)\,\mathrm{d}E_\lambda$$

mit dem Definitionsbereich

$$D\big(f(A)\big) = \left\{x \in \mathscr{H} : \int\limits_{-\infty}^{\infty} f(\lambda)^2\,\mathrm{d}\,\|E_\lambda x\|^2 < \infty\right\}$$

definiert. Im Falle einer nichtbeschränkten stetigen reellen Funktion f stimmt dies mit der Definition 3.2. (5)

überein, denn mit $f_n := f\chi_{[-n,n)}$ haben wir $f_n^+ \uparrow f^+$, $f_n^- \uparrow f^-$, d. h., es ist

$$J^A(f) = \lim_{n \to \infty} J^A(f\chi_{[-n,n)}) = \lim_{n \to \infty} \int_{-n}^{n-0} f(\lambda)\,\mathrm{d}E_\lambda.$$

Für die Funktion $j = j_{\boldsymbol{R}}$ mit

$$j(t) := t \qquad (t \in \boldsymbol{R})$$

haben wir also speziell $J^A(j) = j(A) = A$.

Wir wollen nun auch für das verallgemeinerte Integral ähnliche Rechenregeln herleiten, wie wir sie für Spektralintegrale entwickelt hatten. Ganz offensichtlich gilt

$$J(\lambda f) = \lambda J(f) \qquad \big(f \in \mathscr{M}(\mathfrak{A}),\ \lambda \in \boldsymbol{R},\ \lambda \neq 0\big).$$

Bei den weiteren Regeln ergeben sich allerdings einige Schwierigkeiten bei der Fixierung der jeweiligen Definitionsbereiche und bei der Definition der Rechenoperationen mit den Symbolen $\pm\infty$. Im Gegensatz zur gewöhnlichen Integrationstheorie ist in der Spektraltheorie die Unterscheidung zwischen den Funktionswerten $f(\xi) = \infty$ und $f(\xi) = -\infty$ völlig belanglos. Es kommt nur darauf an, ob $|f(\xi)| = \infty$ oder $|f(\xi)| < \infty$ ist. Deshalb vereinbaren wir hier für alle $a, b \in \boldsymbol{R}^a$ die vereinfachten Rechenregeln

$$a + \infty = \infty + a = \infty - \infty = \infty,$$
$$-\infty + b = b - \infty = -\infty \qquad (b \neq \infty),$$
$$a \cdot \infty = \infty \cdot a = \begin{cases} \infty & \text{für} \quad 0 < a \leqq \infty \\ 0 & \text{für} \quad a = 0 \\ -\infty & \text{für} \quad -\infty \leqq a < 0, \end{cases}$$
$$a \cdot (-\infty) = -(a \cdot \infty), \quad \frac{1}{\pm\infty} = 0, \quad \frac{1}{0} = \infty, \quad \frac{a}{b} = a \cdot \frac{1}{b}.$$

Insbesondere ist z. B. entgegen sonstigen Gepflogenheiten $\infty - \infty = \infty$ zu setzen.

Satz 2: *Für alle $\mathfrak{A}$-meßbaren Funktionen f, g ist*

$$J(f) + J(g) \subseteqq J(f + g). \qquad (9)$$

Beweis: Aus $|f + g|^2 \leqq 2|f|^2 + 2|g|^2$ schließen wir, daß der Durchschnitt der Definitionsbereiche von $J(f)$ und $J(g)$ im Definitionsbereich von $J(f + g)$ enthalten ist. Nun gilt die Identität

$$(f + g)^+ + f^- + g^- = (f + g)^- + f^+ + g^+,$$

die wir etwa durch Fallunterscheidung beweisen können. Für $x \in D\big(J(f) + J(g)\big)$ ist also

$$J\big((f + g)^+\big)\, x + J(f^-)\, x + J(g^-)\, x = J\big((f + g)^-\big)\, x$$
$$+ J(f^+)\, x + J(g^+)\, x,$$

und hieraus folgt $J(f + g)\, x = J(f)\, x + J(g)\, x$, was zu beweisen war.

In einigen Spezialfällen geht (9) in eine Gleichung über. Dies ist z. B. nach 3.4. der Fall, wenn $f, g \geqq 0$ ist. Dasselbe gilt, wenn $g \in \mathscr{E}$ ist, denn in diesem Fall haben wir auch $J(f + g) - J(g) = J(f + g) + J(-g) \subseteqq J(f)$, also $J(f + g) \subseteqq J(f) + J(g)$. Da stets $f + \chi_{\{|f| = \infty\}} = f$ ist, folgt $J(f)\, x + E(\{|f| = \infty\})\, x = J(f)\, x$ für alle $x \in D\big(J(f)\big)$, d. h., es ist

$$E(\{|f| = \infty\})\, x = 0 \qquad \big(x \in D(J(f)\big). \qquad (10)$$

Der Definitionsbereich von $J(f)$ ist also stets im Wertebereich des Projektors $E(\{|f| < \infty\})$ enthalten.

Satz 3: *Es seien f, g $\mathfrak{A}$-meßbare Funktionen und $x \in D\big(J(g)\big)$. Dann liegt x im Definitionsbereich von $J(fg)$ genau dann, wenn $J(g)\, x$ im Definitionsbereich von $J(f)$ liegt, und in diesem Fall ist*

$$J(f)\, J(g)\, x = J(fg)\, x$$

Beweis: Nach Voraussetzung liegt x im Definitionsbereich von $J(g^+)$ und $J(g^-)$. Es sei zuerst $J(g)\, x \in D\big(J(f)\big)$.

13*

Aus $E(\{g \geqq 0\}) \in (J)' \subseteqq (J(f))'$ und Satz 4 in 3.4. folgt

$$J(g^+)\,x = J(\chi_{\{g \geqq 0\}}g)\,x = J(\chi_{\{g \geqq 0\}})\,J(g)\,x$$
$$= E(\{g \geqq 0\})\,J(g)\,x \in D\big(J(f)\big)$$

und ebenso $J(g^-)\,x \in D\big(J(f)\big)$. Wiederum mit Satz 4 in 3.4 erhalten wir, wenn wir $(fg)^+ = f^+g^+ + f^-g^-$ und $(fg)^- = f^+g^- + f^-g^+$ beachten,

$$J(f)\,J(g)\,x = \big(J(f^+) - J(f^-)\big)\big(J(g^+) - J(g^-)\big)\,x$$
$$= J(f^+g^+ + f^-g^-)\,x - J(f^+g^- + f^-g^+)\,x = J(fg)\,x.$$

Ist umgekehrt $x \in D(J(fg))$, so kann diese Gleichungskette auch rückwärts verfolgt werden, und Satz 3 ist bewiesen.

Eine einfache Folgerung aus Satz 3 ist die Relation

$$J(f)\,J(g) \subseteqq J(fg) \qquad \big(f, g \in \mathscr{M}(\mathfrak{A})\big), \qquad (11)$$

die für $g \in \mathscr{E}$ in eine Gleichung übergeht. Speziell ist

$$J(f)\,E(\{|f| \leqq n\}) = J(f\chi_{\{|f| \leqq n\}}) \in L(\mathscr{H}), \qquad (12)$$

und da die Folge der Projektoren $E(\{|f| \leqq n\})$ isoton gegen $E(\{|f| < \infty\})$ konvergiert, liegt der Definitionsbereich von $J(f)$ dicht im Wertebereich von $E(\{|f| < \infty\})$. Wir haben also

$$D\big(J(f)\big)^a = R\big(E(\{|f| < \infty\})\big). \qquad (13)$$

Wie üblich sagen wir, daß eine durch das Verhalten in den Punkten $\xi \in X$ charakterisierte Eigenschaft *fast überall* gilt, wenn die Menge der Punkte $\xi \in X$, für die sie nicht erfüllt ist, vom Maße Null ist.

Satz 4: *Für zwei fast überall endliche $\mathfrak{A}$-meßbare Funktionen f, g gilt $J(f) = J(g)$ genau dann, wenn die Menge $\{f \neq g\}$ vom Maße Null ist.*

Beweis: Ist $E(\{f \neq g\}) = 0$, so ist

$$J(f) = J(f)\,E(\{f = g\}) = J(f\chi_{\{f=g\}})$$
$$= J(g\chi_{\{f=g\}}) = J(g)\,E(\{f = g\}) = J(g).$$

Es sei umgekehrt $J(f) = J(g)$ und $x \in D(J(f))$. Die Folge der Funktionen $h_k = (k\,|f - g|) \cap 1$ strebt isoton gegen die charakteristische Funktion der Menge $\{f \neq g\} \cup \{|f| = \infty\} \cup \{|g| = \infty\}$, und folglich ist

$$E(\{f \neq g\})\, x = \lim_{k \to \infty} J(h_k)\, x \qquad \big(x \in D(J(f))\big).$$

Nun ist aber $\|J(h_k)\, x\|^2 = J_x(h_k{}^2) \leqq k^2 J_x(|f - g|^2) = k^2\, \|J(f - g)\, x\|^2 = k^2\, \|J(f)\, x - J(g)\, x\|^2 = 0$, und es folgt $E(\{f \neq g\})\, x = 0$. Aus $E(\{|f| < \infty\}) = I$ und (13) folgt, daß der Definitionsbereich von $J(f)$ dicht in $\mathscr{H}$ ist. Daher gilt $E(\{f \neq g\})\, x = 0$ für alle $x \in \mathscr{H}$, und Satz 4 ist bewiesen.

Satz 5: *Für jede fast überall endliche $\mathfrak{A}$-meßbare Funktion f ist $J(f)$ ein selbstadjungierter Operator.*

Beweis: Nach Satz 4 genügt es, die Behauptung für eine endliche Funktion f zu beweisen. Der Definitionsbereich von $J(f)$ ist dicht in $\mathscr{H}$, und $\big(J(f)\, x,\, x\big)$ ist für alle $x \in \mathscr{H}$ reell. Wir haben also nur noch zu überprüfen, ob $D\big(J(f)^*\big) \subseteq \big(DJ(f)\big)$ ist. Aus $y \in D\big(J(f)^*\big)$ und $x \in \mathscr{H}$ folgt aber, wenn wir $f_n := f\chi_{\{|f| \leqq n\}}$ setzen,

$$\big(x,\, E(\{|f| \leqq n\})\, J(f)^*\, y\big) = \big(J(f)\, E(\{|f| \leqq n\})\, x,\, y\big)$$
$$= \big(J(f_n)\, x,\, y\big) = \big(x,\, J(f_n)\, y\big),$$

d. h., es ist $J(f_n)\, y = E(\{|f| \leqq n\})\, J(f)^*\, y$. Dann gilt aber

$$J_y(f^2) = \lim_{n \to \infty} J_y(f_n{}^2) = \lim_{n \to \infty} \|J(f_n)\, y\|^2 = \|J(f)^*\, y\|^2 < \infty,$$

und es ist $y \in D\big(J(f)\big)$.

Satz 6: *Ist eine $\mathfrak{A}$-meßbare Funktion f fast überall endlich und fast überall von Null verschieden, so ist*

$$J\left(\frac{1}{f}\right) = J(f)^{-1},$$

d. h., es ist $D\left(J\!\left(\dfrac{1}{f}\right)\right) = R(J(f))$, *und es gilt*

$$J\left(\frac{1}{f}\right) J(f)\, x = x \qquad \big(x \in D(J(f))\big). \tag{14}$$

Beweis: Auf Grund unserer Rechenregeln in $\boldsymbol{R}^a$ ist stets

$$\frac{1}{f} \cdot f = \chi_{\{0 < |f| < \infty\}} \, .$$

Nach Voraussetzung ist aber $E(\{0 < |f| < \infty\}) = I$, und aus Satz 3 folgt $J\left(\frac{1}{f}\right) J(f)\, x = E(\{0 < |f| < \infty\})\, x = x$ für alle $x \in D(J(f))$. Somit gilt (14), und es ist $R(J(f)) \subseteq D\left(J\left(\frac{1}{f}\right)\right)$. Ist aber $y \in D\left(J\left(\frac{1}{f}\right)\right)$, so haben wir wegen $E\left(\left\{0 < \left|\frac{1}{f}\right| < \infty\right\}\right) = I$ ganz analog $J(f)\, J\left(\frac{1}{f}\right) y = y \in R(J(f))$, und Satz 5 ist bewiesen. Auf Grund der Voraussetzungen dieses Satzes sind $J(f)$ und $J\left(\frac{1}{f}\right)$ selbstadjungierte Operatoren.

Die Menge $\mathscr{S}(J)$ aller Operatoren $J(f)$, für die f eine fast überall endliche meßbare Funktion ist, besteht, wie wir gesehen haben, nur aus selbstadjungierten Operatoren. Wir verleihen dieser Menge auf Grund der Definitionen

$$J(f) \oplus J(g) := J(f + g), \tag{15}$$

$$J(f) * J(g) := J(fg), \tag{16}$$

$$|J(f)| := J(|f|), \tag{17}$$

die auf Grund von Satz 4 vom Repräsentanten unabhängig sind, eine algebraische Struktur. Im Falle beschränkter Funktionen stimmen diese Operationen mit der gewöhnlichen Addition bzw. Multiplikation bzw. Betragsbildung überein. Dasselbe gilt für die Ordnungsrelation in $\mathscr{S}(J)$, die wie folgt definiert wird: Es ist $J(f) \geq 0$ genau dann, wenn $J(f) = |J(f)|$ und $J(f) \leq J(g)$, wenn $J(g - f) \geq 0$ ist. Mit diesen Definitionen besitzt $\mathscr{S}(J)$ alle Eigenschaften einer monotonen Verbandsalgebra. Auf Grund von Satz 6 bildet die Menge aller

Operatoren $J(f)$, für die f und $\dfrac{1}{f}$ fast überall endlich sind, eine multiplikative Gruppe.

Wir wenden uns wieder dem Spezialfall $J = J^A$ zu. Für jede BOREL-meßbare fast überall endliche Funktion f ist $f(A)$ ein selbstadjungierter Operator. Ist $|f(\lambda)| \neq \infty$, so haben wir $f(t) \cdot \chi_{\{\lambda\}}(t) = f(\lambda) \cdot \chi_{\{\lambda\}}(t)$ für alle $t \in \mathbf{R}$, d. h., es ist $f\chi_{\{\lambda\}} = f(\lambda)\,\chi_{\{\lambda\}}$. Somit gilt $J^A(f)\,E(\{\lambda\}) = J^A(f \cdot \chi_{\{\lambda\}}) = f(\lambda)\,J^A(\chi_{\{\lambda\}})$ oder

$$f(A)\,E(\{\lambda\}) = f(\lambda)\,E(\{\lambda\}) \qquad (\lambda \in \mathbf{R}). \tag{18}$$

Ist also die Spektralschar von A im Punkte λ unstetig, so gibt es ein $x \neq 0$ mit $E(\{\lambda\})\,x = x$, und es folgt $x \in D\big(f(A)\big)$ und $f(A)\,x = f(\lambda)\,x$, d. h., der lineare Operator $f(A)$ hat den Eigenwert $f(\lambda)$. Speziell hat dann der nicht notwendig beschränkte selbstadjungierte Operator A den Eigenwert λ.

Für alle $\lambda \in \mathbf{R}$ ist der Operator $A - \lambda I = J^A(j - \lambda)$ selbstadjungiert. Ist $E(\{\lambda\}) = 0$, so ist $j - \lambda$ fast überall von Null verschieden, und es folgt $(A - \lambda I)^{-1} = J^A\left(\dfrac{1}{j - \lambda}\right)$. Dieser Operator ist zwar selbstadjungiert, doch nicht notwendig beschränkt. Ein Kriterium für die Beschränktheit liefert

Satz 7: *Der Operator $J(f)$ ist für eine $\mathfrak{A}$-meßbare Funktion f genau dann beschränkt, wenn es eine reelle Zahl $a > 0$ mit*

$$E(\{|f| > a\}) = 0 \tag{19}$$

gibt, und in diesem Fall ist $\|J(f)\| \leq a$.

Beweis: Aus (19) folgt $J(f) = J(f)\,E(\{|f| \leq a\})$ $= J(f\chi_{\{|f| \leq a\}}) \in L(\mathscr{H})$ und $\|J(f)\| = \|J(f\lambda_{\{|f| \leq a\}})\| \leq a$.

Ist umgekehrt $J(f) \in L(\mathscr{H})$, so setzen wir

$$P_k := E(\{k - 1 \leq |f| < k\})$$

und wählen Elemente $x_k \in \mathscr{H}$ mit $P_k x_k = x_k$. Im Falle $P_{k+1} \neq 0$ können wir zusätzlich $k\,\|x_{k+1}\| = 1$ fordern. Die

Elemente x_k sind dann paarweise orthogonal, und wegen

$$\sum_{k=1}^{\infty} \|x_k\|^2 \leq \sum_{k=1}^{\infty} \frac{1}{k^2} < \infty$$

ist

$$x := \sum_{k=1}^{\infty} x_k \in \mathscr{H}.$$

Die Funktionen $f_k := f\chi_{\{k-1\leq|f|<k\}}$ liegen in $\mathscr{E}$, und aus $|f_k| \geq (k-1)\,\chi_{\{k-1\leq|f|<k\}}$ folgt $\|J(f_k)\,x_k\| \geq (k-1)\|x_k\|$. Wegen $f_i f_k = 0$ für $i \neq k$ ist

$$\|J(f)\,x\|^2 = \left\|\sum_{k=1}^{\infty} J(f)\,x_k\right\|^2 = \left\|\sum_{k=1}^{\infty} J(f_k)\,x_k\right\|^2 = \sum_{k=1}^{\infty} \|J(f_k)\,x_k\|^2$$

$$\geq \sum_{k=1}^{\infty} (k-1)\,\|x_k\|^2.$$

Da die linke Seite endlich und jeder von Null verschiedene Summand der rechten Seite gleich 1 ist, können nur endlich viele Elemente $x_k \neq 0$ sein. Es gibt also ein n mit $P_k = 0$ für $k > n$, d. h., es ist $E(\{n \leq |f| < \infty\}) = 0$. Die Menge $\{|f| = \infty\}$ ist aber vom Maße Null, denn es ist $J(f) + E(\{|f| = \infty\}) = J(f)$. Die Gleichung (19) ist daher mit $a := n$ erfüllt.

Für jede fast überall endliche Funktion f besitzt also der selbstadjungierte Operator $J(f)$ genau dann einen beschränkten inversen Operator, wenn es ein $a > 0$ mit

$$E\left(\left\{\left|\frac{1}{f}\right| > a\right\}\right) = 0 \text{ oder, was gleichbedeutend ist, wenn}$$

es ein $\varepsilon > 0$ mit $E(\{|f| < \varepsilon\}) = 0$ gibt.

Satz 8: *Für jeden selbstadjungierten Operator A ist eine offene Teilmenge G von $\mathbf{R}$ genau dann vom Maße Null, wenn sie in der Resolventenmenge von A liegt.*

Beweis: Es sei $E(G) = 0$. Da G offen ist, gibt es zu jedem $\lambda \in G$ ein $\varepsilon > 0$ mit $\{|j - \lambda| < \varepsilon\} = (\lambda - \varepsilon, \lambda + \varepsilon) \subseteq G$. Folglich ist $(A - \lambda I)^{-1} = J^A\left(\frac{1}{j - \lambda}\right)$ beschränkt und $\lambda \in \varrho(A)$, d. h., es ist $G \subseteq \varrho(A)$.

Ist umgekehrt $G \subseteqq \varrho(A) \cap \mathbf{R}$: so ist $J^A\left(\dfrac{1}{j-\lambda}\right)$ für alle $\lambda \in G$ beschränkt, und es gibt zu λ ein $\varepsilon > 0$ mit $E(\{|j-\lambda| < \varepsilon\}) = 0$. Jede kompakte Teilmenge F und G ist vom Maße Null, denn sie wird nach dem Satz von HEINE-BOREL bereits von endlich vielen Intervallen vom Maße Null überdeckt. Mit Hilfe von 3.7. (9) schließen wir auf $E(G) = 0$.

Da $\varrho(A) \cap \mathbf{R}$ eine offene Teilmenge von $\mathbf{R}$ ist, haben wir speziell $E\big(\varrho(A) \cap \mathbf{R}\big) = 0$, und aus $\sigma(A) = \overline{\varrho(A) \cap \mathbf{R}}$ folgt

$$E\big(\sigma(A)\big) = I. \tag{20}$$

Dieses Ergebnis hat eine weitreichende Bedeutung. Es spielt hiernach für den Operator $f(A)$ gar keine Rolle, welche Funktionswerte die BOREL-meßbare Funktion f in den reellen Punkten der Resolventenmenge von A annimmt, denn es ist $f(A) = f(A)\,E\big(\sigma(A)\big) = J^A(f\chi_{\sigma(A)})$. Ist also die Funktion f auf dem Spektrum von A beschränkt, so ist $f(A)$ beschränkt.

Für jeden linearen Operator A definieren wir Potenzen durch $A^1 := A,\, A^{n+1} := A^n A$.

Satz 9: *Für alle $\mathfrak{A}$-meßbaren Funktionen f und für $n = 1, 2, \ldots$ ist*

$$J(f)^n = J(f^n). \tag{21}$$

Beweis: Die Behauptung gilt für $n = 1$. Sie sei für eine Zahl n erfüllt. Dann ist $J(f)^{n+1} = J(f)^n\, J(f) = J(f^n)\, J(f) \subseteqq J(f^{n+1})$. Ist aber $x \in D\big(J(f^{n+1})\big)$, so ist

$$J_x(f^2) = J_x(f^2\chi_{\{|f|<1\}}) + J_x(f^2\chi_{\{|f|\geqq 1\}})$$
$$\leqq J_x(1) + J_x(f^{2(n+1)})) < \infty,$$

also $x \in D\big(J(f)\big)$. Nach Satz 3 und nach Induktionsvoraussetzung ist dann $J(f)\, x \in D\big(J(f^n)\big) = D\big(J(f)^n\big)$, also $x \in D\big(J(f)^n\, J(f)\big) = D\big(J(f)^{n+1}\big)$, und Satz 9 ist bewiesen.

Für die Funktion $j(t) := t$ gilt speziell $J^A(j^n) = J^A(j)^n = A^n$, und folglich sind alle Potenzen eines selbstadjungierten Operators wieder selbstadjungiert.

Zum Schluß dieses Abschnitts wollen wir zeigen, daß jedes LEBESGUEsche Spektralintegral J mit Hilfe einer Transformation $T: X \to Y$ „verpflanzt" werden kann.

Satz 10: *Ist T eine Abbildung von X in Y, so bildet das System $\mathscr{F}$ aller Funktionen $g: Y \to \boldsymbol{R}$ mit $g \circ T \in \mathscr{E}$ eine monotone Verbandsalgebra über Y, und durch*

$$K(g) := J(g \circ T) \tag{22}$$

wird ein Lebesguesches Spektralintegral K auf $\mathscr{F}$ definiert.

Beweis: Bezeichnen wir die Funktionen $g \circ T$ jeweils mit f, d. h., setzen wir $f(\xi) := g\big(T(\xi)\big)$ für alle $\xi \in X$, so folgt aus $\lambda \in \boldsymbol{R}$ und $g, g_1, g_2 \in \mathscr{F}$ stets $\lambda f, f_1 + f_2, f_1 f_2, |f| \in \mathscr{E}$, d. h., es ist $\lambda g, g_1 + g_2, g_1 g_2, |g| \in \mathscr{F}$ und $\mathscr{F}$ ist eine Verbandsalgebra. Aus $g_n \in \mathscr{F}_+$ und $g_n \downarrow g$ folgt $f_n \in \mathscr{E}_+$ und $f_n \downarrow f$, also $f \in \mathscr{E}_+$ und damit $g \in \mathscr{F}_+$. Somit ist $\mathscr{F}$ eine monotone Verbandsalgebra. Der Nachweis, daß K ein σ-positives Spektralintegral ist, ergibt sich nun in ganz elementarer Weise aus der Definitionsgleichung $K(g) = J(f)$.

Das System $\mathfrak{B}$ aller Mengen $M \subseteq Y$ mit $\chi_M \in \mathscr{F}$ bildet eine σ-Algebra über Y. Für alle $M \in \mathfrak{B}$ ist

$$\chi_M \circ T = \chi_{T^{-1}(M)},$$

denn es gilt $\chi_M\big(T(\xi)\big) = 1$ genau dann, wenn $T(\xi) \in M$, also $\xi \in T^{-1}(M)$ ist. Es folgt $K(\chi_M) = J(\chi_{T^{-1}(M)})$, und für das von K erzeugte Spektralmaß E^K gilt

$$E^K(M) = E^J\big(T^{-1}(M)\big) \qquad (M \in \mathfrak{B}). \tag{23}$$

Zu jeder $\mathfrak{B}$-meßbaren Funktion g gibt es Funktionen $g_n \in \mathscr{F}$ mit $g_n^+ \uparrow g^+$ und $g_n^- \uparrow g^-$, woraus $f_n^+ \uparrow f^+$ und $f_n^- \uparrow f^-$ folgt. Daher ist $K(g) = \lim_{n \to \infty} K(g_n) = \lim_{n \to \infty} J(f_n) = J(f)$, und (22) gilt nicht nur für Funktionen $g \in \mathscr{F}$, sondern für alle $\mathfrak{B}$-meßbaren Funktionen g.

3.9. *Funktionen von zwei selbstadjungierten Operatoren*

Wir gehen jetzt von der Grundmenge R zur Grundmenge R^2 über. Mit $\mathfrak{B}(R^2)$ bezeichnen wir die σ-Algebra aller BOREL-meßbaren Teilmengen M des R^2. Sie ist die kleinste σ-Algebra, die alle zweidimensionalen Intervalle $[a, b) \times [c, d)$ umfaßt. Eine Funktion $f\colon R^2 \to R^a$ heißt BOREL-meßbar, wenn sie $\mathfrak{B}(R^2)$-meßbar ist. Jede stetige Funktion $f\colon R^2 \to R$ ist BOREL-meßbar. Speziell sind die Funktionen $g \otimes h$ mit

$$g \otimes h(r, s) := g(r)\, h(s)$$

für alle BOREL-meßbaren Funktionen $g, h\colon R \to R^a$ meßbar. Die Funktionen $g \otimes 1$ bzw. $1 \otimes g$ sind dabei durch $g \otimes 1(r, s) = g(r)$ bzw. $1 \otimes g(r, s) = g(s)$ gegeben, und es ist $g \otimes h = (g \otimes 1)\,(1 \otimes h)$.

Es sei J ein LEBESGUEsches Spektralintegral auf der Menge $\mathfrak{B}(R^2)$ aller BOREL-meßbaren Funktionen $f\colon R^2 \to R^a$, und $E = E^J$ das zugehörige Spektralmaß auf $\mathfrak{B}(R^2)$. Wir verwenden die Integralschreibweise

$$J(f) = \int\limits_{R^2} f(r, s)\, \mathrm{d}E(r, s). \tag{1}$$

Durch

$$J_1(g) := J(g \otimes 1) = \int\limits_{R^2} g(r)\, \mathrm{d}E(r, s) \quad \left(g \in \mathfrak{B}(R)\right) \tag{2}$$

$$J_2(g) := J(1 \otimes g) = \int\limits_{R^2} g(s)\, \mathrm{d}E(r, s) \quad \left(g \in \mathfrak{B}(R)\right) \tag{3}$$

werden nun LEBESGUEsche Integrale auf der Menge der BOREL-meßbaren Funktionen $g\colon R \to R^a$ definiert, die von zwei selbstadjungierten Operatoren A_1, A_2 erzeugt werden. Die zugehörigen Spektralscharen sind durch $E_\lambda^{(1)} = J_1(e_\lambda) = J(e_\lambda \otimes 1)$ bzw. $E_\mu^{(2)} := J_2(e_\mu) = J(1 \otimes e_\mu)$ gegeben, und alle diese Spektralprojektoren sind paarweise vertauschbar.

Dieser Sachverhalt kann umgekehrt werden. Zwei selbstadjungierte Operatoren A_1, A_2 heißen *vertauschbar*, wenn alle ihre Spektralprojektoren $E_\lambda^{(1)}$, $E_\mu^{(2)}$ paarweise vertauschbar sind.

S a t z 1: *Zu zwei vertauschbaren selbstadjungierten Operatoren A_1, A_2 gibt es genau ein Lebesguesches Spektralintegral $J = J^{(A_1, A_2)}$ und ein zugehöriges Maß $E = E^{(A_1, A_2)}$ auf $\mathfrak{B}(\mathbf{R}^2)$ mit*

$$A_1 = \int\limits_{\mathbf{R}^2} r \, \mathrm{d}E(r, s), \quad A_2 = \int\limits_{\mathbf{R}^2} s \, \mathrm{d}E(r, s). \qquad (4)$$

Ferner ist

$$(J)' = (A_1)' \cap (A_2)'. \qquad (5)$$

B e w e i s: Es existiere ein Spektralintegral J mit den geforderten Eigenschaften, und J_1, J_2 seien durch (2), (3) definiert. Nach (4) ist $J_i(j) = A_i$, und folglich ist $J_i = J^{A_i}$. Mit $\mathscr{E}(\mathbf{R}^2)$ bezeichnen wir die Menge aller Funktionen

$$f = \sum_{i=0}^{m} g_i \otimes h_i \qquad \big(g_i, h_i \in C^b(\mathbf{R})\big). \qquad (6)$$

Nach Voraussetzung ist $J(g_i \otimes h_i) = J(g_i \otimes 1) \, J(1 \otimes h_i) = g_i(A_1) \, h_i(A_2)$. Wenn also ein Integral mit den gewünschten Eigenschaften existiert, gilt für Funktionen der Form (6) stets

$$J(f) = \sum_{i=0}^{m} g_i(A_1) \, h_i(A_2). \qquad (7)$$

Die Menge $\mathscr{E}(\mathbf{R}^2)$ bildet offensichtlich eine Algebra.

Zum Beweis der Existenz wollen wir J auf $\mathscr{E}(\mathbf{R}^2)$ durch (7) definieren. Hierzu müssen wir nachweisen, daß im Falle $f = 0$ auch stets die rechte Seite von (7) verschwindet.

Es sei zunächst $f(r, s) \geqq 0$ für $|r|, |s| \leq k$. Für jede Zerlegung

$$Z := -k = \lambda_0 < \lambda_1 \cdots < \lambda_n = k$$

setzen wir $E^{(j)}(\varDelta_p) := E^{(j)}_{\lambda_p} - E^{(j)}_{\lambda_{p-1}}$. Dann ist

$$\sum_{i=0}^{m}\sum_{p=1}^{n} g_i(\lambda_{p-1})\, E^{(1)}(\varDelta_p) \sum_{q=1}^{n} h_i(\lambda_{q-1})\, E^{(2)}(\varDelta_q)$$

$$= \sum_{p=1}^{n}\sum_{q=1}^{n}\sum_{i=0}^{m} g_i(\lambda_{p-1})\, h_i(\lambda_{q-1})\, E^{(1)}(\varDelta_p)\, E^{(2)}(\varDelta_q)$$

$$= \sum_{p=1}^{n}\sum_{q=1}^{n} f(\lambda_{p-1}, \lambda_{q-1})\, E^{(1)}(\varDelta_p)\, E^{(2)}(\varDelta_q) \geqq 0.$$

Für eine Folge von Zerlegungen Z_n mit $d(Z_n) \to 0$ erhalten wir durch Grenzübergang

$$\sum_{i=0}^{m} \int_{-k}^{k-0} g_i(\lambda)\, \mathrm{d}E_\lambda^{(1)} \int_{-k}^{k-0} h_i(\lambda)\, \mathrm{d}E_\lambda^{(2)} \geqq 0 \tag{8}$$

$$\big(f(r, s) \geqq 0 \ \text{für} \ |r|, |s| \leqq k\big).$$

Ist sogar $f(r, s) \geqq 0$ für $r, s \in \boldsymbol{R}$, so führt der erneute Grenzübergang $k \to \infty$ zu

$$\sum_{i=0}^{m} g_i(A_1)\, h_i(A_2) \geqq 0 \qquad (f \geqq 0).$$

Dieselbe Überlegung kann für $f \leqq 0$ angestellt werden, und folglich kann J auf $\mathscr{E}(\boldsymbol{R}^2)$ durch (7) definiert werden. Eine ganz elementare Rechnung zeigt nun, daß J ein Spektralintegral auf $\mathscr{E}(\boldsymbol{R}^2)$ ist.

Für den Nachweis der σ-Positivität von J bemerken wir, daß (8) mit der Abkürzung $P_{ik} := E_k^{(i)} - E_{-k}^{(i)}$ in der Form

$$J(f)\, P_{1k}P_{2k} \geqq 0 \quad (f(r, s) \geqq 0 \ \text{für} \ |r|, |s| \leqq k) \tag{9}$$

geschrieben werden kann. Es gelte $f_n \in \mathscr{E}(\boldsymbol{R}^2)$, $f_n \uparrow F$ und $F \geqq 0$, und a_n sei für festes $k \in \boldsymbol{N}$ das Minimum von $f_n(r, s)$ für $|r|, |s| \leqq k$. Nun ist

$$\big(J(f_n)\, x, x\big) = \big(J(f_n - a_n)\, P_{1k}P_{2k}x, x\big) + a_n(P_{1k}P_{2k}x, x)$$
$$+ \big(J(f_n)\, (I - P_{1k}P_{2k})\, x, x\big).$$

Wegen (9) und $f_n(r, s) - a_n \geqq 0$ für $|r|, |s| \leqq k$ ist

$$\big(J(f_n)\, x, x\big) \geqq a_n(P_{1k}P_{2k}x, x) + \big(J(f_0)\, (I - P_{1k}P_{2k})\, x, x\big).$$

Nach dem Satz von DINI ist der Grenzwert der Folge (a_n) nichtnegativ, d. h., es ist

$$\lim_{n \to \infty} \big(J(f_n)\, x, x\big) \geqq \big(J(f_0)\, (I - P_{1k}P_{2k})\, x, x\big).$$

Führen wir nun noch den Grenzübergang $k \to \infty$ aus, so erkennen wir, daß J σ-positiv ist.

Wir bilden die BORELsche Fortsetzung $\hat{J}$ von J auf die von $\mathscr{E}(\boldsymbol{R}^2)$ erzeugte monotone Verbandsalgebra. Sie enthält alle Funktionen $\chi_\Delta \otimes \chi_{\Delta'} = \chi_{\Delta \times \Delta'}$ wobei Δ, Δ' Intervalle reeller Zahlen sind. Folglich stimmt sie mit der Menge aller beschränkten BOREL-meßbaren Funktionen überein, und $\hat{J}$ kann auf alle BOREL-meßbaren Funktionen $f\colon \boldsymbol{R}^2 \to \boldsymbol{R}^a$ fortgesetzt werden. Wählen wir beschränkte stetige Funktionen f_n mit $f_n^+ \uparrow j^+$, $f_n^- \uparrow j^-$, so gilt

$$A_1 = \lim_{n \to \infty} f_n(A_1) = \lim_{n \to \infty} \hat{J}(f_n \otimes 1) = \hat{J}(j \otimes 1),$$

und ebenso $A_2 = \hat{J}(1 \otimes j)$. Damit ist die Existenz bewiesen. Aus $T \in (J)'$ folgt nun $T \in (A_1)' \cap (A_2)'$, und ist umgekehrt $T \in (A_1)' \cap (A_2)'$, so ist $TJ(f) = J(f)\, T$ für alle $f \in \mathscr{E}(\boldsymbol{R}^2)$. Dann gilt aber $T \in (J)' = (\hat{J})'$, und Satz 1 ist vollständig bewiesen.

Da das so definierte Spektralintegral durch die Spektralscharen $\{E_\lambda^{(1)}\}$, $\{E_\lambda^{(2)}\}$ der selbstadjungierten Operatoren A_1, A_2 eindeutig bestimmt ist, verwenden wir neben (1) eine weitere Integralschreibweise, und zwar setzen wir

$$\int\limits_{-\infty}^{\infty} \int\limits_{-\infty}^{\infty} f(r, s)\, \mathrm{d}E_r^{(1)}\, \mathrm{d}E_s^{(2)} = f(A_1, A_2) =: \hat{J}(f) \qquad (10)$$

Für alle beschränkten BOREL-meßbaren Funktionen ist

$f \otimes g(A_1, A_2) = f(A_1)\, g(A_2)$, d. h., es gilt die Identität

$$\int\limits_{-\infty}^{\infty} \int\limits_{-\infty}^{\infty} f(r)\, g(s)\, \mathrm{d}E_r^{(1)}\, \mathrm{d}E_s^{(2)}$$

$$= \int\limits_{-\infty}^{\infty} f(r)\, \mathrm{d}E_r^{(1)} \int\limits_{-\infty}^{\infty} g(s)\, \mathrm{d}E_s^{(2)}. \qquad (11)$$

Unser nächstes Ziel ist der Nachweis, daß zwei vertauschbare selbstadjungierte Operatoren A_1, A_2 stets als Funktionen eines einzigen selbstadjungierten Operators A dargestellt werden können. Hierzu benötigen wir

Satz 2: *Sind A_1, A_2 vertauschbare selbstadjungierte Operatoren, so ist*

$$f\big(g(A_1, A_2)\big) = f \circ g(A_1, A_2) \qquad (12)$$

für alle Borel-meßbaren Funktionen $f: \boldsymbol{R} \to \boldsymbol{R}^a$ und $g: \boldsymbol{R}^2 \to \boldsymbol{R}$.

Beweis: In Satz 10 aus 3.8. setzen wir $X := \boldsymbol{R}^2$, $Y := \boldsymbol{R}$, $T := g$ und $J = J^{(A_1, A_2)}$. Die im Beweis dieses Satzes mit $\mathfrak{B}$ bezeichnete σ-Algebra ist das System aller Mengen $M \subseteq Y = \boldsymbol{R}$ mit $g^{-1}(M) \in \mathfrak{B}(\boldsymbol{R}^2)$. Wegen $g^{-1}([a, b)) = \{t \in \boldsymbol{R}: a \leq g(t) < b\} = \{a \leq g < b\}$ ist $[a, b) \in \mathfrak{B}$, und folglich enthält $\mathfrak{B}$ die σ-Algebra $\mathfrak{B}(\boldsymbol{R})$. Das System aller BOREL-meßbaren Funktionen $f: \boldsymbol{R} \to \boldsymbol{R}^a$ ist daher im System aller $\mathfrak{B}$-meßbaren Funktionen enthalten. Durch $K(f) := J(f \circ g) = f \circ g(A_1, A_2)$ wird also ein Spektralintegral K auf dem System aller BOREL-meßbaren Funktionen $f: \boldsymbol{R} \to \boldsymbol{R}^a$ definiert, und es gibt einen selbstadjungierten Operator A mit $K = J^A$, also mit $f(A) = f \circ g(A_1, A_2)$. Für $f := j$ gilt speziell $A = g(A_1, A_2)$, und Satz 2 ist bewiesen.

Wenn es uns nun gelingt, BOREL-meßbare Funktionen $f_1, f_2: \boldsymbol{R} \to \boldsymbol{R}$ und $g: \boldsymbol{R}^2 \to \boldsymbol{R}$ mit

$$f_1 \circ g(r, s) = r, \quad f_2 \circ g(r, s) = s \qquad (13)$$

zu finden, haben wir $f_1\big(g(A_1, A_2)\big) = f_1 \circ g(A_1, A_2) = A_1$

und $f_2(g(A_1, A_2)) = f_2 \circ g(A_1, A_2) = A_2$. Mit $A := g(A_1, A_2)$ gilt also

$$A_1 = f_1(A), \qquad A_2 = f_2(A), \qquad (14)$$

und unser Ziel ist erreicht.

Unser Problem läuft letztendlich darauf hinaus, ob eine meßbare umkehrbar eindeutige Abbildung von $\boldsymbol{R}^2$ in $\boldsymbol{R}$ existiert. Zum Beweis verwenden wir die dyadische Entwicklung

$$t = \sum_{k=-\infty}^{\infty} t_k 2^k \qquad (t_k = 0,\, 1)$$

für nichtnegative reelle Zahlen t, wobei höchstens endlich viele t_k mit $k \geq 0$ von Null verschieden sind und keine Einserperiode auftritt. Die Zahlen t_k sind dann durch t eindeutig bestimmt. Man kann sich leicht überlegen, daß $t_k = 1$ ist genau dann, wenn es eine natürliche Zahl j mit $2^k(2j + 1) \leq t < 2^k(2j + 2)$ gibt. Die Zahlen t_k können daher formelmäßig angegeben werden, und zwar ist t_k der Funktionswert der offensichtlich BOREL-meßbaren Funktion

$$z_k := \sum_{j=0}^{\infty} \chi_{\left[2^k(2j+1),\, 2^k(2j+2)\right)} \qquad (k \in \boldsymbol{Z})$$

an der Stelle t für $t \geq 0$. Durch geeignetes „Auseinanderziehen" bzw. „Ineinanderschachteln" der dyadischen Entwicklungen von r, s unter Berücksichtigung ihrer Vorzeichen bilden wir die Funktion

$$g(r, s) := \sum_{k=-\infty}^{\infty} 2^{4k}\big(z_k(r^+) + 2z_k(r^-) + 2^2 z_k(s^+) + 2^3 z_k(s^-)\big).$$

Mit Hilfe der Funktionen

$$f_1(t) := \sum_{k=-\infty}^{\infty} 2^k\big(z_{4k}(t) - z_{4k+1}(t)\big),$$

$$f_2(t) := \sum_{k=-\infty}^{\infty} 2^k\big(z_{4k+2}(t) - z_{4k+3}(t)\big)$$

treffen wir nun umgekehrt aus den Funktionswerten von g die passende Auswahl, und (13) ist erfüllt.

3.10. Unbeschränkte normale Operatoren

In Verallgemeinerung der Definition aus 2.11. nennen wir einen Operator A *normal*, wenn es zwei nicht notwendig beschränkte vertauschbare selbstadjungierte Operatoren A_1, A_2 mit $A = A_1 + iA_2$ gibt.

Demnach gilt $D(A) = D(A_1) \cap D(A_2)$, und der Definitionsbereich von A kann eine echte Teilmenge des Definitionsbereichs von A_1 bzw. A_2 sein. Dennoch sind A_1 und A_2 durch A eindeutig bestimmt. Wir werden nämlich zeigen, daß der Operator $B = A(I + A^*A)^{-1}$ beschränkt ist und daß A_1, A_2 als Produkt des Operators $(I + A^*A)$ mit dem Real- bzw. Imaginärteil von B dargestellt werden können.

Für die Untersuchung der Eigenschaften normaler Operatoren, insbesondere ihres Spektralverhaltens, reicht die Betrachtung reellwertiger Funktionen nicht mehr aus. Wir gehen deshalb zu komplexwertigen Funktionen über. Fortan lassen wir die Unterscheidung der Funktionswerte $\pm\infty$ völlig fallen. In der Menge $C^a = C \cup \{\infty\}$ rechnen wir nach den einfachen Regeln

$$a \pm \infty = \infty \pm a = \frac{1}{0} = \operatorname{Re}\infty = \operatorname{Im}\infty = \infty \qquad (a \in C^a),$$

$$b \cdot \infty = \infty \cdot b = \infty \qquad (b \in C^a,\ b \neq 0),$$

$$0 \cdot \infty = \infty \cdot 0 = \frac{1}{\infty} = 0.$$

Unter dem Quotienten $\dfrac{a}{b}$ verstehen wir wieder das Produkt von a und $\dfrac{1}{b}$.

Ist $\mathfrak{A}$ eine σ-Algebra über der Grundmenge X, so heißt eine Funktion $f\colon X \to C^a$ $\mathfrak{A}$-*meßbar*, wenn ihr Real- und ihr Imaginärteil f', f'', d. h., die durch

$$f'(\xi) := \operatorname{Re} f(\xi), \quad f''(\xi) := \operatorname{Im} f(\xi)$$

definierten Funktionen f', $f''\colon X \to R^a$ $\mathfrak{A}$-meßbar sind.

Mit $\overline{\mathscr{M}(\mathfrak{A})}$ bezeichnen wir die Menge aller $\mathfrak{A}$-meßbaren Funktionen. Die überall endlichen $\mathfrak{A}$-meßbaren Funktionen bilden eine komplexe Funktionenalgebra, die mit einer Funktion f auch stets die Funktion $\bar{f}$ enthält.

In der Grundmenge $X = C$ ist für uns vor allem die σ-Algebra $\mathfrak{B}(C)$ der BOREL-meßbaren Teilmengen von C wichtig. Sie ist die kleinste σ-Algebra, die alle Mengen $\{r + is\colon a \leqq r < b, c \leqq s < d\}$ umfaßt. Die $\mathfrak{B}(C)$-meßbaren Funktionen heißen BOREL-meßbar. Mit $\overline{\mathscr{B}(C)}$ bezeichnen wir das System aller $\mathfrak{B}(C)$-meßbaren Funktionen $f\colon C \to C^a$.

Es sei nun J ein beliebiges LEBESGUEsches Spektralintegral. Die Symbole X, $\mathscr{E}$, $\mathfrak{A}$, E mögen wieder die gewohnte Bedeutung haben. Mit $\tilde{\mathscr{E}}$ bezeichnen wir das System aller Funktionen $f\colon C \to C$ mit $f', f'' \in \mathscr{E}$. Offensichtlich bildet auch $\tilde{\mathscr{E}}$ eine komplexe Funktionenalgebra.

Für jede $\mathfrak{A}$-meßbare Funktion $f\colon X \to C^a$ definieren wir den linearen Operator $J(f)$ durch

$$J(f) = \int f(\xi)\, \mathrm{d}E(\xi) := J(f') + iJ(f''). \tag{1}$$

Ist f fast überall endlich, so ist also der Operator $J(f)$ normal.

In dem für uns wichtigsten Fall wird ein Spektralintegral J^A auf dem System der BOREL-meßbaren Funktionen $f\colon C \to C^a$ mit Hilfe eines normalen Operators $A = A_1 + iA_2$ durch

$$J^A(f) = f(A) := \int\limits_{-\infty}^{\infty} \int\limits_{-\infty}^{\infty} f(r + is)\, \mathrm{d}E_r^{(1)}\, \mathrm{d}E_s^{(2)}$$

definiert, wobei $\{E_\lambda^{(1)}\}$, $\{E_\lambda^{(2)}\}$ die Spektralscharen der selbstadjungierten Operatoren A_1, A_2 sind. Ist $j = j_C$ die identische Funktion in C, d. h., ist $j(r + is) = r + is$, so ist $j'(r + is) = r$, $j''(r + is) = s$, und aus (1) und 3.9. (11) folgt $j(A) = j'(A) + ij''(A) = A_1 + iA_2 = A$.

Wir kehren zum allgemeinen Fall zurück und wollen nachweisen, daß die vom Reellen her bekannten Eigenschaften im wesentlichen erhalten bleiben.

Satz 1: *Für jede $\mathfrak{A}$-meßbare Funktion $f\colon X \to C^a$ ist*

$$D\big(J(f)\big) = \Big\{x \in \mathscr{H}\colon \int |f(\xi)|^2 \, \mathrm{d}\, \|E(\xi)\, x\|^2 < \infty\Big\}, \qquad (2)$$

und für alle $x \in D\big(J(f)\big)$ ist

$$\|J(f)\, x\|^2 = \int |f(\xi)|^2 \, \mathrm{d}\, \|E(\xi)\, x\|^2. \qquad (3)$$

Beweis: Der Durchschnitt der Definitionsbereiche von $J(f')$ und $J(f'')$ ist die Menge aller $x \in \mathscr{H}$ mit $J_x\big((f')^2 + (f'')^2\big) < \infty$, und folglich gilt (2). Für $f \in \bar{\mathscr{E}}$ ist $\big(J(f')\, x,\, iJ(f'')\, x\big) + \big(iJ(f'')\, x,\, J(f')\, x\big) = -i\big(J(f'f'')\, x,\, x\big) + i\big(J(f'f'')\, x,\, x\big) = 0$, also

$$\|J(f)\, x\|^2 = \|J(f')\, x\|^2 + \|J(f'')\, x\|^2 = J_x\big((f')^2 + (f'')^2\big),$$

und (3) ist erfüllt. Zu jeder $\mathfrak{A}$-meßbaren Funktion f können wir Funktionen $f_n \in \bar{\mathscr{E}}$ mit $J(f_n') \to J(f')$ und $J(f_n'') \to J(f'')$ und mit $|f_n|^2 \uparrow |f|^2$ finden. Dann gilt aber $J(f_n) \to J(f)$ und $J_x(|f_n|^2) \uparrow J_x(|f|^2)$, und (3) ergibt sich durch Grenzübergang.

Die Relation

$$(J)' \subseteq \big(J(f)\big)' \qquad \big(f \in \overline{\mathscr{M}(\mathfrak{A})}\big) \qquad (4)$$

bleibt ebenfalls bestehen. Die Operatoren $J(f)$, $J(\bar{f})$ und $J(|f|)$ haben nach (2) stets denselben Definitionsbereich.

Satz 2: *Für alle $\mathfrak{A}$-meßbaren Funktionen f, g ist*

$$J(f) \pm J(g) \subseteq J(f \pm g). \qquad (5)$$

Beweis: Für $x \in D\big(J(f)\big) \cap D\big(J(g)\big)$ ist

$$\begin{aligned} J(f)\, x \pm J(g)\, x &= J(f')\, x + iJ(f'')\, x \pm \big(J(g')\, x + iJ(g'')\, x\big) \\ &= J(f' \pm g')\, x + iJ(f'' \pm g'')\, x \\ &= J(f \pm g)\, x, \end{aligned}$$

was zu zeigen war.

Im Falle $g \in \bar{\mathscr{E}}$ geht (5) wieder in eine Identität über. Die Relation

$$\|J(f)\, x - J(g)\, x\|^2 = \int |f(\xi) - g(\xi)|^2 \, \mathrm{d}\, \|E(\xi)\, x\|^2$$
$$\big(x \in D(J(f)) \cap D(J(g))\big) \qquad (6)$$

ergibt sich aus $J(f)\,x - J(g)\,x = J(f - g)\,x$ und (3). Aus ihr kann u. a. gefolgert werden, daß ein Element $x \in \mathscr{H}$ genau dann im Definitionsbereich des Operators $J(f)$ liegt, wenn es eine Folge $\mathfrak{A}$-meßbarer Funktionen f_n mit $x \in D\big(J(f_n)\big)$ und

$$\lim_{n \to \infty} \int |f(\xi) - f_n(\xi)|^2 \, \mathrm{d}\, \|E(\xi)\,x\|^2 = 0$$

gibt.

Satz 3: *Es seien f, g $\mathfrak{A}$-meßbare Funktionen und $x \in D\big(J(g)\big)$. Dann liegt x im Definitionsbereich von $J(fg)$ genau dann, wenn $J(g)\,x$ im Definitionsbereich von $J(f)$ liegt, und in diesem Fall ist*

$$J(fg)\,x = J(f)\,J(g)\,x. \tag{7}$$

Beweis: Für $f \in \bar{\mathscr{E}}$ ist

$$\begin{aligned}
J(f)\,J(g)\,x &= \big(J(f') + iJ(f'')\big)\big(J(g')\,x + iJ(g'')\,x\big) \\
&= J(f'g' - f''g'')\,x + iJ(f'g'' + f''g')\,x \\
&= J(fg)\,x.
\end{aligned}$$

Mit $y := J(g)\,x$ ist also $J_y(|f|^2) = \|J(f)\,y\|^2 = \|J(fg)\,x\|^2 = J_x(|fg|^2)$. Zu einer beliebigen $\mathfrak{A}$-meßbaren Funktion f wählen wir Funktionen $f_n \in \bar{\mathscr{E}}$ mit $J(f_n) \to J(f)$ und $|f_n| \uparrow |f|$. Dann ist $J_y(|f_n|^2) = J_x(|f_n g|^2)$, und der Grenzübergang $n \to \infty$ ergibt

$$J_y(|f|^2) = J_x(|fg|^2) \quad \big(y = J(g)\,x, f \in \overline{\mathscr{M}(\mathfrak{A})}\big). \tag{8}$$

Hieraus kann die Behauptung über die Definitionsbereiche abgelesen werden. Ist nun $x \in D\big(J(fg)\big)$, so haben wir, wenn wir (8), (6) beachten,

$$\begin{aligned}
\|J(fg)\,x - J(f)\,J(g)\,x\|^2 &= \lim_{n \to \infty} \|J(fg)\,x - J(f_n)\,J(g)\,x\|^2 \\
&= \lim_{n \to \infty} \|J\big((f - f_n)\,g\big)\,x\|^2 = \lim_{n \to \infty} J_x\big(|(f - f_n)\,g|^2\big) \\
&= \lim_{n \to \infty} \|J(f)\,y - J(f_n)\,y\|^2 = 0,
\end{aligned}$$

und Satz 3 ist bewiesen.

Wiederum gilt also die Relation

$$J(f)\,J(g) \subseteqq J(fg) \qquad \big(f,\,g \in \overline{\mathscr{M}(\mathfrak{A})}\big), \tag{9}$$

die für $g \in \bar{\mathscr{E}}$ in eine Gleichung übergeht. Speziell ist natürlich

$$\lambda J(f) = J(\lambda f) \qquad \big(f \in \overline{\mathscr{M}(\mathfrak{A})},\ \lambda \in C,\ \lambda \neq 0\big).$$

Auch die Relation $D\big(J(f)\big)^a = R\big(E(\{|f| < \infty\})\big)$ bleibt bestehen, denn es ist $J(f)\,E(\{|f| < n\}) = J(f\chi_{\{|f|<n\}}) \in L(\mathscr{H})$.

Der nachfolgende Satz zeigt, daß jeder normale Operator der ursprünglichen Definition für normale Operatoren genügt.

Satz 4: *Für jede fast überall endliche $\mathfrak{A}$-meßbare Funktion f ist*

$$J(f)^* = J(\bar f), \tag{10}$$

$$J(f)^*\,J(f) = J(f)\,J(f)^* = J(|f|^2). \tag{11}$$

Beweis: Für $x,\,y \in D\big(J(f)\big) = D\big(J(\bar f)\big)$ ist

$$\big(J(f)\,x,\,y\big) = \big(J(f')\,x,\,y\big) + i\big(J(f'')\,x,\,y\big)$$
$$= \big(x,\,J(f')\,y - iJ(f'')\,y\big) = \big(x,\,J(\bar f)\,y\big),$$

d. h., es ist $J(\bar f) \subseteqq J(f)^*$, und im Falle $f \in \bar{\mathscr{E}}$ ist sogar $J(\bar f) = J(f)^*$. Ist aber $y \in D\big(J(f)^*\big)$, so folgt für alle $x \in \mathscr{H}$ mit $P_n := E(\{|f| \leqq n\})$ und $f_n := f\chi_{\{|f|\leqq n\}}$

$$\big(x,\,P_nJ(f)^*\,y\big) = \big(J(f)\,P_nx,\,y\big) = \big(J(f_n)\,x,\,y\big) = \big(x,\,J(\bar f_n)\,y\big).$$

Somit ist $J(\bar f_n)\,y = P_nJ(f^*)\,y$. Da $\{|f| = \infty\}$ eine Menge vom Maße Null ist, gilt $P_n \uparrow I$, also

$$J_y(|f|^2) = \lim_{n\to\infty} J_y(|f_n|^2) = \lim_{n\to\infty} \|J(\bar f_n)\,y\|^2$$

$$= \|J(f)^*\,y\|^2 < \infty.$$

Folglich ist $y \in D\big(J(\bar f)\big)$, und (10) ist bewiesen.

Nach (9) ist $J(f)^*\,J(f) \subseteqq J(|f|^2)$. Ist aber $x \in D\big(J(|f|^2)\big)$, so folgt aus Satz 9 in 3.8 auch $x \in D\big(J(|f|)\big) = D\big(J(f)\big)$. Nach Satz 4 ist dann $J(f)\,x \in D\big(J(\bar f)\big)$ und $x \in D\big(J(f)^*J(f)\big)$. Damit ist Satz 4 bewiesen.

Der Beweis der Relation

$$J(1/f) = J(f)^{-1} \tag{12}$$

für eine $\mathfrak{A}$-meßbare Funktion f, die fast überall endlich und fast überall von Null verschieden ist, kann wörtlich übertragen werden. Wegen $\|J(f)\,x\| = \|J(|f|)\,x\|$ ist der Operator $J(f)$ beschränkt genau dann, wenn es eine Zahl $a > 0$ mit $E(\{|f| \geqq a\}) = 0$ gibt. Der Operator $J(1/f)$ ist genau dann beschränkt, wenn es ein $\varepsilon > 0$ mit $E(\{|f| \leqq \varepsilon\}) = 0$ gibt.

Da jeder normale Operator A mit Hilfe eines Spektralintegrals J in der Form $A = J(f)$ dargestellt werden kann (nämlich durch $A = J^A(j)$), ergeben sich aus Satz 4

$$A = A_1 + iA_2, \quad A^* = A_1 - iA_2 \tag{13}$$

$$A^*A = AA^* = A_1{}^2 + A_2{}^2, \tag{14}$$

denn es ist stets $J(f)^* = J(f' - if'') = J(f') - iJ(f'')$ und $J(f)^*\,J(f) = J(|f|^2) = J((f')^2 + (f'')^2)$. Die Operatoren

$$B := J\left(\frac{f}{1 + |f|^2}\right), \quad C := J\left(\frac{1}{1 + |f|^2}\right)$$

sind beschränkt, und es gilt $(I + A^*A)\,C = J(1 + |f|^2)\,C = I$, also $C = (I + A^*A)^{-1}$ sowie $AC = J(f)\,C = B$. Somit ist $B = A(I + A^*A)^{-1} \in L(\mathscr{H})$. Der Real- bzw. Imaginärteil von B ist durch

$$B_1 = J\left(\frac{f'}{1 + |f|^2}\right), \quad B_2 = J\left(\frac{f''}{1 + |f|^2}\right)$$

gegeben. Auf Grund der Relation

$$J(f') = J(1 + |f|^2)\,J\left(\frac{f'}{1 + |f|^2}\right)$$

ist $A_1 = (I + A^*A)\,B_1$ und analog $A_2 = (I + A^*A)\,B_2$ Damit ist die am Anfang dieses Abschnitts aufgestellte Behauptung bewiesen.

Für zwei fast überall endliche Funktionen f, g folgt hiernach aus $J(f) = J(g)$ stets $J(f') = J(g')$ und $J(f'') = J(g'')$. Wiederum gilt also $J(f) = J(g)$ genau dann, wenn die Funktionen f, g fast überall übereinstimmen.

Auch dem System $\mathcal{N}(J)$ aller Operatoren $J(f)$, für die f eine fast überall endliche $\mathfrak{A}$-meßbare Funktion ist, kann durch die Definitionen 3.8. (15) bis (17) eine algebraische Struktur verliehen werden. Zusätzlich steht nun noch die Operation $J(f)^* = J(\bar{f})$ zur Verfügung, die ebenfalls nicht aus $\mathcal{N}(J)$ herausführt. Das Teilsystem aller Operatoren $J(f)$, für die f und $1/f$ fast überall endlich sind, bildet eine multiplikative Gruppe. Alle Operatoren $A \in \mathcal{N}(J)$ genügen den Bedingungen $A^{**} = A$ und $(J)' \subseteqq (A)'$. Man kann umgekehrt zeigen, daß in einem separablen HILBERT-Raum $\mathcal{H}$ zu jedem Operator A mit den Eigenschaften $A^{**} = A$ und $(J)' \subseteqq (A)'$ eine fast überall endliche $\mathfrak{A}$-meßbare Funktion f mit $A = J(f)$ existiert.

Im Rest dieses Abschnitts beschäftigen wir uns ausschließlich mit dem Spektralintegral J^A, wobei $A = A_1 + iA_2$ ein gegebener normaler Operator ist. Mit E^A bezeichnen wir das zugehörige Maß. Entsprechend der generell eingeführten Symbolik ist dann

$$\int\limits_C f(\lambda)\,\mathrm{d}E^A(\lambda) = \int\limits_{-\infty}^{\infty}\ \int\limits_{-\infty}^{\infty} f(r + is)\,\mathrm{d}E_r^{(1)}\,\mathrm{d}E_s^{(2)}.$$

Ist $f(\lambda) \neq \infty$ für eine BOREL-meßbare Funktion f, so haben wir auch jetzt

$$f(A)\,E^A(\{\lambda\}) = f(\lambda)\,E^A(\{\lambda\}) \qquad (\lambda \in C), \tag{15}$$

und $f(\lambda)$ ist im Falle $E^A(\{\lambda\}) \neq 0$ ein Eigenwert von $f(A)$. Ist aber $E^A(\{\lambda\}) = 0$, so ist $\dfrac{1}{j - \lambda}$ fast überall endlich, und $(A - \lambda I)^{-1} = J^A\left(\dfrac{1}{j - \lambda}\right)$ ist ein normaler Operator. Eine offene Teilmenge G von C hat das Maß Null genau dann, wenn sie in der Resolventenmenge von A liegt. Im Beweis von Satz 8 aus 3.8. braucht man nur überall $\mathbf{R}$ durch $\mathbf{C}$ und $j = j_{\mathbf{R}}$ durch $j = j_C$ zu ersetzen.

Hiernach ist $E\big(\varrho(A)\big) = 0$ und $E\big(\sigma(A)\big) = I$. Der Operator $f(A)$ hängt somit nur vom Verhalten der Funktion f auf dem Spektrum von A ab.

Der Beweis des folgenden Satzes ist in den Grundzügen mit dem Beweis von Satz 2 in 3.9. verwandt.

Satz 5: *Ist A ein normaler Operator und $g: C \to C$ eine überall endliche Borel-meßbare Funktion, so ist*

$$f \circ g(A) = f(g(A)) \tag{16}$$

für alle Borel-meßbaren Funktionen $f: C \to C^a$.

Beweis: In Satz 10 aus 3.8. setzen wir $X := C$, $J := J^A$, $Y := R^2$ und definieren durch $T(\lambda) := (g'(\lambda),$ $g''(\lambda))$ eine Abbildung $T: C \to R^2$. Die im Beweis von diesem Satz mit $\mathfrak{B}$ bezeichnete σ-Algebra ist das System aller Mengen $M \subseteq Y = R^2$ mit $T^{1-}(M) \in \mathfrak{B}(C)$. Für $\Delta := [a, b) \times [c, d) = \{(r, s): a \leqq r < b, c \leqq s < d\}$ gilt $T^{-1}(\Delta) = \{\lambda \in C: T(\lambda) = (g'(\lambda), g''(\lambda))\} = \{\lambda \in C: a \leqq g'(\lambda)$ $< b, c \leqq g''(\lambda) < d\} = \{a \leqq g' < b\} \cap \{c \leqq g'' < d\}$.

Da g $\mathfrak{B}(C)$-meßbar ist, folgt $T^{-1}(\Delta) \in \mathfrak{B}(C)$ und $\Delta \in \mathfrak{B}$. Dann ist aber auch $\mathfrak{B}(R^2) \subseteq \mathfrak{B}$. Das System aller $\mathfrak{B}(R^2)$-meßbaren Funktionen $f: R^2 \to C^a$ ist also im System aller $\mathfrak{B}$-meßbaren Funktionen enthalten. Für jede $\mathfrak{B}(C)$-meßbare Funktion $f: C \to C^a$ setzen wir nun $\hat{f}(r, s) := f(r + is)$. Dann ist $\hat{f} \circ T(\lambda) = \hat{f}(g'(\lambda), g''(\lambda)) = f(g'(\lambda) + ig''(\lambda))$ $= f(g(\lambda))$, d. h., es ist $\hat{f} \circ T = f \circ g$, und mit den Bezeichnungen von Satz 10 in 3.8. haben wir

$$K(\hat{f}) = J^A(\hat{f} \circ T) = J^A(f \circ g) = f \circ g(A)$$

für alle BOREL-meßbaren Funktionen $f: C \to C^a$. Nach 3.9. gibt es zwei vertauschbare selbstadjungierte Operatoren B_1, B_2 mit den Spektralscharen $\{E_\lambda^{(1)}\}, \{E_\lambda^{(2)}\}$ und mit

$$K(\hat{f}) = \int\limits_{-\infty}^{\infty} \int\limits_{-\infty}^{\infty} \hat{f}(r, s) \, dE_r^{(1)} \, dE_s^{(1)}.$$

Für den normalen Operator $B := B_1 + iB_2$ gilt also, wenn wir $\hat{f}(r, s) = f(r + is)$ beachten, $f(B) = J^B(f) = K(\hat{f})$ $= J^A(\hat{f} \circ T) = f \circ g(A)$. Speziell ist $B = j(B) = j \circ g(A)$ $= g(A)$, und Satz 5 ist bewiesen.

Auf Grund von 3.8. (23) haben wir noch

$$E^{g(A)}(M) = E^A\big(g^{-1}(M)\big). \tag{17}$$

Insbesondere ist

$$I = E^B\big(\sigma(B)\big) = E^A\big(g^{-1}(\sigma(B))\big)\,\big(B = g(A)\big),$$

und dies besagt, daß das volle Urbild des Spektrums von B bei der Abbildung g, von einer Menge vom A-Maße Null abgesehen, das Spektrum von A umfaßt.

Satz 6: *Es sei λ ein Punkt des Spektrums eines normalen Operators A. Ist die fast überall endliche Borel-meßbare Funktion g (oder auch nur ihre Einschränkung auf $\sigma(A)$) im Punkte λ stetig, so liegt $g(\lambda)$ im Spektrum von $B := g(A)$.*

Beweis: Nehmen wir an, es wäre $g(\lambda) \in \varrho(B)$. Da $\varrho(B)$ offen ist, gibt es auf Grund der Stetigkeit von g eine δ-Umgebung U des Punktes λ mit $g\big(U \cap \sigma(A)\big) \subseteq \varrho(B)$. Es folgt $E^A(U) = E^A\big(U \cap \sigma(A)\big) \leq E^A\big(g^{-1}(\varrho(B))\big) = E^B\big(\varrho(B)\big) = 0$, und folglich liegt U in der Resolventenmenge von A. Das widerspricht der Voraussetzung $\lambda \in \sigma(A)$.

Als Beispiel betrachten wir einen unitären Operator V und die Funktion $g(\lambda) := i(1 + \lambda)\,(1 - \lambda)^{-1}$. Sie ist genau dann fast überall endlich, wenn $E^V(\{1\}) = 0$ ist, d. h., wenn V nicht den Eigenwert 1 besitzt. Wenn wir dies voraussetzen, ist $(I - V)^{-1}$ ein normaler Operator, und nach Satz 3 ist $A := i(I + V)\,(I - V)^{-1} \subseteq g(V)$. Ist aber $x \notin D\big((I - V)^{-1}\big)$, so ist

$$\int\limits_{|\lambda-1|\leq \frac{1}{2}} \left|\frac{1 + \lambda}{1 - \lambda}\right|^2 \mathrm{d}\,\|E^V(\lambda)\,x\|^2 \geq \int\limits_{|\lambda-1|\leq \frac{1}{2}} \frac{1}{2\,|1 - \lambda|^2}\,\mathrm{d}\,\|E^V(\lambda)\,x\|^2 = \infty,$$

d. h., es ist auch $x \notin D\big(g(V)\big)$. Dies besagt, daß $A = g(V)$ ist. Das Spektrum von V liegt auf dem Einheitskreis K. Für alle $\lambda \in K \setminus \{1\}$ ist aber

$$g(\lambda) = i\,\frac{1 + \lambda}{1 - \lambda} \cdot \frac{\bar{\lambda}}{\bar{\lambda}} = i\,\frac{\bar{\lambda} + 1}{\bar{\lambda} - 1} = \overline{g(\lambda)},$$

und folglich ist $A^* = \bar{g}(V) = g(V) = A$, der Operator A ist selbstadjungiert. Die Funktion g ist für $\lambda \neq 1$ stetig, und für $\lambda \in \sigma(V) \setminus \{1\}$ ist $g(\lambda) \in \sigma(g(V)) = \sigma(A)$. Somit ist

$$g(\sigma(V) \setminus \{1\}) \subseteqq \sigma(A).$$

A ist genau dann beschränkt, wenn $(I - V)^{-1}$ beschränkt ist, d. h. wenn 1 nicht im Spektrum von V liegt.

Es sei nun umgekehrt A ein selbstadjungierter Operator und $f(\lambda) := (\lambda - i)(\lambda + i)^{-1}$. Da $-i$ in der Resolventenmenge von A liegt, ist $(A + iI)^{-1}$ beschränkt, und der Operator $V := f(A)$ kann in der Form $V = (A - iI)(A + iI)^{-1}$ dargestellt werden. Er heißt die CAYLEY-*Transformierte* des selbstadjungierten Operators A. Für alle $\lambda \in \sigma(A) \subseteqq \boldsymbol{R}$ ist $|f(\lambda)| = 1$, und folglich ist $V^*V = VV^* = |f|^2(A) = I$, d. h., der Operator V ist unitär. Wegen $E^V(\{1\}) = E^A(f^{-1}(\{1\}))$ $= E^A(\emptyset) = 0$ hat V nicht den Eigenwert 1. Da f in allen Punkten des Spektrums von A stetig ist, haben wir

$$f(\sigma(A)) \subseteqq \sigma(V).$$

Außerdem gilt $g \circ f(\lambda) = \lambda$ für alle $\lambda \in \sigma(A) \subseteqq \boldsymbol{R}$, und es folgt $A = g \circ f(A) = g(V) = i(I + V)(I - V)^{-1}$. Abgesehen vom Punkt 1, der möglicherweise zum Spektrum von V gehört, werden also die Spektren von A bzw. V durch f bzw. g umkehrbar eindeutig aufeinander abgebildet.

Die Abbildung $f: (K \setminus \{1\}) \to \boldsymbol{R}$ ist, vom Faktor i abgesehen, die stereografische Projektion. Projiziert man nämlich die von 1 verschiedenen Punkte λ des Einheitskreises von 1 aus auf die imaginäre Achse, so ist der Bildpunkt gerade durch $if(\lambda)$ gegeben.

In ähnlicher Weise könnten nun von höherer Warte aus die in 2.11. Satz 1 und Satz 2 bzw. in 3.2. Satz 7 mit z. T. sehr mühsamen Rechnungen hergeleiteten Zusammenhänge recht elegant gewonnen werden.

Literaturverzeichnis

[1] N. I. ACHIESER, I. M. GLASMANN: Theorie der linearen Operatoren im Hilbert-Raum. 7. Auflage, Akademie-Verlag, Berlin 1977 (Übers. aus dem Russ.).

[2] S. BREHMER: Einführung in die Maßtheorie. Akademie-Verlag, Berlin 1975.

[3] P. R. HALMOS: Finite dimensional vector spaces Princeton University Press, Princeton (N. J.) 1948.

[4] P. R. HALMOS: Introduction to Hilbert space and the Theory of Spectral Multiplicity, Chelsea 1951.

[5] L. W. KANTOROWITSCH, G. P. AKILOW: Funktional-Analysis in normierten Räumen. 2. Auflage, Akademie-Verlag, Berlin 1978 (Übers. aus dem Russ.).

[6] L. A. LJUSTERNIK, W. I. SOBOLEW: Elemente der Funktionalanalysis. 6. Auflage, Akademie-Verlag, Berlin 1978 (Übers. aus dem Russ.).

[7] F. RIESZ, B. SZ.-NAGY: Vorlesungen über Funktionalanalysis. 2. Auflage, VEB Deutscher Verlag der Wissenschaften, Berlin 1968 (Übers. aus dem Franz.).

[8] H. TRIEBEL: Höhere Analysis. VEB Deutscher Verlag der Wissenschaften, Berlin 1972.

[9] B. S. WULICH: Einführung in die Funktionalanalysis. B. G. Teubner Verlagsgesellschaft, Leipzig; Teil I 1961, Teil II 1962.

Symbolverzeichnis

$\boldsymbol{R}$	Körper der reellen Zahlen, 7
$\boldsymbol{C}$	Körper der komplexen Zahlen, 7
M^l	lineare Hülle von M, 8
$C_0(\Omega)$	Menge aller stetigen Funktionen $x\colon \Omega \to \boldsymbol{R}$ bzw. $x\colon \Omega \to \boldsymbol{C}$ mit kompakten Träger 9
$\|x\|_T$	$:= \max\limits_{t\in\Omega} |x(t)| \quad (x \in C_0(\Omega))$, 10
$\mathscr{H}$	reeller bzw. komplexer linearer Raum, 10
(x, y)	Skalarprodukt von x und y, 10
$\boldsymbol{C}^p$	linearer Raum aller $x := (\xi_1, \ldots, \xi_p)$, $\xi_i \in \boldsymbol{C}$, 13
l^2	linearer Raum aller $x := (\xi_1, \xi_2, \ldots)$, $\xi_i \in \boldsymbol{C}$, 13
$C(a, b)$	linearer Raum aller auf $[a, b]$ stetigen komplexwertigen Funktionen, 14
$L^2{}_C(a, b)$	$C(a, b)$ mit dem Skalarprodukt $(x, y) := \int\limits_a^b x(t)\,\overline{y(t)}\,dt$, 15
$x \perp y$	x und y sind orthogonal, 15
$\boldsymbol{Z}$	Menge der ganzen Zahlen, 18
$\boldsymbol{N}$	Menge der natürlichen Zahlen, 18
$x = \text{s-}\lim\limits_{n\to\infty} x_n$	starker Grenzwert der Folge (x_n), 24
M^a	Abschluß der Menge M, 37
P_U	Projektor auf den Unterraum U, 39
$M^\perp$	orthogonales Komplement von M, 39
$\text{span}\, M$	Abschluß der linearen Hülle von M, 40
$\mathscr{L}^2(\boldsymbol{R}^p)$	Menge aller quadratisch integrierbaren Funktionen $x\colon \boldsymbol{R}^p \to \boldsymbol{C}$, 41
$L^2(\boldsymbol{R}^p)$	aus $\mathscr{L}^2(\boldsymbol{R}^p)$ abgeleiteter Hilbert-Raum, 42
$\|x\|_{L^2(\boldsymbol{R}^p)}$	$:= \sqrt{\int\limits_{\boldsymbol{R}^p} |x(t)|^2\,dt}$, 42
I	Einheitsoperator, 46
$R(A)$	Wertebereich von A, 48

$N(A)$	Nullraum (Kern) von A, 48
$k(s, t)$	Kern eines Integraloperators, 53
$L(E, F)$	Menge aller beschränkten linearen Opera-
$L(E, F)$	Menge aller beschränkten linearen Operatoren von E in F, 65
$L(E)$	$:= L(E, E)$, 65
$(A)'$	Menge aller mit A vertauschbaren Operatoren aus $L(\mathscr{H})$ 68, 151, 164
$p(t)$	Polynom in t, 68
A^{-1}	inverser Operator zu A, 70
A^*	adjungierter Operator zu A, 76
R_λ	$:= (A - \lambda I)^{-1}$, Resolvente von A, 85, 152
$\varrho(A)$	Resolventenmenge von A, 85
$\sigma(A)$	Spektrum von A, 85, 152
$m = m_A$	$:= \inf_{\|x\|\leq 1} (Ax, x)$, untere Grenze des Operators A, 91
$M = M_A$	$:= \sup_{\|x\|\leq 1} (Ax, x)$, obere Grenze des Operators A, 91
$A \leq B$	$B - A$ ist positiv, 92
$U = \overset{\infty}{\underset{k=0}{\oplus}} U_k$	direkte orthogonale Summe, 98
$U_2 = U \ominus U_1$	orthogonales Komplement von U_1 bez. U, 99
$\mathrm{pr}_U A$	Projektion von A auf U, 101
$\mathscr{P}(\mathbf{R})$	Menge aller Polynome mit reellen Koeffizienten, 103
$\mathscr{P}'$	Menge aller Polynome aus Summen $e_i p^2$, $p \in \mathscr{P}(\mathbf{R})$, 103
$C_A(\mathbf{R})$	Menge aller Funktionen f, die mindestens im Spektralintervall von A stetig sind, 104
$m_A(f)$	$:= \min_{m \leq t \leq M} f(t)$, 105
$M_A(f)$	$:= \max_{m \leq t \leq M} f(t)$, 105
$K_A(f)$	$:= \max_{m \leq t \leq M} |f(t)|$, 105
$e_\lambda(t)$	charakteristische Funktion des Intervalls $(-\infty, \lambda)$, 110
E_λ	Spektralschar des Operators A, 111, 113
$E_{\lambda - 0}$	$:= \lim_{\mu \uparrow \lambda} E_\mu$, 116

Sachverzeichnis